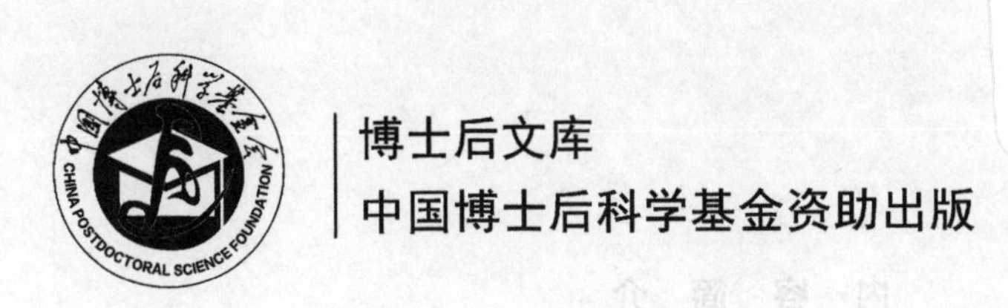

亚热带森林木质残体分解研究

胡振宏　著

科学出版社
北　京

内 容 简 介

本书是亚热带森林木质残体分解影响机制研究成果的集成。本书主要涉及亚热带森林木质残体分解特征，二氧化碳释放特征，分解过程中养分元素释放特征，微生物群落组成和分解调控机制，气候变化对木质残体分解的影响，木质残体分解对土壤碳、氮、磷等大量元素的影响及生态代谢理论在木质残体分解研究中的应用等内容。

本书可供林学、土壤学、生态学、微生物学，以及环境科学领域的管理人员和科技工作者参考，也可供相关专业高校师生阅读。

图书在版编目（CIP）数据

亚热带森林木质残体分解研究 / 胡振宏著. —北京：科学出版社，2023.8

(博士后文库)

ISBN 978-7-03-074500-2

Ⅰ. ①亚…　Ⅱ. ①胡…　Ⅲ. ①亚热带-森林-木材-植物残体-生物分解　Ⅳ. ①S154.4

中国版本图书馆 CIP 数据核字（2022）第 257857 号

责任编辑：罗　瑶 / 责任校对：宁辉彩

责任印制：张　伟 / 封面设计：陈　敬

科学出版社 出版

北京东黄城根北街 16 号

邮政编码：100717

http://www.sciencep.com

北京中科印刷有限公司 印刷

科学出版社发行　各地新华书店经销

*

2023 年 8 月第　一　版　开本：720×1000　1/16

2023 年 8 月第一次印刷　印张：11

字数：217 000

定价：128.00 元

（如有印装质量问题，我社负责调换）

“博士后文库”序言

1985年，在李政道先生的倡议和邓小平同志的亲自关怀下，我国建立了博士后制度，同时设立了博士后科学基金。30多年来，在党和国家的高度重视下，在社会各方面的关心和支持下，博士后制度为我国培养了一大批青年高层次创新人才。在这一过程中，博士后科学基金发挥了不可替代的独特作用。

博士后科学基金是中国特色博士后制度的重要组成部分，专门用于资助博士后研究人员开展创新探索。博士后科学基金的资助，对正处于独立科研生涯起步阶段的博士后研究人员来说，适逢其时，有利于培养他们独立的科研人格、在选题方面的竞争意识以及负责的精神，是他们独立从事科研工作的“第一桶金”。尽管博士后科学基金资助金额不大，但对博士后青年创新人才的培养和激励作用不可估量。四两拨千斤，博士后科学基金有效地推动了博士后研究人员迅速成长为高水平的研究人才，“小基金发挥了大作用”。

在博士后科学基金的资助下，博士后研究人员的优秀学术成果不断涌现。2013年，为提高博士后科学基金的资助效益，中国博士后科学基金会联合科学出版社开展了博士后优秀学术专著出版资助工作，通过专家评审遴选出优秀的博士后学术著作，收入“博士后文库”，由博士后科学基金资助、科学出版社出版。我们希望，借此打造专属于博士后学术创新的旗舰图书品牌，激励博士后研究人员潜心科研，扎实治学，提升博士后优秀学术成果的社会影响力。

2015年，国务院办公厅印发了《关于改革完善博士后制度的意见》(国办发〔2015〕87号)，将“实施自然科学、人文社会科学优秀博士后论著出版支持计划”作为“十三五”期间博士后工作的重要内容和提升博士后研究人员培养质量的重要手段，这更加凸显了出版资助工作的意义。我相信，我们提供的这个出版资助平台将对博士后研究人员激发创新智慧、凝聚创新力量发挥独特的作用，促使博士后研究人员的创新成果更好地服务于创新驱动发展战略和创新型国家的建设。

祝愿广大博士后研究人员在博士后科学基金的资助下早日成长为栋梁之才，为实现中华民族伟大复兴的中国梦做出更大的贡献。

中国博士后科学基金会理事长

前 言

木质残体是森林生态系统中重要的碳库，占森林地上植物碳库的10%～20%，同时也是重要的养分库，其分解过程中向土壤释放各种养分元素。由于木质残体分解过程漫长、取样困难和影响因素复杂等，有关森林木质残体分解影响机制的研究还十分薄弱，相关的理论体系尚不完善，这是森林碳循环研究存在不确定性的重要原因。亚热带地区是我国森林的重要分布区，其人工林因采伐和树种结构的调整会产生大量树桩和树枝等采伐树桩剩余物(约 $30t \cdot hm^{-2}$)，次生天然林随着演替发展也不断积累大量木质残体。这部分森林有机质的最终归宿在哪里？如何调控其分解速率和碳通量？木质残体分解如何响应气候变化？如何通过理论更好地研究木质残体分解的关键过程和模型模拟？这些问题已成为亚热带森林碳循环研究和森林管理中需要进一步探讨的内容。因此，开展亚热带森林木质残体分解研究，揭示其分解调控机制，可为亚热带人工林树种结构调整和林分改造、森林生态效应提升和碳汇管理提供理论支撑。本书回顾了亚热带森林主要人工林木质残体分解过程中微生物调控机制、不同树种属性木质残体分解对气候变化影响的调控机制、分解对土壤碳和养分归还的影响及木质残体分解的理论研究，可为从事森林碳循环相关研究的科研人员提供借鉴。

本书是作者博士后期间主持和参与多项科研项目的成果结晶，如中国博士后科学基金面上项目“亚热带森林木质残体分解对氮添加响应的微生物学机制”(2017M622709)、国家自然科学基金青年科学基金项目“高氮低磷沉降背景下亚热带常绿阔叶林粗木质残体的分解机制”(41903070)、教育部新世纪优秀人才支持计划“亚热带山地森林生态系统养分循环和碳吸存对炼山和采伐方式的响应”等。通过野外调查和室内培养实验相结合，运用森林木质残体分解研究的相关理论方法，历时五年多对亚热带森林木质残体分解进行系统研究，旨在丰富和完善森林有机质分解的知识体系，促进学科发展，深化学者对微生物分解调控机制的认识。全书共十章，由胡振宏撰写并统稿，课题组博士研究生郑裕雄和何鲜，以及硕士研究生赵杼祺和徐知远提供了部分协助，在此表示感谢。

感谢中国博士后科学基金会、国家自然科学基金委员会和西北农林科技大学/中国科学院水利部黄土高原土壤侵蚀与旱地农业国家重点实验室对本书出版的支持。感谢福建师范大学黄志群研究员，东北林业大学周旭辉教授，西北农林科技大学邓蕾研究员、岳超研究员和于强研究员提出的宝贵意见。感谢浙江天童森林生态系统国家野外科学观测研究站和福建省南平市峡阳国有林场对作者野外研究工作和生活的支持。

由于作者水平有限，书中难免存在不足和疏漏之处，恳请读者提出宝贵意见，以便进一步修改和完善。

作　者

2023 年 2 月于杨凌

目 录

第 1 章　绪　论

在森林演替过程中，种间或种内竞争，自然干扰(干旱、火灾、风暴、寒潮、泥石流、病虫害、动物破坏等)及人为干扰(伐木、砍樵)等导致树木死亡和损伤(Vitousek et al.，1994)，将产生大量的倒木、枯立木、死树枝、断落的树梢及根桩等木质材料。在生态学研究中，森林中这些木质材料被统称为木质残体，它们通常悬挂在空中，落在地上，埋在地下或漂浮在溪流里，是森林生态系统中重要的功能单元(Berg and McClaugherty，2014；Harmon et al.，1986)。这些木质残体是森林生态系统中重要的碳库，其储量占全球森林地上碳库的 10%～20%；同时，木质残体分解是森林碳排放的重要途径，通过微生物呼吸作用向大气释放的 CO_2 占森林总碳排放量的 7%～14%。因此，木质残体分解是全球碳循环过程中十分重要的环节，其分解速率对于森林碳库储量有重要的调节作用。

1.1　亚热带森林木质残体分解的研究意义

生态学研究早已证实木质残体是森林生态系统中的重要组成成分。1980 年以来，全球范围内对木质残体分解的研究迅速增加，但是从研究区域看，大量的研究主要集中在中高纬度地区的温带森林(如北美洲太平洋西北海岸的温带森林)(Rinne et al.，2019，2017；Harmon et al.，1986)，低纬度地区的热带森林也有少量研究(Chambers et a1.，2001，2000)。相比之下，北回归线附近的亚热带森林木质残体分解的研究明显不足(唐旭利等，2005，2003；温达志等，1997)。此外，从森林类型看，以往研究多关注自然林的木质残体分解，涉及人工林的研究较少(胡振宏，2017；Hu et al.，2017)。人工林是我国森林体系中的重要组成部分，约占我国森林总面积的 40%(国家林业和草原局，2019)，其木质残体分解对理解森林碳过程同样重要。以亚热带人工林为例，杉木纯林中树桩等粗木质残体储量占成熟林地上生物量的 20%以上(冯宗炜等，1985)，在亚热带天然林可能占比更高，由于缺乏相关研究，在计算森林碳储量的时候这一组分往往被忽略(Brown，2002)。生态学家逐渐认识到木质残体在森林生态系统碳循环、土壤养分回归和动植物栖息等方面扮演着重要的角色，木质残体已成为森林经营管理及生物多样性保护过程中的一个重要管理对象(Seibold et al.，2021)。鉴于亚热带山地生态系统在我国生态建设和保护中的重要地位，且木质残体作为森林诸多生态过程中的重要功能单元，开展森林木质残体分解机制的研究，可为亚热带山地生态环境和自然保护区的管理提供重要理论参考，对于森林生态效益提升及碳汇管理具有重要的意义。

受全球气候变化和人类活动的影响，亚热带森林越来越遭受氮沉降和干旱等事件的影响，我国已成为继欧洲和美国之后氮、磷沉降比较集中的地区，且将继续增长，其中亚热带(华中和华南区)氮、磷沉降量明显高于其他地区(Du et al.，2016；Zhu et al.，2016)。同时，受升温和夏季热浪等的影响，我国亚热带地区大气饱和水气压持续亏空，干旱发生的频率和强度自 1990 年不断加强(朴世龙等，2019；任正果等，2014)。此外，常绿阔叶林是该地区的顶极植被(吴征镒，1980)，近几十年来，为了追求商业利益，大片天然常绿阔叶林已转变为速生针叶人工林，如杉木和马尾松纯林(Sheng et al.，2010)。阔叶树种的木材在密度、导管结构、氮磷养分含量和木质素含量等理化性质方面明显区别于针叶树种的木材，因此这两类树种的粗木质残体微生物群落组成和分解速率也存在明显差异(Hu et al.，2020，2018；Purahong et al.，2016a)。气候变化和树种组成的改变，都将对亚热带森林木质残体分解产生重要的影响，同时这些非生物和生物因素对木质残体分解的影响还可能存在交互效应，但目前对亚热带森林有机质分解的研究更多集中在土壤有机质和凋落物叶分解，导致对木质残体分解的机理认识十分有限，这也是亚热带森林碳循环模型存在不确定性的重要原因。鉴于此，本书从亚热带杉木人工林(种植面积居全国第一)树桩分解、主要天然林和人工林树种倒木分解、气候变化(如干旱和养分沉降)对主要树种倒木分解的影响出发，系统研究亚热带森林粗木质残体分解和碳排放，以期为亚热带森林生态效应提升和助力“碳达峰”“碳中和”目标提供理论支撑。

1.2　木质残体及其全球储量分布

1.2.1　木质残体定义

长期以来，研究人员主要根据各自研究的需要确定森林木质残体的定义，在不同的文献中其定义也不同，因此目前为止森林木质残体仍然没有通用而确切的概念。最初主要根据尺寸特征来确定木质残体，研究人员根据木质残体的尺寸大小(主要依据是直径)将其分为粗木质残体和细木质物残体。粗木质残体主要是指森林生态系统中直径较大的粗死树干、大枯枝和树桩等木质材料，细木质残体主要指死亡细树根和断落小枝等。根据不同时期的研究，粗木质残体的定义主要包括以下几种：①Harmon 等(1986)研究森林木质残体储量、分解和养分释放时将其定义为直径大于或等于 2.5cm 的死木质物质；②Sturtevant 等(1997)在研究森林木质残体储量与林龄、物种组成和干扰程度的关系时将其定义为倒落在地面并且直径大于 7.6cm 的死树；③Santiago(2000)在夏威夷研究森林中研究粗木质残体分解与植物幼苗定居关系时，将其定义为直径大于或等于 5cm 的倒木；④Fraver 等(2002)在美国缅因州研究森林的自然干扰与木质残体储量关系时，定义粗木质残体为直径大于或等于 9.5cm 的倒木和枯立木。

森林木质残体的直径作为木质残体研究中一个关键因子逐渐被研究者们认识，它不仅与木质残体分解特征和养分变化相关，也与木质残体的生态功能相联系(闫恩荣等，2005)。在 20 世纪 90 年代，美国农业部林业局和美国长期生态学研究组织为了对大空间尺度的生态学研究结果进行比较，同时由于景观生态学的发展及木质残体相关研究深入发展的需要，各相关方面的研究者认识到需要将所研究的内容纳入统一范畴。因此，需要整合资料建立统一的数据库，所采用的研究方法进行统一定义十分必要，建立统一的森林木质残体概念也被提上日程。据此，研究者们依据木质残体直径对其概念进行了重新界定，将粗木质残体定义为粗头部分直径大于等于 10cm 且长度大于等于 1m 的死木质物，细木质残体则定义为直径在 1cm 和 10cm 之间的死木质物(Woodall et al.，2015)。之后，绝大多数森林木质残体研究者认识到需要对粗木质残体和细木质残体进行区别研究，标准则为统一定义的木质残体，但森林燃料的研究主要采用直径大于等于 7.5cm 这一标准。

根据新概念的标准，粗木质残体占木质残体比重最大，因此相关的研究更多关注粗木质残体储量动态和分解。研究者根据粗木质残体在系统中的状态和长度进一步将其分为倒木、枯立木、大枯枝和根桩。根据倾斜度将粗木质残体区分为枯立木和倒木：①偏离垂直方向的倾斜度不超过 45°，粗头部分直径大于等于 10cm 且长度大于等于 1m 的粗木质残体被定义为枯立木；②倒木的倾斜度大于 45°，其他特征与枯立木类似。根桩的概念与枯立木类似，只是其长度<1m。根据与土壤的关系，根桩进一步区分为地面根桩和地下粗根等。地下粗根也属于粗木质残体的范畴，对其定义一般使用单独的标准，根据直径大小分为粗根残体和碎根残片。lcm 作为地下粗根残体和碎根残片的直径界限，新定义规定直径≥1cm 为粗根残体，而直径 <lcm 则为碎根残片。虽然粗木质残体的研究范畴包含地下粗根，但由于地下粗根主要部分分布在土壤中，技术上很难具体计算其储量，一般通过建立其与地面生物量的回归方程来推算地下粗根的储量。这些规定对森林木质残体的研究内容和生态功能分别进行了完善与补充，新的定义除了规定森林粗木质残体包括枯立木、倒木和大枯枝外，还明确规定应包括树桩、地下粗根等部分(Palviainen and Finér，2015)。

1.2.2 木质残体研究概况

根据发表的文献记录，森林木质残体的研究最早由欧洲和北美一些国家的学者开展，相关研究样地主要集中于这些地区的温带森林。森林木质残体最初阶段的研究是19世纪后期至20世纪初，研究内容比较简单，如欧洲的森林学家研究森林病虫害暴发与林木死亡的关系，进而关注森林木质残体的产生。到20世纪初期，一些森林病理学家与昆虫学家开始关注木质残体分解，认识到微生物群落和昆虫的种类对倒木分解有重要影响，并注意到温度对这些分解者的数量及分解速率有影响。同时，也有研究者开始关注木质残体分解的养分特征。例如，美国学者于 1925 年发现木质残体的养分特征，以及水分和温度等环境因素会影响昆虫寄生在粗木质残体中的位置，木质残体在森林生态系统中的生态功能也被首次提出(Graham，1925)。1939年，有学者研究发现，气温和 O_2 浓度是影响倒木腐解速率增加的重要因素(Savely，1939)。但这时期属于木质残体分解研究的起步阶段，研究内容缺乏系统性，还处在简单描述阶段，对木质残体生态功能的重要性还不够深入，因此当时没有引起人们太多的关注。

20世纪60年代，土壤类型和养分特征、植物根系的生长、动物的取食和林地地貌等因素对森林木质残体分解的影响被逐渐认识，这些研究进一步增强了人们对木质残体分解在森林生态系统能量流动和养分循环方面重要性的认识。特别是20世纪70年代以后，木质残体分解的研究开始借鉴系统生态学的相关成果，研究内容更加系统化，研究由定性描述向定量化转变。例如，Cornaby 和 Waide(1973)研究了微生物在倒木分解过程中对营养元素的积累和释放，并提出倒木分解过程存在固氮效应。Fogel 和 Cromack(1977)在美国花旗松(*Pseudotsuga menziesii*)倒木分解研究的基础上，提出有必要区分倒木分解等级，并建议根据木质残体的物理特征划分为五级系统。木质残体分解单项指数分解模型的建立有利于定量研究分解速率、预测木质残体的分解时间和养分元素循环过程(Olson，1963)。森林生态系统物质循环和能量流动等领域的研究者逐渐认识到木质残体分解是其功能发挥的重要途径(Odum and Pigeon，1970)。之后，现代木质残体分解研究领域标志性的事件是：美国生态学家 Harmon 等(1986)通过综述文章对以往森林木质残体的相关研究成果进行全面总结，规范了木质残体的概念，比较系统地介绍了森林木质残体的类型、来源、储量动态、分解特征、养分动态、分解影响因素、相关的研究方法及生态功能等，这一重要成果标志着木质残体相关研究工作开始走向系统和成熟，为后来开展木质残体相关研究奠定了坚实基础。从此，生态学家和林学家开始广泛关注木质残体相关方面的研究，并陆续在欧美主要森林类型开展相关实验，此后木质残体的储量、分布和分解特征成为森林生态系统碳循环研究的热点之一。

20 世纪 90 年代，可持续发展理念伴随着生态环境不断恶化而被人们不断认识，大家认识到保持生态系统结构完整、功能齐全及其生态过程不受人类影响是保证生态功能发挥的重要条件。森林生态学家和林学家提出森林对全球生态功能的发挥具有极其重要的意义，而森林木质残体对于生物多样性维护和森林生态系统服务功能的发挥等方面起着非常重要的作用，因而森林木质残体的重要性被不断肯定。森林木质残体的功能被不断提及，其主要功能包括：为腐生性和兼性寄生等生活方式的微生物群落提供营养和能量来源；为某些树木种子萌发和幼苗发育提供重要的生长场所；为某些节肢动物和小型脊椎动物提供食物来源及栖身场所；有利于森林生物多样性维持(Nally et al., 2001；Sturtevant et al., 1997；Clausen, 1996)；在养分和水分储存、降低土壤侵蚀、补给土壤养分、促进土壤发育等方面也具有重要作用(Currie and Nadelhoffer，2002；Krankina et al.，2002)。此外，木质残体是森林生态系统重要的碳库，在不同森林系统中，其碳储量占地上植被碳库的 10%～20%(Brown，2002；Delaney et al.，1998)。以往碳循环研究中，研究者们对地上植被碳库和土壤碳库的研究相对较多，却常常忽视了木质残体对森林碳库周转的贡献(Pan et al.，2011)。此外，木质残体是重要的养分库，其分解对森林生态系统养分循环和地力维持也有重要的影响，木质残体分解约释放 80%的氮、磷、钙等营养元素到森林土壤(Mackensen et al.，2003；Clark et al.，2002)。因此，一定程度而言，木质残体的分解过程对维持森林生态系统的养分循环、碳循环和能量流动起着非常重要的作用。

综合而言，森林木质残体研究经历了从简单描述到系统发展，相关研究工作主要包括木质残体的储量动态、分布特点、分解特征及影响机制、有机碳分解和释放、养分元素动态和生态功能等；同时，基于木质残体的巨大储量，其对森林生态系统碳循环的作用和意义逐渐成为生态学家研究的热点。但是，以往对木质残体的研究工作更关注凋落物叶，而且研究区域过于单一，主要集中于欧美国家的温带和寒带森林，一定程度上影响了对木质残体的客观认识。我国 20 世纪 80 年代开始有学者关注森林木质残体的相关研究，由于起步比较晚，主要借鉴欧美生态学家的研究思路和方法，研究内容涉及了木质残体储量、分解特征、养分动态及其影响分解的因素，相关研究样点主要集中在新疆天山林区的寒温带森林，东北大兴安岭、长白山、陕西秦岭地区等地的温带森林和四川岷江上游、福建武夷山、广东鼎湖山和云南哀牢山等地的亚热带森林(张慧玲，2015；袁杰等，2012；张利敏，2010；刘翠玲等，2009；杨礼攀等，2007；唐旭利等，2003；杨丽韫和代力民，2002；李凌浩等，1996；陈华和 Harmon，1992)。总体而言，我国对森林木质残体的分解机制、碳释放规律、养分利用、林木更新及生物多样性维持等方面还缺乏系统的认识，研究工作还处于基础认识阶段，因此需加强这方面的机理研究，特别要加强以理论为指导促进模型研究的发展。

1.2.3 木质残体全球储量分布

森林生态系统是陆地生态系统的主体和最大碳库，其碳储量约 360 pg，占陆地生态系统总储量的 76%～98%(Zhao et al.，2019；Köhl et al.，2017)，而木质残体作为森林生态系统中最重要碳库之一，其全球碳储量为 36～72pg，占森林地上生物量的 10%～20% (Zhu et al.，2017)。此外，如果考虑未来气候变化的影响，如风暴、高温热浪、干旱、火灾和寒潮等极端气候事件及森林砍伐和土地利用等影响，木质残体碳库占森林总碳库的比重将会更高(胡海清等，2020；Ricker et al.，2019；Reichstein et al.，2013)。由于森林木质残体储量的组成绝大多数来自粗木质残体(Pan et al.，2011)，因此本章主要探讨森林粗木质残体的储量及动态规律。粗木质残体的输入量和输出量(主要是 CO_2 释放过程)共同决定其储量的大小(Marion et al.，2015)，但木质残体分解缓慢且其输入量不受分解制约，因此粗木质残体的储量很大程度由其输入量决定(Yoneda et al.，1990)。此外，粗木质残体储量的动态变化还受到所在地区的气候特点、树种组成类型、森林发育程度、自然和人类干扰强度及森林经营方式等的影响(Russell et al.，2015)。有研究表明，不仅不同森林类型的粗木质残体储量存在较大差异，甚至相同森林类型中也存在较大差异，因此认为其储量变化并没有其明显的地理空间分布规律(Woodall et al.，2015；Siitonen et al.，2000；Tinker and Knight，2000)。主要原因可能是影响粗木质残体现存量的因素太多，且各因素之间关联性较弱，另外，由于研究样地和样本数量较少且研究的时间尺度不够长等，很难对其储量分布规律获得准确的认识(郭剑芬等，2011；Jonsson，2000)。森林中粗木质残体的数量主要来自竞争致死的林木、人类活动产生的大量死树和采伐剩余物，除此之外还受如树种组成、森林类型、海拔、病虫害暴发和极端气候等因素的影响(马豪霞等，2016；胡海清等，2013；Minnich et al.，2000)。对于相同类型的森林中粗木质残体储量的差异，天然林主要由群落的发育阶段(如幼林、成熟林和过熟老龄林)和自然及人类干扰程度决定，人工林主要受森林经营活动方式影响(袁杰等，2012；Schowalter et al.，1998)。对于天然林，幼龄林中林木对光和水分的竞争较大，树木死亡率很高，因此森林粗木质残体储量比较高；成熟林中林木生长趋于稳定，树木死亡率较低，其粗木质残体的储量较低；老龄林经过长时间的演替而积累了大量的粗木质残体，其粗木质残体储量最大(Petersson and Melin，2010；Yang et al.，2010；Kueppers et al.，2004)。据此，有研究者推断森林粗木质残体储量在天然林的生长发育过程中呈 U 形变化规律(Clark et al.，2002；Karjalainen and Kuuluvainen，2002；Spies et al.，1988)。一般来说，天然林大多经过长时间的积累，其粗木质残体现存量较大，但人工林粗木质残体的储量相对天然林较低，主要是防止粗木质残体可能产生火灾、林木易感染病虫害及利用燃料等，人们在经营活动中从人工林运出倒木和枯死树枝。例如，在澳大利亚热带低地雨林中，其粗木质残体储量大于采伐后的次生林，两者体积储量分别为 25.68$m^3 \cdot hm^{-2}$ 和 20.16$m^3 \cdot hm^{-2}$(Grove，2001)。

在全球尺度上，森林粗木质残体储量的变化从热带雨林到寒带针叶林大致呈现递增的趋势(王顺忠等，2014)，热带雨林粗木质残体平均体积储量为 46.43$m^3 \cdot hm^{-2}$ ± 13.06$m^3 \cdot hm^{-2}$(Grove，2001)，温带阔叶林粗木质残体的体积储量为 58.7～119.4$m^3 \cdot hm^{-2}$ (Oheimb et al.，2007)，而寒温带针叶林粗木质残体体积储量为 74～138$m^3 \cdot hm^{-2}$ (Ranius et al.，2004)。虽然很多研究采用体积储量表示粗木质残体储量，但森林中粗木质残体的储量通常采用单位面积的质量($t \cdot hm^{-2}$)表示。综合全球大部分森林粗木质残体储量的研究，其储量变化区间为 5～50$t \cdot hm^{-2}$ (Hanula et al.，2012；Creed et al.，2004；Schowalter et al.，1998)。具体而言，天然针叶林中粗木质残体的储量可达 30～200$t \cdot hm^{-2}$ (Keller et al.，2004；Krankina et al.，2002；Linder，1998)，但不同地区存在一定差异，美国华盛顿州奥林匹克国家公园的北美黄杉-铁杉林中，其粗木质残体储量达 537$t \cdot hm^{-2}$ (Harmon et al.，2005)，我国东北和美国西北同纬度的针阔混交林粗木质残体储量为 8～50$t \cdot hm^{-2}$(陈华和 Harmon，1992)。我国东北大兴安岭针阔混交林的粗木质残体储量为 11.63$t \cdot hm^{-2}$ (代力民等，1999)，陕西秦岭巴山冷杉林粗木质残体储量为 15.9$t \cdot hm^{-2}$(李凌浩等，1998)，广东鼎湖山季风常绿阔叶林粗木质残体储量为 25.28$t \cdot hm^{-2}$(唐旭利等，2003)，云南哀牢山亚热带常绿阔叶林的粗木质残体储量较高，达 98.5$t \cdot hm^{-2}$(刘文耀等，1995)。Zhu 等(2016)对我国森林的粗木质残体碳储量进行过系统研究，结果表明我国森林粗木质残体平均碳储量为 2.8$t \cdot hm^{-2}$，常绿阔叶林的碳储量较大，为 4.5$t \cdot hm^{-2}$；而针叶林的碳储量较低，为 1.9$t \cdot hm^{-2}$。

1.3 木质残体分解和影响因素

1.3.1 木质残体主要分解过程

森林木质残体的分解是一个复杂的过程，主要包括风化、淋溶及微生物呼吸作用等，是物理、化学和生物过程共同作用的结果，同时也是实现森林养分循环和生物多样性维持等重要生态功能的途径(Bradford et al.，2016；Berg and McClaugherty，2014；Cornwell et al.，2009)。木质残体的分解受生物和非生物因子影响(图 1-1)，非生物因子主要包括气候因子(如温度、湿度、水分和光照)，土壤性质和地形地貌(如坡向、坡位和坡度)等(Berg，2014；侯平和潘存德，2001)。生物因子包括木质残体特性，即树种类型和树龄影响木材本身的密度、材质、维管束、养分含量、木质素等，还包括分解者微生物群落和昆虫种类的丰富度和活跃度等因素(Cornwell et al.，2009；Hicks et al.，2003a；Holub et al.，2001；Harmon et al.，1986；McFee and Stone，1966)。

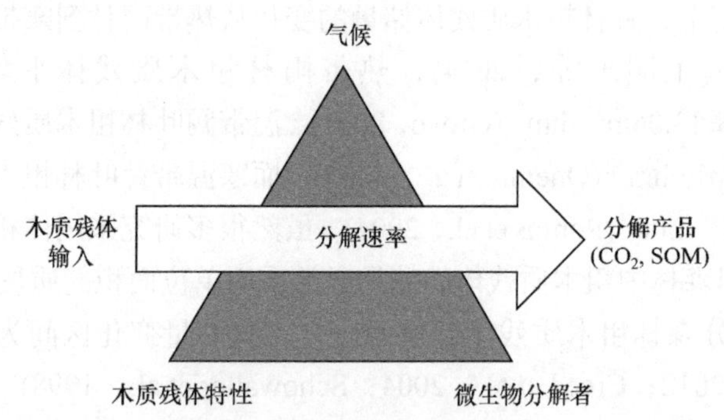

图 1-1　气候、木质残体特性和微生物分解者影响分解过程的三角关系(仿 Swift et al.，1979)
SOM-土壤有机质

以森林粗木质残体分解过程为例，其分解初期主要由难分解的聚合物组成，可溶性物质相对很少，因此该阶段风化和淋溶作用相对次要；在分解后期，随着这些聚合物被微生物分解形成可溶性物质，淋溶作用逐渐加强(Boddy，2001)。除此之外，粗木质残体分解的重要过程还包括破碎化过程，主要分为物理破碎和生物破碎。重力及水流是粗木质残体物理破碎的重要动力，在分解初期它能为微生物分解者对树皮和木质的分解提供通道(Chen et al.，2005)；生物破碎在植物根系的吸收和土壤动物啃食的作用下共同完成，其中微生物和无脊椎动物起着关键的作用(Vasconcellos and da Silva Moura，2010；Mukhin and Voronin，2007)。微生物分解贯穿于木质残体分解过程的始终，风化作用和破碎化过程均能增加木质残体表面积与体积的比值，从而增加了微生物进入木质残体的通道，有利于提高分解速率(Parker et al.，2006；Heilmann-Clausen and Boddy，2005)。微生物是森林木质残体分解过程中主要的分解者，微生物分解过程主要受气候因子(如温度、水分、光照和 O_2 浓度)，木质残体理化性质(如密度、养分元素和难分解物质含量)，木质残体尺寸大小(如直径和长度)，以及腐解等级等因素影响(Prewitt et al.，2014；van der Wal et al.，2014；Jacobs and Work，2012；Rajala et al.，2012)。

1.3.2　气候对木质残体分解的影响

从全球或者区域尺度看，气候因子作为影响森林木残体分解的主导因子已被广泛认识(图 1-1)。森林木质残体的分解速率一般在热带地区较高，而在温带和寒带森林较低，其主要原因可能是温度的差异。因此，温度一直被认为是影响木质残体分解最重要的气候因子(Yin，1999；Taylor et al.，1991)。但是，区域尺度上温度对分解速率变化的解释度并非是最好的(Hu et al., 2018; Bradford et al., 2014)。

此外，也有研究发现在同一气候带内不同树种木质残体分解速率的差异相较不同气候条件下的同一树种木质残体分解速率的差异大，这可能因为树种特性对木质残体分解速率的影响更大(Guo et al.，2014；Brais et al.，2006)。

一般而言，温度是森林木质残体分解速率存在差异的重要原因(Olajuyigbe et al.，2012；Kappes et al.，2009)。在较大空间范围内，年平均温度随着纬度的升高逐渐下降，因而森林木质残体的分解速率也随之降低。木质残体分解中绝大多数微生物生长的适宜温度范围为 3～40℃，木质残体分解速率在这个温度范围内会随着温度的升高而加快(Selmants et al.，2014；Persson，2013；Fierer et al.，2005)。但也有研究表明，在北方森林生态系统中温度对木质残体分解速率的影响很小，可能温度并不是最重要的限制因子(Yatskov et al.，2003)。Q_{10} 是表征分解敏感性的重要指标，表示温度升高 10℃分解速率增加的倍数，一般 Q_{10} 值越高，分解的敏感性越强(Mackensen et al.，2003；Chambers et al.，2000)。Harmon 等(1986)研究表明，年平均温度在 13～30℃时，木质残体呼吸速率的温度敏感系数 Q_{10} 可达 2～3，但超过这个温度范围后，温度对木质残体分解的影响效应减弱。木质残体呼吸速率的温度敏感性在不同的温度条件下往往是变化的，Chen 等(2001)发现 Q_{10} 随着温度的升高逐渐降低。研究表明，温度只在其较低的情况下是限制性因子，比如低温会抑制可溶性物质的扩散和降低酶活性，进而影响分解(Davidson et al.，1998)。温度升高，微生物酶活性也随之升高，分解速率增加，而当温度上升到一定程度后，温度的限制作用逐渐被解除，其他因子则有可能转变成为主导因子或限制性因子(Dinsmore et al.，2013；Garrett et al.，2010)。微生物被认为是主要的分解者，其对温度变化需要作出必要的生理调整，但不同微生物群落对温度变化的反应差异较大，因而温度效应对微生物产生的限制、修饰或掩盖作用也不同，研究中需要根据优势微生物群落进行具体分析(A'Bear et al.，2014b；Rajala et al.，2012)。此外，森林木质残体水分状况和养分有效性也可能受温度条件的影响，从而影响木质残体分解速率和呼吸过程(Olajuyigbe et al.，2012；Mäkiranta et al.，2010)。

降水对森林水分有重要影响，是影响森林木质残体分解的另一个主要气候因子(Cornwell et al.，2009)。在区域尺度上，降水量越高，森林可利用水分越丰富，因而木质残体分解速率随降水量增加而升高。例如，在同一片森林中，相同树种的倒木比枯立木的分解速率高，可能是倒木直接接触土壤的面积较大，能从土壤中获取水分，导致其含水量比枯立木高(Klutsch et al.，2009；Yoneda et al.，1990)。但是微生物对水分的适应存在范围限制，例如对加拿大寒带森林生态系统中木质残体分解的研究表明，木质残体含水量低于 43%时，水分对分解速率有重要的影响，而高于这个比例时则影响不明显(Bond-Lamberty et al.，2002)，因为较高的含水量容易在木质残体中形成厌氧环境从而抑制分解。有研究表明，木质残体含水量在 30%～160%时最适宜微生物生长(Harmon et al.，1986)。对热带干湿森林倒木分解的研究表明，经过 13 年的分解，干森林倒木的初始质量显著高于湿森林倒木，主要是湿森林含水量过高导致其分解速率较低(Torres and González，2005)。此外，研究发现木质残体含水量太低会抑制微生物活性而降低分解速率，当木质残体含水量低于 30%时，木质残体中的水分很难被真菌和其他微生物群落及昆虫所利用，因此不利于分解(Mori et al.，2014)。未来气候变化的情景下，不同地区降水量的变化模式可能不一样，如温带地区的森林可能会变干，而寒带地区的森林可能会变湿(Huang et al.，2015；Laliberté et al.，2015)，因此受降水模式(如强度、频率和持续时间等)变化的影响，不同地区森林木质残体分解受降水的影响将存在差异，这些差异在分解模型研究中应被重视(Preston et al.，2006)。

1.3.3 木质残体特性对分解的影响

木质残体特性直接影响木质残体基质特征，对分解有重要的影响(图 1-1)。不同树种的木质残体本身的物理性质和化学特性有差异，因而其分解底物存在异质性，进而影响微生物过程和分解速率(Bantle et al.，2014a，2014b)。不同树种木质残体分解速率的差异，主要由其易分解和难分解物质的组成比例不同引起。有研究发现，我国东北长白山天然林紫椴(*Tilia amurensis*)粗木质残体(分解常数为 0.0275)的分解速率比红松(*Pinus koraiensis*)粗木质残体(分解常数为 0.0162)的分解速率高，这可能是由于两个树种的物种属性差异较大(陈华和 Harmon，1992)，紫椴为被子植物，而红松为裸子植物。Weedon 等(2009)整合了全球主要森林分布区木质残体分解的研究成果，发现裸子植物木质残体的分解速率低于被子植物，其原因主要是被子植物木质残体初始氮、磷含量高于裸子植物，木质素含量低于裸子植物。木质残体主要由树皮、边材和芯材组成，分解速率的差异也存在于其不同部分，这与各部分的理化性质差异较大有关。很多研究均证实，树皮比芯材分解快，因为树皮一般养分含量较高，且含有丰富的糖类物质，而芯材缺少营养物质且含有大量酚类等难分解碳组分(Johnson et al.，2014；Shorohova and Kapitsa，2014a；Harmon et al.，2013)。此外，有研究发现树根的糖类物质含量高于树枝，而树枝中难分解的物质，如酚类和木质素含量高于树根，这可以解释树根的分解速率快于树枝(Garrett et al.，2010)。在气候变化的背景下，变暖可能会改变树种类型在全球的空间分布，这将影响木质残体的分解和碳释放。例如，温度上升驱使被子植物分布区向更北的区域延伸(Cramer et al.，2001)，而被子植物木质残体养分含量与裸子植物木质残体的差异，进一步影响森林碳收支。

多数研究表明，初始氮含量对森林木质残体分解速率有重要的影响(Guo et al.，

2006；Ganjegunte et al.，2004；Laiho and Prescott，2004)，因为氮元素是微生物蛋白质合成和分解酶合成不可或缺的养分元素。木质残体中氮元素资源的多寡，将直接影响微生物生物量和群落组成，进而对微生物的代谢活性和分解能力产生重要的影响(Prewitt et al.，2014；Stokland et al.，2012；Heilmann-Clausen and Boddy，2005)。一定范围内，木质残体分解速率与初始氮含量正相关，氮含量高则有利于微生物生物量、多样性水平和代谢能力提高(Johnston et al.，2016；Ulyshen，2015)。对不同树种木质残体分解的研究发现，初始氮含量越高的树种，相同时间内其木质残体的质量损失量越高(Laiho and Prescott，1999；Hale and Pastor，1998)。纤维素、半纤维素和木质素是木材中主要含碳化合物，是组成细胞壁的主要成分，同时，这些高分子有机物结构稳定，很难被分解，且占碳组成的比例很大，这是木质残体分解速率缓慢的重要原因(Cornwell et al.，2009)。因此，很多研究中采用木质素含量与氮含量的比值作为衡量粗木质残体分解的重要指标(Idol et al.，2001)。此外，木材中易分解的物质，如糖、淀粉、蛋白质等在分解初期含量较低，这些物质容易被微生物利用，因而在最初阶段分解速率相对较低(Kögel-Knabner，2002)。

1.3.4 微生物对木质残体分解的影响

微生物是森林木质残体分解最直接和最主要的动力(图 1-1)，不同微生物群落对养分和环境有不同的需求，在分解过程中发挥的功能也不一样(Fukami et al.，2010)。微生物代谢活动是木质残体分解的主要动力，大量细菌、真菌和放线菌群落以木质残体作为其食物和能源来源，同时也作为其重要的生存场所(Hoppe et al.，2016)。木质残体的分解得益于多种微生物协同作用，不同树种特性的木质残体，以及木质残体分解程度不同，其养分特征和环境特征也有差异，对木质残体的微生物群落组成造成影响，进而影响分解速率(van der Wal et al.，2014)。研究表明，木质残体分解程度越高，微生物种类多样性越丰富(Rajala et al.，2012)。这是因为在分解初期，木质残体密度较高，透气透水性能差，其本身也非常干燥，而且含有大量抑制微生物活性的有毒有害物质(如酚类物质)，不利于微生物的生长和活性提高；分解后期与前期相反，木质残体孔隙度较大，利于透气透水，含水量较高，同时这个阶段木质残体中抑制微生物群落的物质大部分被淋洗，质地疏松，有利于微生物与木质残体接触(Stokland et al.，2012；Clausen，1996)。正是微生物的分解作用，使得木质残体分解过程在森林生态系统物质循环和能量流动方面扮演了重要的角色，有利于林木更新和物种多样性维持。但是以往对木质残体分解的研究多集中于木质残体的水分、温度和木质残体理化性质等的影响，对木质残体微生物分解机制的认识很缺乏。

1.3.5 其他影响因素

很多研究中，土壤被作为影响木质残体分解的重要因子。在土壤肥力较好，含水量较高的森林中，木质残体的分解速率较高，而土壤肥力较差的森林则分解速率较低(Kim et al.，2006；Heilmann-Clausen and Boddy，2005)。例如，在同一树种中，倒木分解速率显著高于枯立木分解速率，因为倒木与土壤接触更多，除了能从土壤中获得养分和水分(van der Wal et al.，2007)，也有利于土壤中的微生物(特别是真菌群落)定殖在木质残体上(Metzger et al.，2008；Wall，2008)。时间也是一个重要的影响因子，一般最初阶段分解速率很低，存在分解的滞后效应；之后微生物不断定殖在木质残体中，其养分和水分充足，微生物的代谢速率加快，这个阶段分解相对较快；到分解后期，养分被大量消耗，木质素等难分解物质比重较高，不利于微生物获取资源，因此分解变慢(Zeng et al.，2009；Stone et al.，1998)。另外，地形也能影响分解，一般谷地分解速率高于坡地；坡向也有一定的影响，阴坡分解快于阳坡，这种现象在干旱地区表现比较明显，主要跟水分可获得性有关(Progar et al.，2000)。许多研究发现，木质残体分解受小型节肢动物的数量及昆虫活动的影响，有些地方昆虫大量出入，对分解的影响很强烈，但目前很难定量昆虫出现数量(Zanne et al.，2022；Seibold et al.，2021；Eaton and Lawrence，2006)。例如，在非洲地区的研究发现，白蚁对木质残体的分解率高达 $1\% \cdot d^{-1}$(Takamura，2001)。

森林木质残体分解过程中，所有影响分解的因子均存在时空变异，且彼此之间存在交互效应。同时，很多因子存在地区限制，可能存在“短板效应”，在一个区域有重要影响，在另一个区域的重要性可能下降。因此，对于森林木质残体分解的影响因子，很难说哪个因素起绝对重要的影响，只能相对定量地进行研究。

1.4 木质残体分解的研究方法

1.4.1 木质残体分解速率的常用经验模型

木质残体分解速率多根据木质残体分解过程中质量或者体积损失量与分解时间建立回归模型来计算。相对于木质残体分解研究，凋落物叶分解研究比较成熟，因此许多木质残体的分解模型来源于凋落物叶分解模型(表 1-1)。拟合凋落物叶分解的模型中，最常用的是单项指数分解模型和双项指数分解模型，因此很多研究人员将其应用于计算木质残体分解速率，发现拟合效果同样很好，但是二次曲线模型和幂函数模型不适合拟合木质残体分解(Wider and Lang，1982)。现在最广泛采用的是单项指数分解模型(Olson，1963)，木质残体的分解速率以每年减少的质量、体积或者密度百分比计算，分解速率常数用 k 表示。该模型最初应用于研究地表凋落物叶分解，其应用于木质残体分解的前提是假设木质残体所有组成部分的分解相同。但是，实际上木质残体各组成部分(如树皮、边材和芯材)理化性质差别很大，其分解特征和分解速率也有很大不同，因此计算时会产生误差。到后来，木质残体分解研究引入了双项指数分解模型和多项指数分解模型，把木质残体分成树皮和木质部或树皮、边材和芯材，每一部分都以单项指数分解模型进行拟合，一定程度上可以解决不同组成部分分解速率不同步的问题(Harmon et al.，1986)。

表 1-1　木质残体分解模型

模型类型	公式	参考文献
单项指数分解模型	$X_t = X_0 e^{-kt}$	Olson (1963)
双项指数分解模型	$X_t = X_1 e^{-kt} + X_2 e^{-k2t}$	Olson (1963)
线性模型	$X_t = X_0^{-kt}$	Wider 和 Lang (1982)
多项指数分解模型	$X_t = X_1 e^{-kt} + X_2 e^{-k2t} + X_3 e^{-k3t}$	Harmon 等(1986)

注：X_t 为 t 时密度，t 为时间；X_0 为初始密度；k 为分解速率常数；$X_{1\sim3}$ 为各部分(如树皮、边材、芯材)初始密度。

1.4.2　木质残体分解速率的测定方法

木质残体分解缓慢，分解时间大多较长，使得分解时间很难确定，因此木质残体分解速率的测量方法很少，现阶段多采用以下三种测量方法。

(1) 长期实验观测法。将木质物残体设置在林地或溪流进行分解实验，定期取样并测定其密度或者物质损失量，通过计算单位时间内的损失量计算其分解速率(Harmon，1982)。一般来讲，森林木质残体分解缓慢，在很多森林生态系统中，体积特别大的森林木质残体完全分解需要几十年甚至几百年的时间，直接测量木质残体分解过程的方法在操作上很困难。因此，实际研究中真正属于长期实验观测的研究案例很少。采用这种方法最著名的研究是美国俄勒冈州西部的安珠长期生态研究站(Andrews Experimental Forest Long Term Ecological Research Site in Western Oregon)在 1992 年设置倒木长期分解实验，该实验设置了 4 个树种倒木的分解实验，实验设置时间为 200 年。另外，由于长期实验观测法时间很长，实验的费用很高，安珠长期生态研究站的倒木分解实验在当时(1995 年)预算的总经费高达几百万美元，如此昂贵的实验让很多研究者望而却步。另一个著名的长期实验是在温哥华附近的岛屿设置的粗木质残体分解研究，其实验设计时间长达半个世纪(Stone et al.，1998)。虽然长期实验观测法可以完整地分析木质残体分解的整个过程，有利于准确分析分解速率，但是其实验时间长，而且需要大量经费支持，因此只有极少数研究采用这种方法(张利敏等，2011；Romero et al.，2005；Laiho and Prescott，1999)。

(2) 空间代替时间法。对于相同树种的木质残体分解研究，如果其分解的环境条件相似，可以按分解年龄或腐烂等级组成分解时间序列，对不同序列的木质残体依次测定其密度、物质或者体积损失量，从而确定其分解速率(Sollins et al.，1987)。由于该方法简单易行，省时省钱，大多研究人员采用此方法研究分解时间漫长的粗木质残体分解(刘强等，2012；Onega and Eickmeier，1991；Edmonds and Eglitis，1989；Spies et al.，1988)。该方法需要确定木质残体的分解时间，而木质残体分解过程漫长，在实际研究过程中很难准确确定。已有的研究中，有些根据样地长期调查记录确定木质残体的分解时间(Yang et al.，2010)，有些根据木质残体相邻活树的年轮加宽原则进行推算(张修玉等，2009；杨丽韫和代力民，2002)，也有研究者根据倒木腐烂等级并综合其他信息确定分解时间。具体操作方法有：当死树倒下时往往要砸伤与其相邻的活树，并且在活树上留下疤痕，因此可以根据活树的疤痕大致确定倒木的死亡年份(杨丽韫和代力民，2002)。在水分条件较好的森林，一些小树在倒木倒地一段时期后在其上面生长，可以利用生长在倒木上面小树的年龄推测倒木死亡的时间(Wall，2008)。对于树龄相同且各种原因死亡的树木，根据活树和死亡木的年轮(如果可以辨别的话)之差可以判定木质残体分解时间(Kubartová et al.，2015)。此外，树木死亡后可形成林窗，其周围的活树将获得较充足的水分和光照，良好的生长环境有利于树木生长，这些信息在树木年轮上必会有反映，这之后的生长年轮较倒木未形成时会有加宽现象(Kim et al.，2004)，因此可以推测树木死亡的时间。这些方法在时间准确性方面不太理想，其误差稍大，使用的人也很少。我国学者 Hu 等(2017)据采伐年代记录档案，初步研究了粗木质残体分解过程中养分、微生物群落和碳损失速率变化。

(3) 木质残体输入量与总生物量比值法。前提条件是森林处于稳定状态下，即其木质残体年输入量与年分解量相同，因此可以根据木质残体年输入量与其总生物量的比值计算分解速率。但现实研究中很难有森林满足该前提条件，因此该方法在研究中应用不多。之前有研究者采用此方法研究美国西部俄勒冈州和华盛顿州针叶林粗木质残体输入量和分解量(Sollins，1982)。

1.4.3　木质残体呼吸通量的测定方法

木质残体分解过程中释放以 CO_2 为主的温室气体和少量 CH_4，土壤呼吸方面的研究较成熟，由于二者的测量原理类似，因此木质残体呼吸通量的测定方法主要是借鉴土壤呼吸的测量方法，大多在土壤呼吸测量方法上进行改进。根据土壤呼吸研究方法，木质残体呼吸通量主要采用以下 3 种方法测量：

(1) 碱液吸收法。利用氢氧化钠和氢氧化钙溶液吸收木质残体分解过程中释

放的 CO_2，再将溶液带回实验室通过滴定的方法测定其在特定时间内吸收 CO_2 的量。该方法属于化学测量方法，对仪器设备的要求少且操作简单，在早期被广泛用于测量土壤呼吸通量，后来被应用于木质残体呼吸通量测量，并不断修改和完善，但该方法误差较大，目前已很少被采用。使用这种方法需要注意，碱液的浓度、吸收面积和测量面积是测定呼吸速率的重要因子(Edwards，1982)。后来，研究人员在碱液吸收法的基础上开发了碱石灰吸收法，原理类似于碱液吸收法，测量不再需要滴定，只需根据吸收前后碱石灰质量的变化计算 CO_2 释放量(Marra and Edmonds，1996)。碱石灰吸收法在野外操作比较简单，同时碱石灰吸收 CO_2 的速率为碱液的 2 倍，这有利于减少野外测量时间(Barker，2008；Progar et al.，2000；Marra and Edmonds，1996)。碱石灰吸收法也有其缺点，容器里的碱石灰会产生 CO_2 负压效应，使得容器实际容纳更多 CO_2，可能会高估木质残体呼吸通量(Chambers et al.，2001)。为了避免负压效应，采用碱石灰吸收法需要及时更换碱石灰，一般碱石灰增加量达到初始质量的 7%时，须重新更换碱石灰(Marra and Edmonds，1996)。

(2) 静态箱-气相色谱技术。该方法在土壤呼吸研究中已经很成熟了，在木质残体呼吸中应用比较广泛，原理是在单位时间内抽取木质残体分解过程中进入静态箱里的混合气体，通过气相色谱仪测定气体中 CO_2 浓度的变化，计算其呼吸通量。此方法需要将木质残体人为切割，以便于安装静态箱来测定木质残体的呼吸通量，这会增加木质残体破碎化面积而影响分解的微生物环境，因此可能会对木质残体的呼吸通量造成影响(吴家兵等，2008)。在实际测量过程中，为避免人为增加破碎面积而促进呼吸作用，需要对切割断面进行蜡封或其他密封处理，然后将其放回林地原来位置。同时，为避免采气过程中箱内外气压的干扰，需要在一定时间间隔内进行几次重复采样，以计算气体中 CO_2 浓度差异。

(3) 红外气体分析法。将已知容量的密闭容器覆盖在木质残体样品表面，使用气泵将木质残体分解中释放含 CO_2 的混合气体以一定速率通过进出口，根据便携式红外气体分析仪测量单位时间内气体中 CO_2 的浓度，便获得单位时间内进出容器的 CO_2 浓度差，以此计算木质残体呼吸速率。该方法属于动态气体测量法，因此它更适于测定瞬间 CO_2 的排放量，现阶段越来越被研究者青睐(Yoon et al.，2014；Jomura et al.，2008)。但是该方法也有缺点，因为测量时空气流通速率和腔体内外的压力差会产生一些不利影响，如气流通过气室内的木质残体表面时，O_2 的输入速率增加，木质残体的新陈代谢也就增加了，可能会促进木质残体释放 CO_2 (Schowalter et al.，1998)。另外，该方法所需红外气体分析仪价格一般比较昂贵，在野外工作时受到电力供应的限制，该仪器在低温环境(0℃以下)下不能工作，一定程度上限制了它在野外的使用。综合比较而言，该方法是比较成熟和可靠的一种方法(Forrester et al.，2012；Barker，2008；Cavaleri et al.，2006；Chambers et al.，

2001)，我国也有部分研究人员测量粗木质残体的呼吸通量时采用此方法(Guo et al.，2014；刘强等，2012；贺旭东，2010；张利敏，2010)。测木质残体呼吸通量时，需要在每一个倒木的中间位置安装 PVC 环，为了防止下雨天 PVC 环内积水，每次测完呼吸通量后应将倒木转动使得 PVC 环一直在倒木侧面。但是，将 PVC 环安装在倒木上时，会对倒木的微环境造成破坏，可能会加速分解，使得测定的呼吸通量产生少量误差。

第 2 章 研究地概况和主要研究方法

我国亚热带地区受季风气候的有利影响，具有雨热同期、水热资源丰富的特点，从而有利于形成森林生态系统生物种类丰富、生产力高、碳储量大、生态过程对气候响应多样的特殊区域(杨玉盛等，2007；吴征镒，1980)。由于地形以低山丘陵为主、山体坡度大、土壤有机层薄、有机质含量低、土壤抗蚀性差而易发生水土流失，亚热带山地生态系统具有极大的潜在脆弱性。研究区森林经营历史悠久，森林管理措施多样，如皆伐、施肥和炼山(采用火烧清理植物残体后造林)等措施，使得亚热带区域碳循环表现出对人为干扰较大的敏感性和响应的复杂性等特点。亚热带区域的地带性植被为常绿阔叶林，但长期以来，伴随着南方商品林基地建设和山地综合开发，大面积的常绿阔叶林被改为人工林和经果园。我国人工林面积 7954.3 万 hm^2，居世界第一，约占我国森林总面积的 40%(国家林业和草原局，2019)。亚热带地区是我国人工林最重要的分布区，如福建省森林覆盖率位列全国第一，其中约一半为人工林，但 90%以上为纯林，杉木(*Cunninghamia lanceolata*)和马尾松(*Pinus massoniana*)等针叶纯林占 53%(国家林业和草原局，2019)。随着国家和各级政府对生态保护的重视，每年人工造林面积以 5%的速度增加，人工林种植面积不断扩大，人工林在我国森林碳循环中起着越来越重要的作用(Hu et al.，2014；Lal，2005)。研究表明，我国森林碳汇的增加主要来自人工林面积的增加(方精云等，2015)。其中，杉木是我国最重要的人工造林树种之一，其造林总面积约 900 万 hm^2，约占我国人工林面积的 12%，是我国森林生态系统的重要组成部分(国家林业和草原局，2019)。

2.1 研究地概况

2.1.1 延平林区概况

延平林区位于福建省南平市延平区峡阳国有林场(117°59′E，26°48′N)，属于武夷山系南伸支脉，海拔在 200～260m，平均坡角在 28°～36°。本地区为亚热带季风气候，年平均气温为 19.5℃，年平均降水量为 1653 mm，年平均蒸发量为 1143mm，年平均相对湿度为 83%。雨热同期，1 月平均气温和降水量均最低，7 月平均气温最高，降雨多发生在 3～8 月。实验地土壤均为变质岩发育的轻黏质红壤，土层深厚，表层土壤疏松，土壤肥沃，但均含有少量的石砾。该区是福建省重要的人工林生产基地，杉木纯林是该区最典型的人工林，造林面积占该区森林总面积的 90%以上。杉木林林下植被数量和种类较少，常见的有福建观音座莲(*Angiopteris fokiensis*)、芒萁(*Dicranopteris dichotoma*)、粗叶榕(*Ficus hirta*)、稀羽鳞毛蕨(*Dryopteris sparsa*)、江南卷柏(*Selaginella moellendorffii*)、淡竹叶(*Lophatherum gracile*)、苦竹(*Pleioblastus amarus*)、狗脊(*Woodwardia japonica*)等(Hu et al.，2014)。

2.1.2　天童站概况

研究样地依托浙江天童森林生态系统国家野外科学观测研究站(天童站)，位于浙江省宁波市鄞州区天童国家森林公园内(29°48′N，121°47′E)。该地区受亚热带季风气候影响，全年温暖湿润，四季明显。雨热同期，年平均气温为 16.2℃，年平均降水量为 1374.7mm。最热月为 7 月，平均温度为 28.1℃；最冷月为 1 月，平均气温为 4.2℃；降水多集中在夏季(6～8 月)，该时段占全年降水量的 35%～40%；冬季(12 月至翌年 2 月)降水较少，降水量占全年的 10%～15%。年平均相对湿度为 82%，全年变化不大，各季之间平均变化幅度在 5%以下。该地区的地带性植被为常绿阔叶林，同时伴生有少量的常绿和落叶阔叶混交林，山麓地带种植有马尾松、杉木、金钱松(*Pseudolarix amabilis*)人工林及毛竹(*Phyllostachys pubescens*)经济林。天童站常绿阔叶林的乔木层主要分为两个亚层，第一亚层主要由壳斗科、山茶科、樟科等常绿阔叶乔木树种组成，同时伴有少量金缕梅科、漆树科、胡桃科、桦木科、柿树科的落叶大乔木；第二亚层除第一亚层的种类外，常绿种类较多，灌木层也混生有较多的落叶树种(谢玉彬等，2012)。

2.2　样品采集与制备

2.2.1　树桩样品

树桩样品在延平林区采集，采用以空间代替时间的方法，根据峡阳林场杉木林采伐记录档案，分别选取杉木树桩分解时间为 0a、2a、5a、15a 和 35a 共 5 个样地，每个样地的面积约为 $1hm^2$。在杉木采伐之前，这些样地均是树龄大约 25a 的杉木纯林。所有样地分布在同一个山坡上且彼此相连，同时样地的海拔和坡度相似，土壤质地相似(黄佳鸣，2013)。杉木采伐后，这些样地以 2m × 2m 的空间被重新种上杉木苗，苗木密度为 2500 株/hm^2。同时，为了促进杉木苗生长，杉木种植前五年每年夏天都会除草抚育，树桩上的萌发枝条也会被去除，这样间接地减小了活树桩对本实验的干扰。所有的样品均在 2013 年 7 月采集，而且样品采集时间距上一次降水事件有将近一个月。在每块样地上随机选取 15 个杉木树桩(直径为 25～30cm，高度为 20～30cm)，其中分解 35a 样地种植杉木时很多树桩被移走了，仅找到 5 个树桩。取树桩样品的同时，在每个树桩周边与土壤相连的位置随机取三管土壤样品(直径 2.5cm，深度 0～10cm)，将每个树种周围取得的土壤充分混匀后装入自封袋带回实验室。对取好的土样，去除土壤中的石头和可见的根系，过 2mm 孔径的筛后，一部分土样于−20℃保存，供土壤微生物量碳测定，另一部分土样风干后过 0.4mm 孔径的筛，用于土壤理化性质分析。

在选取的树桩上端截取一个约 5cm 厚的圆盘，放入大号自封袋后，再装入冰盒带回实验室分析。所有的样品带回实验室后，至少放入−20℃的冰柜两天后才开始处理。图 2-1 为杉木树桩取样方法图，如图所示，使用电钻(直径 6 mm)从每个树桩盘取木屑样本用于化学分析。在每个圆盘上至少钻 25 个钻孔，在处理下一个样品前用酒精对钻头消毒。如果树皮仍然存在，取下约 1/8(钻孔总面积占圆盘总面积)的树皮样品和木质部分混合。在树桩分解 0a、2a、5a、15a 和 35a 后，树皮面积剩余量分别为 100%、90%、75%、15%和 0%。将所得的锯末样品存储在 20℃，直到进一步分析。取木屑样品的同时，在每个圆盘取下约 1/8 用于分析密度和含水量。其中，W(楔形片)用于测量树桩含水量和密度；钻孔处提取的木屑样品用于化学分析和微生物群落分析。

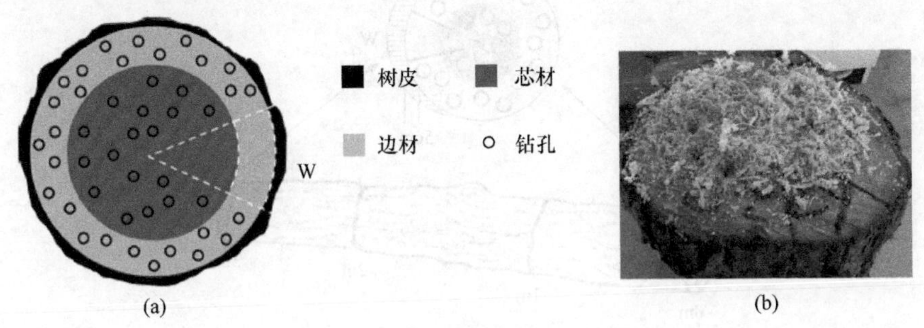

图 2-1　杉木树桩取样方法图
(a) 取样示意图；(b) 实际取样效果图
W-楔形片

2.2.2　倒木样品

倒木样品在天童站采集，选取天童站 9 个典型树种为倒木分解研究对象，树种信息见表 2-1。所用的倒木是 2014 年 7 月采伐的伐倒木，每个树种选取 24 根树干样品，每根样品取根部以上 4m 的树干部分，其中杉木、金钱松、柳杉、马尾松和深山含笑均采伐自人工林，木荷、栲(丝栗栲)、枫香(树)和柯(石栎)采伐自天然次生林。树木砍伐后，对每根树干取圆盘用于测定树干理化性质，分别取树干距地面 0m 和 3m 处共 2 个圆盘，倒木样品制作和圆盘取样方法见图 2-2，具体为截取每棵树基径以上 3m 长的树干，为考虑树干不同部位的差异，在树干两端 0～1m 和 2～3m 处各截取 1m 长的树干样品，编上序号，将其置于野外样地开展分解实验。取得圆盘后，带回实验室后进一步取树皮、边材和芯材的木屑和楔形片样品用于分析。

表 2-1 采样倒木的树种信息和规格

种类	中文名	拉丁名	简写	胸径/cm	树龄/a
裸子植物	杉木	*Cunninghamia lanceolata*	*Cun.*	13.3(1.5)	28.0
	金钱松	*Pseudolarix amabilis*	*Pse.*	13.7(1.5)	50.0
	柳杉	*Cryptomeria fortunei*	*Cry.*	13.6(1.9)	37.0
	马尾松	*Pinus massoniana*	*Pin.*	14.1(1.8)	31.6
被子植物	木荷	*Schima superba*	*Sch.*	13.5(1.0)	25.3(2.9)
	深山含笑	*Michelia maudiae*	*Mic.*	12.6(0.8)	30.0
	丝栗栲	*Castanopsis fargesii*	*Cas.*	13.6(2.7)	21.5(4.9)
	枫香	*Liquidambar formosana*	*Liq.*	13.8(1.6)	22.2(1.6)
	石栎	*Lithocarpus glaber*	*Lit.*	13.2(1.3)	25.8(2.2)

注：括号中的值代表标准误。

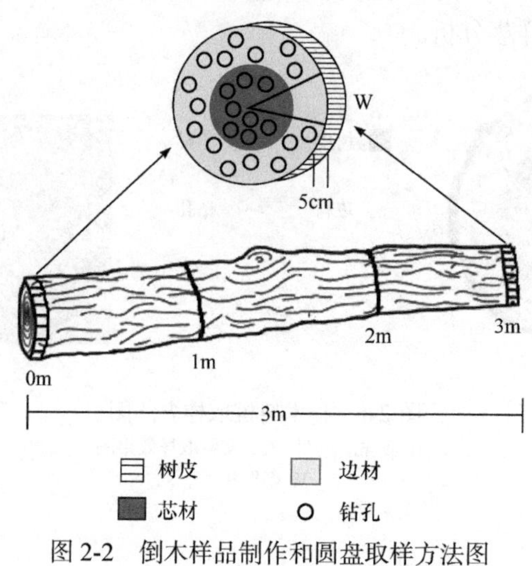

图 2-2 倒木样品制作和圆盘取样方法图

W-楔形片

2.3 野外干旱模拟实验

2.3.1 干旱实验设置

2013 年 7 月，在浙江天童国家森林生态系统国家野外科学观测研究站内，选取坡度、坡向、坡位和地上植物结构相似的区域建立 9 个 20m × 25m 固定样地，对这 9 个样地随机进行干旱处理，即隔离 70%林下降雨、隔离干扰(不隔离降雨，只影响降雨分布)、对照(不处理)，每种处理设置 3 个重复。2014 年 12 月，在样地附近重新设置 3 个条件一致的 5m × 5m 小样地，这 3 个样地设置隔离降雨为 35%。隔离降雨样地具体设置过程如下：在样地距坡面上方 1.7m 处安放 0.3m(宽) × 2m(长)凹槽面状透明塑料板，以阻止降雨进入样地，通过调整塑料板的间距，将隔离面积分别设置为 70%和 35%。隔离干扰处理为了检验隔离降雨产生的干扰效应，具体做法为在样地距坡面上方 1.7m 处安放 0.2m(宽) × 2m(长)的凸槽状透明塑料板，每条塑料板间距设置为 40cm，而对照处理只设置固定样地，不做任何处理。为有效阻止隔离区外的地表径流流入样地，将隔离降雨样地四边围上 PVC 塑料板，同时控制 PVC 塑料板埋入地下深度约为 1 m。样地设置完成后，在每个样地安装土壤湿度检测系统，用于检测不同土层深度土壤含水量，仪器测试时间设置为间隔 30min。实际隔离降雨设施如图 2-3 所示。

(a)

(b)

图 2-3　亚热带天然次生林隔离降雨实验设施

(a) 70%隔离降雨小区；(b) 隔离干扰小区

2.3.2　倒木呼吸测定

样地设置好后，将杉木、金钱松、柳杉、木荷、深山含笑和丝栗栲等 6 个树种的上部和下部树干随机放置在每个样地里，同时在每根倒木上设置好标签。对于每个树种的倒木样品，均分析其初始密度，以及碳、氮、磷等养分含量和化学组成。设置完成后，每个样地有 12 根倒木，所有样地共计 144 根倒木。在每根倒木的中间安装一个直径 10cm 的 PVC 环，PVC 环用铝线固定在倒木上，并在 PVC 环与倒木接触处用中性硅酮防水胶固定密封。在每个 PVC 环附近的树干上钻取直径为 4mm、深度为 5cm 的小孔，用于测定倒木温度。分解实验开始的半年内(2015 年 3 月～2015 年 8 月)，由于倒木呼吸量低于仪器检测精度，因此本实验呼吸数据只包括 2015 年 9 月～2017 年 3 月。实验期间，在每月中旬选择晴朗无风的天气，采用 Li-6400 便携式 CO_2/H_2O 分析系统(美国)于实验样地对 12 块样地倒木进行呼吸速率(R_W，μmol $CO_2 \cdot m^{-2} \cdot s^{-1}$)测定，每月一次，测定时间为一年半(共18次)。在每次测量土壤呼吸速率的同时，利用Li-6400自带的数字式瞬时温度计测定倒木5cm深处的温度(T_W，℃)和离地0.5m高的气温(T_a，℃)。为避免PVC环内积水，每次呼吸测量完毕，转动倒木使PVC环始终保持在倒木的侧面。同时，测量期间每个季度取倒木样品分析含水量，并与土壤含水量建立回归关系，推算测量期间所有倒木含水量。

2.4　野外养分添加实验设置

采用随机区组设计，具体步骤如下：在天童站选取典型植被地带随机设置16个20m × 20m的实验小区，各小区之间均有一个宽度大于5m的缓冲带。为了增加研究结果的可比性，根据本地区的氮、磷沉降情况(氮沉降量、磷沉降量分别为40kg $N \cdot hm^{-2} \cdot a^{-1}$和2.5kg $P \cdot hm^{-2} \cdot a^{-1}$)，氮磷处理的强度和频度参考国际上同类研究的处理方法(Vitousek et al.，2010)，同时考虑老成土具有较高的磷吸附能力和增加施磷的效果，磷处理的强度比氮处理的高(Zheng et al.，2017；莫江明等，2004)。随机设对照(无添加)、氮添加(100kg $N \cdot hm^{-2} \cdot a^{-1}$)、磷添加(15kg $P \cdot hm^{-2} \cdot a^{-1}$)和氮磷添加(100kg $N \cdot hm^{-2} \cdot a^{-1}$ + 15kg $P \cdot hm^{-2} \cdot a^{-1}$)，每种处理设置4个重复。实验期间，每月月初将$NH_4NO_3$和$H_3PO_4$溶解于20L蒸馏水中制备所需的氮添加和磷添加溶液，用喷壶均匀喷洒于每个实验小区，对照处理则采用等量的蒸馏水进行喷洒。样地设置好后，取土样测量基础理化性质。

2017年10月，将4个被子植物和4个裸子植物的活树伐倒作为分解实验样品(分解时间为0a)，样品的基本信息见表2-1，倒木样品制作和圆盘取样方法见图2-2，倒木样品处理好后将平放在每个实验小区地面。对于每个树种的倒木样品，均分析其初始密度，以及碳、氮、磷等养分含量和化学组成。考虑粗木质残体分解初期密度较高，分解和施肥均可能具有滞后效应，养分添加3a后于2020年10月开始采样分析。

2.5　样品理化性质分析

2.5.1　密度和水分测定

在树桩和倒木的圆盘上取得楔形样品后，先称其湿重，然后放入60℃的烘箱中烘干至恒重(约5d)，再称其干重，含水量计算公式为(湿重 − 干重)/干重 × 100%。体积根据阿基米德原理通过水置换法测定，树桩密度根据单位质量除以单位体积计算($g \cdot cm^{-3}$)。土壤含水量测定方法与树桩和倒木样品测定类似。

2.5.2　养分含量测定

树桩和倒木样品碳、氮含量采用碳氮分析仪测定(CHN-2000，美国)，碳氮比由碳含量除以氮含量计算。全磷(P)含量用钼锑抗比色法测定；全钾(K)和钠(Na)含量用火焰光度计法测定；钙(Ca)和镁(Mg)含量用原子吸收法测定。树桩分解过程中养分元素含量根据各元素百分比计算，这种计算容易忽略分解过程中木材体积的变化，而养分元素密度比养分元素含量能更好地表征粗木质残体分解过程中养分物质的损失(Russell et al.，2015)，因此分解过程中养分元素变化情况采用养分元素密度来分析，计算方法为特定时间样品的养分含量乘以特定时间样品的密度。

土壤样品风干后研磨并过 0.149mm 筛，采用碳氮元素分析仪(Vario Max，德国)测定土壤全碳、全氮含量。采用氯仿熏蒸法分析土壤微生物量碳含量，熏蒸后将浸提液离心 10min(转速 $4000r \cdot min^{-1}$)，之后用 0.45μm 聚醚砜滤膜抽滤，滤液中的有机碳用分析仪(TOC-VcpH，日本)测定，根据熏蒸和未熏蒸土壤提取液中有机碳含量之差，乘以系数 2.64 求得微生物量碳含量。

2.5.3　木质素和纤维素含量测定

每个分解年龄段的树桩样品(100g)中随机选取 5 个用于测定木质素和纤维素含量，其分析方法采用国际分析协会提供的乌普萨拉法(Theander et al.，1995)。简而言之，将粉碎好的树桩样品用苯乙醇抽提过，再用 72%的硫酸水解，定量地测定其残余物量，用于计算木质素含量(%)。用亚氯酸钠除去已抽出树脂试样中所含的木质素，测定残留物量，用于计算纤维素含量(%)。木质素与纤维素的比值及木质素与氮的比值差异是木质残体分解速率差异的重要原因。

2.5.4　树桩碳结构测定

将粉碎的树桩和倒木样品利用 ^{13}C 交叉极化魔角旋转(CPMAS)核磁共振仪进行分析，将每个分解时间或者处理(如干旱和养分添加处理)的样品分别混合成一个样品再分析(Huang et al.，2011)。采用 Unity-400 型核磁共振波谱仪(美国)，结合魔角旋转(MAS)和交叉极化(CP)技术在 100.58MHz 下进行 ^{13}C 连续扫描，得到固体 ^{13}C 核磁共振(NMR)谱图。实验条件为 25℃，氮化硅转子转速为 5kHz，单次接触时间为 0.5ms，接受时间为 13ms，重复延迟时间为 1.5s。图谱分为七个谱段，代表不同化学环境 ^{13}C 核磁，这些谱段分别是：链烷碳(alkyl C、0～45 ppm*)，甲

* $1ppm = 1.25mg/m^3$。

氧基碳(N-alkyl C、45～60ppm)，多糖碳(O-alkyl C、60～90ppm)，乙缩醛碳(acetal C、90～110ppm)，芳香碳(aromatic C、110～145ppm)，酚碳(phenolic C、145～160ppm)和羧基碳(carbonyl C、160～185ppm)。各谱段的相对面积(占总面积的百分比)根据测定集成的图谱面积计算。

2.6 微生物分析

2.6.1 磷脂脂肪酸分析

树桩分解过程中微生物群落组成采用磷脂脂肪酸(phospolipid fatty acids，PLFA)分析法，具体操作和提取方法参考 Huang 等(2013)，简单操作步骤如下：将木屑样品经过冷冻干燥处理后，称取相当于 4g 干物质的木屑，依次加入 5mL 磷酸缓冲液、6mL 三氯甲烷和 12mL 甲醇(体积比为 0.8∶1∶2)，振荡 2h 后再离心 10min(转速 $1000r \cdot min^{-1}$)，然后将上层清液转移到分液漏斗中，随后再用 12mL 磷酸、三氯甲烷和甲醇混合提取液(体积比为 0.8∶1∶2)提取，重复振荡和离心操作，转移上层清液，将两次提取的上清液合并，向分液漏斗中加入 12mL 三氯甲烷和 12mL 磷酸缓冲液，重复上述步骤，将提取液在黑暗环境下静置 12h。之后，除去上层清液保留下层氯仿相，用氮气吹干氯仿相后通过硅胶柱分离出磷脂，再加甲醇与甲苯混合溶液(体积比为 1∶1)和 $0.2mol \cdot L^{-1}$ 氢氧化钾溶液进行皂化和甲基化处理使之形成脂肪酸甲酯。通过气相色谱仪(spp6890N，美国)测定每一个脂肪酸甲酯，根据它们的停留时间结合微生物识别系统(MIDI，美国)来鉴定脂肪酸。具体各微生物种群的磷脂脂肪酸标志物见表 2-2。

表 2-2 检验树桩微生物种群的磷脂脂肪酸标志物

微生物种群	磷脂脂肪酸标志物
革兰氏阳性细菌	i15：0，a15：0，i16：0，i17：0，a17：0
革兰氏阴性细菌	cy17：0，18：1ω7c，18：1ω5c，cy19：0
丛枝菌根真菌	16：1ω5c
放线菌	10Me16：0，10Me17：0，10Me18：0
真菌	18：1ω9c，18：2ω6，9c
真菌/细菌	(18：1ω9c+18：2ω6，9c)/ (i15：0+a15：0+i16：0+i17：0+a17：0 + cy17：0+ 18：1ω7c+18：1ω5c+cy19：0)

注：磷脂脂肪酸的命名按以下顺序：总碳原子数、双键数量、从分子甲基末端数的双键位置；前缀 a 和 i 分别指反异支链和异式支链脂肪酸；cy 表示环丙基脂肪酸；10Me 表示第 10 个碳原子的甲基(从羟基端起)；后缀 c、t 分别表示双键的顺式和反式结构；ω表示脂肪酸分子中距离羧基最远的甲基端，即ω端。

2.6.2　高通量测序

倒木真菌群落分析的方法参见 Purahong 等(2018a)，以下是具体分析步骤。粗木质残体总脱氧核糖核酸(DNA)提取采用植物基因组 DNA 提取试剂盒法，提取方法参照试剂盒说明书。每个样品提取 4 个平行，分别进行聚合酶链式反应(polymerase chain reaction，PCR)扩增，然后在测序前将 4 个平行混合后进行测序。利用 Qubit2.0 DNA 检测试剂盒对基因组 DNA 精确定量，以确定 PCR 需加入的 DNA 量。PCR 所用引物为融合了 Miseq 测序平台的通用引物，引物序列为 ITS1-F：5′-CTTGGTCATTTAGAGGAAGTAA-3′和 ITS 4：5′-TCCTCCGCTTATTGATATGC-3′。热启动 PCR 体系如下：10×PCR 缓冲液 5μL，脱氧核糖核苷三磷酸(deoxy-ribonucleoside triphosphate，dNTP)(10mmol · L^{-1}) 0.5μL，基因组 DNA 10ng，Bar 基因组试剂检测盒上游引物(Bar-PCR Primer F) (50μmol · L^{-1}) 1μL，下游引物(Primer R) (50μmol · L^{-1})1μL，PDNA 聚合酶(plantiumTaq)(5U · μL^{-1})0.5μL，加去离子水至 50μL。反应条件如下：94℃3min 预变性，94℃1min，54℃30s，72℃1min 进行 30 个循环，最后 72℃延长 7min。PCR 结束后，对 PCR 产物进行琼脂糖电泳，然后利用琼脂糖回收试剂盒(cat：SK8131)进行回收，之后用 Qubit2.0 定量，根据测得的 DNA 浓度，将所有样品进行等量混合并充分振荡均匀。完成后，将混合样品送至指定公司采用 Illumina Miseq 测序平台进行高通量测序。

采用 Flash(FLASH v1.2.7)软件融合序列，然后根据 DNA 条形码将序列回归到样品。采用 Prinseq(PRINSEQ-lite 0.19.5)软件对序列数据进行质量控制，去除非靶区域序列及嵌合体。去除非真菌序列，使用 BLAST(基于局部比对算法的搜索工具)方法将序列进行物种分类。原始数据使用 QIIME 去除条形码、引物及嵌合体(identify_chimeric_seqs.py)后，得到的 fasta 格式数据以 97%的序列相似度聚合为操作分类单元(operational taxonomic unit，OTU)。OTU 表格转换为 biom 格式后导入 QIIME 进行重取样和多样性分析；OTU 代表序列使用 Silva 数据库进行注释和比对。为消除系统误差导致的样本序列数不均匀对多样性统计的影响，使用 single_rarefaction.py 命令进行重取样。群落组成分析及多样性分析均在重取样之后 97%序列相似度的 OTU 水平上进行。选择 Shannon-Wiener 指数(H)和 Chao1 丰度表征 α 多样性，冗余分析或典型相关分析表征 β 多样性。

2.6.3　水解酶活性测定

本实验共测定 6 种水解酶，分别包括 3 种与碳代谢相关的 β-葡萄糖苷酶(β-1,4-glucosidase，BG)、β-木糖苷酶(β-1,4-xylosidase，XS)和纤维二糖水解酶(β-dcellobiohydrolase，CB)，2 种与氮代谢相关的 N-乙酰-β-D-葡萄糖苷酶(N-acetyl-β-glucosaminidase，NAG)和亮氨酸氨基肽酶(leucine aminopeptidase，LAP)，以及

1 种与磷代谢相关的酸性磷酸酶(acid phosphatase，AP)。利用微孔板(Nunc™ 96-Well Microplate)测量酶活性，具体操作步骤参考 Noll 等(2016)，测试中使用 BioTek Synergy 2 多功能酶标仪(BioTek，Synergy 2 luminometer)测定，激发光波长为 365nm，测定波长为 470nm，最后通过木质残体干重和反应时间来计算水解酶的活力，以 nmol/(g · h)为单位来表示。

2.6.4 室内培养微生物呼吸测定

对于养分添加的倒木，称取相当于 40g 干重的预处理木质残体样品，每个样品 4 个重复，置于 250mL 玻璃培养瓶内。根据土壤实际含水量和田间最大持水量，先将去离子水均匀地加在土壤表面，土壤含水量调节至 60%田间最大持水量。然后将木质残体置于 20℃恒温培养箱进行预培养 7d，期间通过称重法适当补充去离子水以确保 60%田间最大持水量。正式变温培养在恒温槽中进行(图 2-3)，同时还放入 3 个等体积的石英砂培养瓶作为对照。由于天童站的年内温度变化范围为 4～28℃，根据大多数土壤微生物适宜的环境温度范围，将土壤培养温度范围设定为 5～30℃，温度变化步长为 5℃。木质残体培养温度从 15℃开始，先升温再降温，最后回到 15℃，这样做的目的是削弱温度变化对微生物呼吸及其温度敏感性带来的影响。每次变温后，木质残体样品先在目标培养温度稳定 3h，使培养瓶内的木质残体温度与培养温度一致并达到一个新的平衡(Li et al.，2020)。在这个过程中，室外的新鲜空气利用气路分流后持续通过培养瓶，排除培养瓶内累积的 CO_2，并使所有培养瓶内的 CO_2 浓度相似(大气 CO_2 浓度)。平衡结束后将培养瓶密闭，在培养一段时间(1～3d，取决于营养物浓度和培养温度)后，使用 Li-6400 红外气体分析仪分析气体样品。测量时，通过泵将培养瓶内空气循环至分析仪，气流速度为 1.5L · min^{-1}，并在 2min 内每秒记录一次 CO_2 浓度。CO_2 通量通过 CO_2 浓度随时间的指数回归计算。测试期间前 15s 的测量数据被舍弃，避免因关闭罐子产生负压。根据木质残体干物质质量、培养瓶内 CO_2 累积量、测量时间(呼吸时间)和培养瓶体积计算每个温度下的微生物呼吸速率(Hu et al.，2020)。

2.7 全球木质残体分解数据库建立

2.7.1 数据筛选标准

(1) 分解数据。通过 Web of Science 和 Google Scholar 数据库初步搜索出 300 余篇木质残体分解(包括细木质残体和粗木质残体，所有的分解状态均为倒木)的相关文献，通过对文献的研究目的、实验方法及研究结果进行分析，再结合本书实验的研究目的，设定了 5 条数据收集筛选标准，可以有效地避免在数据收集过程中出现遗漏和偏差。最终收集了 81 篇木质残体分解的实验性文献(见附录 A)，筛选标准如下：①有明确计算木质残体分解速率，或者显示特定时间内木质残体密度、质量或体积变化，在森林生态系统中开展分解实验的文献；②在野外实验研究中，木质残体分解均在自然状态下进行，没有任何处理；③所有研究必须明确标明研究地区经纬度、实验起始时间、木质残体的树种名称及生态系统类型(人工林和天然林)，同时尽可能收集木质残体的初始理化性质(养分含量、密度和直径等)；④为避免短期实验可能产生的不确定性，分解时间须不短于 3a；⑤所有的分解速率必须以指数衰减模型计算，微生物活性分解速率根据年分解速率除以微生物活性季长度计算。所有参数均用平均值表示，并且记录相关参数的标准误(或置信区间)和样本数，也可根据文献中相关信息计算出以上数据。

(2) 树种属性数据。根据树种拉丁名称，在 TRY Categorical Traits Lookup 数据库(Kattge et al., 2011)中找到树种的类型(被子植物和裸子植物)和叶寿命特征(落叶树种和常绿树种)。

(3) 气候数据。根据研究地区的经纬度和实验起始时间从 Twentieth Century Reanalysis Project 数据库(Compo et al., 2011)中下载所有样地实验期间每间隔 3h 的温度、降水量和相对湿度的数据。研究认为，温度 4℃以下，微生物活性较低，代谢活动微弱(Pietikäinen et al., 2005)，因此分解活动可以忽略。类似植物生长季，本书实验中规定每天平均温度高于 4℃为微生物有活性的时间，据此计算微生物活性季长度(d)，发现微生物活性季长度与年平均温度有较好的回归关系(图 2-4)，说明微生物活性季长度与年平均温度有相似的效应，应该作为重要的气候因子。根据经纬度将研究区分为热带、温带和寒带森林，建立研究样地的气候带信息，

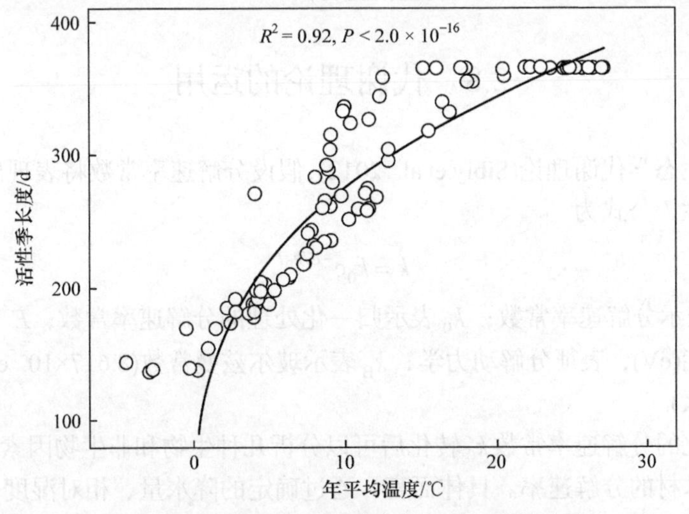

图 2-4　微生物活性季长度与年平均温度的关系

热带森林纬度范围为 23.5°S～23.5°N；温带森林纬度范围为 23.5°N～50°N 和 23.5°S～50°S；寒带森林范围为 50°N～66.5°N。

通过筛选，共得到 389 条全球木质残体分解的数据，数据库中一共 25 个参数被检测。数据库包括经度、纬度、树种、树种类型、叶寿命特征、气候区、木质残体初始的碳/氮/磷/木质素和纤维素含量、初始碳氮比、木质素与氮含量比、直径和密度、分解速率、微生物活性季分解速率、年平均温度、年平均降水量、微生物活性温度、相对湿度和玻尔兹曼转换温度等。数据库中植物属性从数据库获取，气候和微生物活性季分解速率通过计算获取，其他参数的相关数据直接从文献中获取，如果文献中只提供图形结果，通过 OriginPro 8.0 软件(美国)获取数据。

2.7.2 缺失数据的插值

对于缺失初始密度的数据点，在 Global Wood Density Database 数据库(Chave et al., 2009)中获取，要求树种名称对应且在两个数据库中的经纬度差不能超过 3°。初步筛选后，选出所有含有木质残体初始氮含量的数据点 191 个，除了有 24 条数据缺失直径数据外，其他数据均完整。这些数据分别来自 83 个研究点和 80 篇文献，共 142 个树种，用于相关统计分析。24 个数据点缺失直径数据，占数据点的比重小于 13%，通过插值的方法补充缺失的数据。本章运用预测均值匹配(predictive mean matching，PMM)的理论插值，PMM 是半参数估算方法。这种计算类似的回归方法，对于每个缺失值，从观察到的供体值到模拟回归模型的缺失值，它随机地填充一个值，其回归预测值是最接近的回归预测值(Schenker and Taylor, 1996)。具体计算过程是用 mice 安装包在 R 语言 3.3.1 上运行(Team, 2014；van Buuren and Groothuis-Oudshoorn，2011)。

2.8 代谢理论的运用

根据生态学代谢理论(Sibly et al., 2012)，假设分解速率常数将表现出 Arrhenius 温度依赖性，公式为

$$k = k_0 e^{-E/k_B T} \tag{2-1}$$

式中，k 表示分解速率常数；k_0 表示归一化处理的分解速率常数；E 表示一种有效的活化能(eV)，表征分解动力学；k_B 表示玻尔兹曼常数(8.617×10^{-5}eV · K^{-1})；T 表示温度(K)。

归一化的分解速率常数 k_0 转化后可以分析几种生物和非生物因素影响，但也可能影响木材的分解速率。具体而言，通过确定的降水量、相对湿度、生长季节长度、木质残体初始氮含量、木质残体大小可计算分解速率常数。本节中，假设

分解速率常数转化为(各参数的转化方法参见表 2-3)

$$k = k_1 e^{-E/k_B T} P^{\alpha_P} h^{\alpha_h} l_{as}^{\alpha_{l_{as}}} e^{a\rho} N^{\alpha_N} d^{\alpha_d} \tag{2-2}$$

式中，k_1 表示分解归一化常数($a^{\alpha_{l_{as}}+1} \cdot mm^{-\alpha_P} \cdot d^{-\alpha_{l_{as}}} \cdot cm^{-\alpha_d} \cdot g^{-\alpha_N} \cdot g^{\alpha_N}$)；$P$ 表示降水量(mm)；α_P (量纲为 1)表示降水量缩放指数；h(量纲为 1)表示相对湿度；α_h (量纲为 1)表示相对湿度缩放指数；l_{as} 表示微生物活性季长度($d \cdot a^{-1}$)；$\alpha_{l_{as}}$ (量纲为 1)微生物活性季长度缩放指数；ρ 表示木质残体初始密度($g \cdot cm^{-3}$)；a 表示密度的系数($cm^3 \cdot g^{-1}$)；N 表示木质残体初始氮含量($g \cdot g^{-1}$)；α_N (量纲为 1)木质残体初始氮含量缩放指数；d 表示木质残体初始直径(cm)；α_d (量纲为 1)表示木质残体初始直径缩放指数。

表 2-3　偏回归模型中所有参数的转化情况

模型序号	降水量	相对湿度	初始氮含量	初始密度	面积/cm²
1	幂型	幂型	幂型	幂型	1.43
2	指数型	幂型	幂型	幂型	3143
3	幂型	指数型	幂型	幂型	3.4×10^{52}
4	幂型	幂型	指数型	幂型	2.577
5	幂型	幂型	幂型	指数型	1.206
6	指数型	指数型	幂型	幂型	2.7×10^{52}
7	指数型	幂型	指数型	幂型	92904
8	指数型	幂型	幂型	指数型	2098
9	幂型	指数型	指数型	幂型	7.4×10^{52}
10	幂型	指数型	幂型	指数型	3.7×10^{52}
11	幂型	幂型	指数型	指数型	2.13
12	指数型	指数型	指数型	幂型	5.0×10^{52}
13	指数型	指数型	幂型	指数型	3.2×10^{52}
14	指数型	幂型	指数型	指数型	91974
15	幂型	指数型	指数型	指数型	7.6×10^{52}
16	指数型	指数型	指数型	指数型	7.3×10^{52}

注：通过分析，降水量、相对湿度和木质残体初始氮含量适合对数转换，木质残体初始密度适合指数转换。

由于分解速率常数 k 以年为时间尺度进行量化，其计算方法容易混淆不同研究地点之间微生物活性季长度的变化。根据定义，应该在相同的时间尺度下进行比较，具有较长微生物活性季的样点将会有较大的 k 值。为了消除微生物活性季长度的影响，将公式(2-2)中年分解速率转化为瞬时日分解速率 k/l_{as} (d^{-1})：

$$\frac{k}{l_{as}} = k_2 e^{-E/k_B T} P^{\alpha_P} h^{\alpha_h} e^{a\rho} N^{\alpha_N} d^{\alpha_d} \tag{2-3}$$

式中，k_2 表示另一个分解归一化常数[$d^{-1} \cdot mm^{-\alpha_P} \cdot gN^{-\alpha_N} \cdot g \cdot (mol \cdot L^{-1})^{\alpha_N} \cdot cm^{-\alpha_d}$]。

将式(2-2)和式(2-3)线性化后，分别表示为

$$\ln k = \ln k_1 - \frac{E}{k_B T} + \alpha_P \ln P + \alpha_h \ln h + \alpha_{l_{as}} \ln l_{as} + a\rho + \alpha_N \ln N + \alpha_d \ln d \tag{2-4}$$

和

$$\ln \frac{k}{l_{as}} = \ln k_2 - \frac{E}{k_B T} + \alpha_P \ln P + \alpha_h \ln h + a\rho + \alpha_N \ln N + \alpha_d \ln d \tag{2-5}$$

木材质量(体积)的分解主要发生在表面区域。因此，可以推测分解速率常数 k(a^{-1})与木质残体表面积与体积比成正比：

$$k \propto \frac{A}{V} \tag{2-6}$$

式中，A 是木质残体的表面积(g)；V 是体积(cm^3)。将木质残体近似看作圆柱体，其表面积与体积比可以用直径表示为

$$\frac{A}{V} = \frac{2\pi(d/2)l + 2\pi(d/2)^2}{\pi r^2 l} = 4d^{-1} + 2l^{-1} \tag{2-7}$$

式中，l 是木质残体的长度(cm)。式(2-7)表示表面积体积比，分解速率常数与木质残体长度及直径呈几何变化关系。

2.9 主要统计方法

树桩或倒木的分解速率常数根据拟合的单因素指数衰减模型计算(Olson，1963)：

$$X_t = X_0 e^{-kt} \tag{2-8}$$

式中，X_t 是 t 时间树桩的密度，t 是时间；X_0 是初始密度。得到分解速率常数后，该常数用于计算树桩损失 95%所需要的时间，公式如下：

$$T_{0.95} = -\frac{\ln 0.05}{k} = \frac{3}{k} \tag{2-9}$$

树桩的物质或者养分作为其初始物质或者养分的百分比按式(2-10)计算：

$$\delta = \frac{m_t}{m_0} \times 100\% \tag{2-10}$$

式中，m_0 是初始密度或者养分密度；m_t 是 t 时间树桩的密度或者养分密度。

物质或者碳质量损失速率根据式(2-11)计算：

$$R = \frac{\left(1 - \frac{A_t}{A_0}\right)}{t} \times 100\% \tag{2-11}$$

式中，A_0 是初始物质或者碳密度；A_t 是 t 时间的物质或者碳密度；t 是时间。

微生物物种多样性根据香浓 H 指数(Southwood and Henderson, 2000)计算如下：

$$H = -\sum_{i=1}^{n} p_i \ln p_i \tag{2-12}$$

式中，p_i 为第 i 个物种占物种总数的比例。

运用指数模型拟合倒木呼吸速率与倒木温度之间的回归关系，表示为

$$R_{\mathrm{w}} = \alpha \mathrm{e}^{\beta T_{\mathrm{w}}} \tag{2-13}$$

式中，R_{w} 为倒木呼吸速率；T_{w} 为倒木温度；α、β 为模型中的系数。

倒木呼吸的温度敏感性根据 Q_{10} (温度上升 10℃造成的倒木呼吸速率变化的商)计算，表示为

$$Q_{10} = \mathrm{e}^{10\beta} \tag{2-14}$$

根据 Moorhead 等(2016)计算土壤胞外酶活性的矢量特征，$X = (\mathrm{BG} + \mathrm{XS} + \mathrm{CB})/[(\mathrm{BG} + \mathrm{XS} + \mathrm{CB}) + \mathrm{AP}]$，$Y = (\mathrm{BG} + \mathrm{XS} + \mathrm{CB})/[(\mathrm{BG} + \mathrm{XS} + \mathrm{CB}) + (\mathrm{NAG} + \mathrm{LAP})]$。其中，BG 为$\beta$-葡萄糖苷酶；XS 为$\beta$-木糖苷酶；CB 为纤维二糖水解酶；AP 为酸性磷酸酶；NAG 为 *N*-乙酰-β-*D*-葡萄糖苷酶；LAP 为亮氨酸氨基肽酶。矢量的长度表征能量(如碳)相对于养分(如氮、磷)的限制，矢量与 X 轴的夹角用来表征磷元素相对于氮元素的限制程度。公式如下：

$$\text{矢量长度} = \mathrm{SQRT}(X^2 + Y^2) \tag{2-15}$$

式中，X 为相对的 C 与 P 获取酶活性；Y 为相对的 C 与 N 获取酶活性；SQRT 为开平方根。

$$\text{矢量角度} = \mathrm{DEGREES}(\mathrm{ATAN2}(X,\ Y)) \tag{2-16}$$

式中，DEGREES( )函数可将弧度转化为角度；ATAN2( )函数可以弧度表示 Y/X 的反正切。

数据分析利用 R 3.2.1(Team，2014)统计软件。采用方差分析不同分解时间、

不同树种及不同处理之间的差异，显著性水平设置为 $P < 0.05$。主成分分析在 R 语言平台上采用 vegan 安装包，用于分析相同分解时间微生物群落的聚合程度。线性混合效应模型在 R 语言平台用 lme4 安装包分析，用于测试微生物生物量与粗木质残体碳损失速率和粗木质残体含水量的回归关系。冗余分析(redundancy analysis，RDA)方法用来分析微生物群落组成是否受到粗木质残体密度、含水量、碳氮含量、碳氮比，以及土壤碳氮含量的影响。将木材的碳质量和土壤化学性质的线性拟合图叠加在 RDA 上，以显示 RDA 坐标轴最大相关方向。采用偏回归分析方法(Bastiaan，2011)分析气候因子年平均值和生物因子共同对分解速率的影响，以及气候因子微生物活性季的平均值和生物因子共同对微生物活性季分解速率的影响。气候因子年平均值和生物因子对分解速率的共同影响，以及气候因子微生物活性季的平均值和生物因子对微生物活性季分解速率的共同影响，各因子的相对重要性采用线性混合效应模型结合 Z-scores 分析。采用线性混合效应模型评估木材性状和气候变量及它们的交互效应对分解速率的影响，具体操作步骤参考 Hu 等(2020，2018)，在 R 软件包 lme4 中分析混合线性模型，将完整模型[式(2-3)]拟合到整个数据库及数据子集(即被子植物与裸子植物、落叶与常绿植物、热带地区与温带地区)，分析气候因子和生物因子对分解速率的解释度，以及气候和生物因子的交互效应对分解的影响。

第 3 章　亚热带杉木树桩分解过程中的养分释放

植物残体的分解是森林生态系统中养分和碳循环的关键过程之一。长期以来，森林有机质分解的研究主要关注土壤有机碳、凋落叶及细根分解，而对占森林生态系统地上生物量 10%～20%的木质残体分解的研究却非常少。木质残体分解对森林生态系统物质循环和能量流动等有重要影响，并为异养和自养生物提供物质、能量来源，以及生存环境。树桩是人工林采伐过程中重要的采伐剩余物，而根桩可能占人工林采伐剩余物近一半的比重(Huang et al.，2013；Petersson and Melin，2010)。树桩属于粗木质残体的范畴，其在自然界中分解过程非常缓慢，很难直接测定树桩的分解速率，多采用时间序列(如空间代替时间)的方法研究。本章以我国人工林种植面积第一的杉木林为例，采用空间代替时间的方法，对杉木树桩分解过程中物质损失和养分元素动态进行相关研究。通过测定树桩分解过程中密度，碳、氮、磷及其他少量营养元素含量动态变化，分析杉木树桩分解过程中碳分解速率和养分元素含量在不同分解阶段的变化趋势，为人工林生态系统碳循环和养分利用研究提供参考和数据支撑。

3.1　杉木树桩分解的碳过程

3.1.1　干物质变化

杉木树桩在 35a 分解过程中干物质密度不断降低[图 3-1(a)]，且方差分析表明分解时间对树桩干物质密度有显著影响(表 3-1，$P<0.001$)。根据杉木树桩密度随

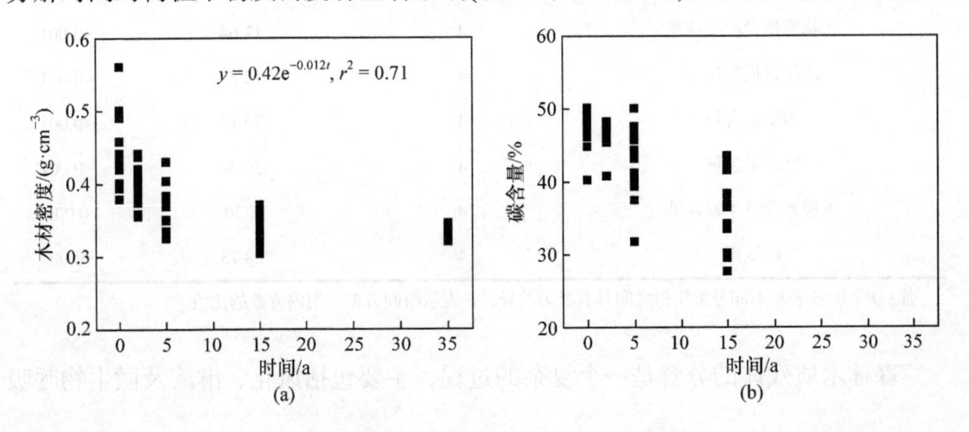

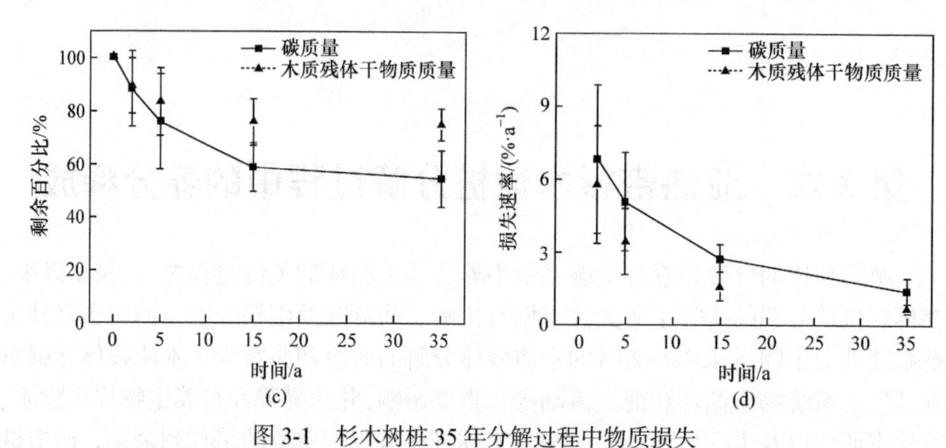

图 3-1　杉木树桩 35 年分解过程中物质损失

(a) 木材密度变化；(b) 碳含量变化；(c) 木质残体干物质和碳质量剩余百分比；(d) 木质残体干物质和碳质量损失速率变化

时间变化趋势，按照公式(2-8)单因素指数衰减模型对杉木树桩的分解方程进行了拟合，得到分解模型为 $y=0.42e^{-0.012t}$($r^2=0.71$，$P<0.05$)，因此杉木树桩的分解常数为 0.012[图 3-1(a)]，完全分解需要约 240a。树桩初始平均密度为 $0.46g \cdot cm^{-3}$，分解 35a 后降低至 $0.31g \cdot cm^{-3}$，其间质量总共损失了约 32.6%[图 3-1(c)]。杉木树桩分解速率在分解初期较快，之后分解速率降低[图 3-1(d)]，且不同分解时间分解速率差异显著(表 3-1，$P<0.001$)。

表 3-1　杉木树桩分解 35a 过程中木质残体干物质和碳变化的方差分析

因素	自由度	F	P
木材密度	4	26.72	<0.001
碳含量	4	28.31	<0.001
初始干物质质量的百分比	4	16.28	<0.001
初始碳质量的百分比	4	28.94	<0.001
干物质质量损失速率	4	12.64	<0.001
碳质量损失速率	4	12.77	<0.001
木质素含量	4	39.12	<0.001
纤维素含量	4	39.30	<0.001
木质素含量：氮含量	4	8.30	0.003
碳氮比	4	28.73	<0.001

注：$P<0.05$ 表示不同分解年份之间具有显著差异；F 表示组间方差与组内方差的比值。

森林木质残体的分解是一个复杂的过程，主要包括风化、淋溶及微生物呼吸作用等，是物理、化学和生物共同作用的结果。具体而言，木质残体的分解过程是破碎化过程、微生物分解、雨水淋溶、土壤动物取食和植物根破坏共同作用，是非常复杂的综合过程。Pietsch 等(2014)对全球森林木质残体及凋落物叶分解研究发现，全球粗木质残体分解速率常数 k 值变化区间为 0.026～0.178。本书中杉木树桩的分解速率常数 $k=0.0125$，相比全球粗木质残体分解速率偏低，即便是与芬兰寒带地区树桩的分解速率常数相比也要略低(Shorohova et al.，2012)。本书的 k 值与一些针叶树种粗木质残体分解速率常数的值较接近(Guo et al.，2006；Frangi et al.，1997)。此外，需要强调的是，本书计算树桩分解速率时把木质部和树皮作为一个整体考虑，在分解进行到 5a 左右，树皮基本上被分解殆尽，因此树皮对整个分解过程的影响相对较小。

森林粗木质残体的密度较高，其含水量很低，特别是在分解初始阶段，因此含水量是限制木质残体分解者活性的重要因子(Hu et al.，2017)。本书中树桩的含水量在初始阶段较低，但随分解时间增加而不断增加(图 3-2)，这可能会影响杉木树桩分解过程中的干物质损失。一般需要过一段时间分解后，木质残体的孔隙度增加，其含水量才会增加到适宜分解者活动的程度(Russell et al.，2014；Shorohova and Kapitsa，2014b)。此外，树干中通常会含有一定有毒物质来保护其不受病虫害入侵，也需要一段时间才能通过雨水将有毒物质淋洗排出。因此，相比凋落物叶分解，粗木质残体分解的开始阶段一般比较慢，存在分解的滞后效应(Bantle et al.，2014a)。滞后效应通常在针叶树种粗木质残体分解中较阔叶树种表现得更加明显(Harmon et al.，2013)。同时，有报道表明，一些阔叶树种粗木质残体分解并不存在滞后效应，但有些针叶树种的滞后效应时间可长达 5a(Laiho and Prescott，1999；

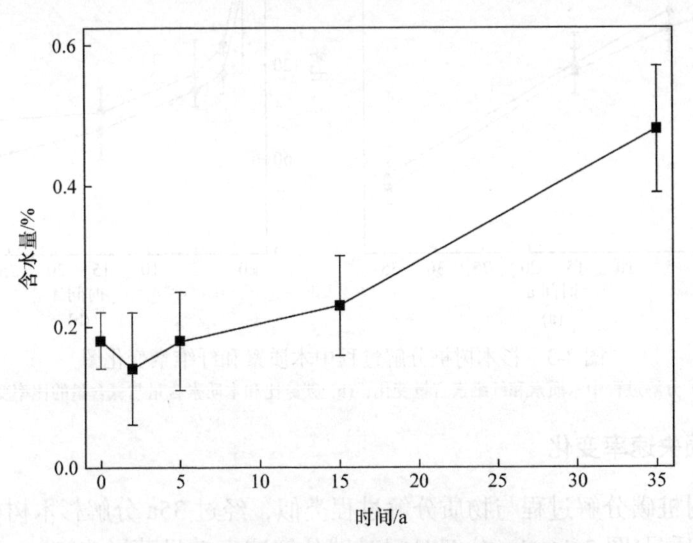

图 3-2　杉木树桩 35a 分解过程中含水量变化

Grier，1978；Mattson et al.，1987；Miller，1983)。Harmon 等(1986)指出直径较小的粗木质残体中滞后效应较短，而在大直径的粗木质残体中较长。本书相关实验中杉木树桩分解速率表现为前期分解快后期分解慢的趋势，初始阶段并没有发现明显的滞后效应，可能与树桩直径不是很大，或者前期取样时间间隔不够小有关。

环境条件与生物因素均对粗木质残体分解有重要的影响，它们通过影响粗木质残体分解的环境条件，即温度、湿度、降水及光照等因素，这些因素无论在较大空间尺度或者较小空间尺度都能对分解产生一定影响(Harmon et al.，1987；Sollins et al.，1987)。微生物活性受温度和水分影响显著，在适宜的温度和湿度条件下，有利于提高微生物的代谢活性和分解能力，促进森林粗木质残体分解(Clausen，1996)。同时，合适的含水量能促进粗木质残体分解，过干或者过湿的条件都会抑制分解(Chen et al.，2000)。Crockatt 和 Bebber(2015)发现粗木质残体含水量从森林中心地区向森林边缘地区逐渐降低，分解速率也随之降低，这表明粗木质残体分解可能存在森林边缘效应。福建省受亚热带季风气候影响，本书相关实验所处的林区，水热条件较好，适宜的温湿度为森林内各种微生物的繁殖和代谢提供了俱佳的生长环境，有利于粗木质残体分解。杉木树桩的分解速率较低，可能与其碳含量较低(如图 3-3 和图 3-4 所示)和含有较多抑制微生物活性的物质有关，因此森林木质残体分解可能主要由基质质量决定。

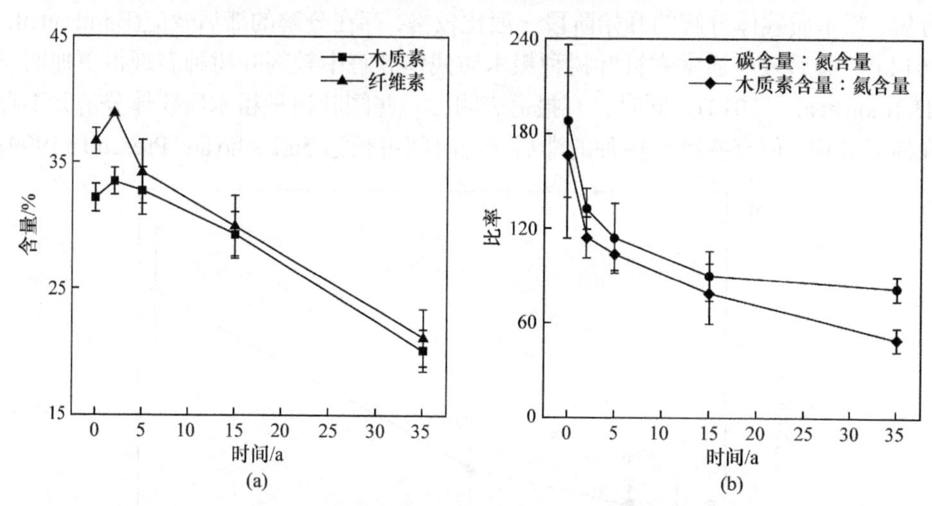

图 3-3　杉木树桩分解过程中木质素和纤维素变化图

(a) 分解过程中木质素和纤维素含量变化；(b) 碳氮比和木质素含量与氮含量的比率变化

3.1.2　碳损失速率变化

杉木树桩碳分解过程与物质分解过程类似，经过 35a 分解杉木树桩损失了约 45.3%的碳质量[图 3-1(c)]。分解时间对碳分解速率有显著影响($P < 0.001$)，前期

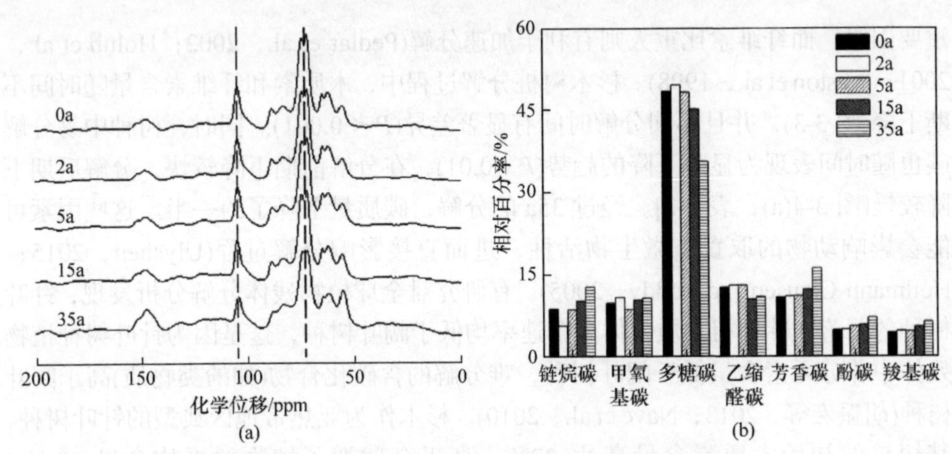

图 3-4 杉木树桩分解 35a 过程中结构性碳的变化图

(a) 树桩碳谱的化学位移；(b) 主要碳结构的相对百分率变化

图中虚线 73ppm 和 104ppm 的化学位移分别代表多糖碳和乙缩醛碳的主要峰值

(前 15a)分解较快，后期速率变缓慢[图 3-1(d)]。森林木质残体干物质中约有 50%的碳，与森林植被和土壤碳库一样，是森林生态系统中重要的碳库组成部分。此外，粗木质残体分解缓慢，其碳的周转时间比土壤碳(主要是表层土壤碳)短，但其碳库储量易遭受自然和人为干扰等影响，因而其碳库一定程度上比土壤碳库更加活跃。同时，森林木质残体在分解过程中向生态系统释放大量的 CO_2，是一个重要的碳源。粗木质残体分解过程中，有机碳主要以 CO_2 的形式损耗，分解期间杉木树桩损失了约 45.3%的碳质量。对测定结果的统计分析表明，分解时间对碳含量、碳密度相对初始比重和碳分解速率均存在显著影响。

本实验中，全碳含量随着分解时间而下降的趋势与其他裸子植物粗木质残体分解研究的结果一致，如对新西兰辐射松及美国铁杉和花旗松的研究(Ganjegunte et al.，2004；Laiho and Prescott，2004；Nordén et al.，2004)。Garrett 等(2010)对辐射松粗根的分解研究表明，经过 11a 分解，其碳含量降低到初始的 50%。Laiho 和 Prescot(1999)对美国洛基山脉 4 个树种的倒木分解进行长达 10a 的研究，所有树种碳分解速率与物质分解速率一致，均表明碳含量会随着分解时间显著下降。Ganjegunte 等(2004)认为辐射松倒木分解中碳含量表现为先升高后降低再继续升高的趋势，而枯落树种中碳含量在分解过程主要呈现下降趋势，这可能与树干的养分含量低、分解速率较慢有关。粗木质残体分解过程中，碳元素由于微生物呼吸作用被逐步消耗，部分氮和磷等养分元素却被微生物固定，导致碳氮比和木质素含量与氮含量的比值逐渐降低。

现有的研究表明，在单物种水平上，不同树种粗木质残体的分解速率主要受初始化学特性的调控，如木质素和单宁等难分解物质的含量是限制其分解快慢的重要因素，而纤维素比重大则有利于加速分解(Pedlar et al.，2002；Holub et al.，2001；Preston et al.，1998)。杉木树桩分解过程中，木质素和纤维素含量随时间不断下降(图 3-3)，并且不同分解时间有显著差异($P < 0.001$)。同时，树种中易分解碳也随时间表现为显著下降的趋势($P < 0.01$)，在分解前期下降较快，分解后期下降较慢[图 3-4(a)，表 3-2]。经过 35a 的分解，碳质量下降了约一半。这些因素可能会影响动物的取食、微生物活性，进而直接影响分解过程(Ulyshen，2015；Heilmann-Clausen and Boddy，2005)。有研究对全球植物残体分解分析发现，针叶树种的凋落物叶和粗木质残体分解速率均低于阔叶树种，这是因为针叶树种植物残体中养分元素含量低于阔叶树种，难分解的含碳化合物(如酚类物质)高于阔叶树种(胡振宏等，2013；Nave et al.，2010)。杉木作为亚热带地区典型的针叶树种，其树桩的初始木质素含量高达 32%，高于全球裸子植物的平均含量(29.3%)(Weedon et al.，2009)。木质素作为一种结构复杂且很难分解的含碳化合物，可以很好地解释杉木树桩分解速率较低的原因(Hedges et al.，1985；Meentemeyer，1978)。

表 3-2　杉木树桩分解 35a 过程中碳结构的相对百分率变化

时间/a	alkyl C 相对百分率	N-alkyl C 相对百分率	O-alkyl C 相对百分率	acetal C 相对百分率	aromatic C 相对百分率	phenolic C 相对百分率	carbonyl C 相对百分率	碳质量指数 [a]
0	8.9	9.9	48.4	12.7	10.9	4.9	4.4	0.57
2	5.7	10.9	49.5	13.1	11.1	5	4.8	0.53
5	8.6	8.7	48.2	13.1	11.2	5.6	4.7	0.56
15	10.2	10.5	48.1	10.6	12.4	5.9	5.5	0.66
35	12.8	10.8	35.6	11	16.2	7.2	6.4	1.01

注：alkylC-链烷碳，N-alkyl C-甲氧基碳，O-alkyl C-多糖碳，acetal C-乙缩醛碳，aromatic C-芳香碳，phenolic C-酚碳，carbonyl C-羧基碳。a 表示(alkyl C 含量 + N-alkyl C 含量 + aromatic C 含量 + phenolic C 含量)/(O-alkyl C 含量 + acetal C 含量)。

通过分析树桩分解过程中 ^{13}C 核磁共振图谱变化，发现 O-alkyl C 是杉木树桩最主要的碳组分(图 3-4)。分解过程中，O-alkyl C 图谱面积占整个图谱面积比重的变化范围为 35.6%～49.5%(表 3-2)。同时，在树桩分解过程中，O-alkyl C 所占比例不断下降。随着分解的进行，alkyl C、aromatic C 和 phenolic C 呈增加趋势。此外，分解期间，难分解碳(alkyl C + N-alkyl C + aromatic C + phenolic C)与易分解碳(O-alkyl C + acetal C)的含量比持续下降。杉木树桩分解过程中碳结构的变化可能会通过微生物群落组成影响分解速率，如通过对杉木树桩分解过程中微生物群落与不同分解质量的碳进行回归分析发现，真菌群落生物量和难分解碳与易分解碳的关系能证明(详见第 4 章，本章不再赘述)。与之对应，细菌生物量与该比值呈非线性正相关关系。有研究表明，刚死亡的杉木树干中含有丰富的环二肽，这是一种能产生直接毒性抑制微生物分解的高活性化感物质(Kong et al.，2008)。许多研究证实，粗木质残体分解过程中小型节肢动物(如蜈蚣)和昆虫(如白蚁)的数量及取食活动对其分解速率有显著影响(Edmonds et al.，1986；Erickson et al.，1985；Fahey，1983；Abbott and Crossley，1982)，热带森林粗木质残体有约 50%的物质损失与白蚁啃食有关(Martius，1989)，但本书实验在采集树桩样品时很少看到白蚁活动，这可能与杉木树桩含较多有毒物质或基质质量较差有关。还有报道表明，森林物种多样性丰富，结构复杂，有利于粗木质残体分解(Busing，2005；Janisch et al.，2005)，本书杉木树桩全部分布在杉木人工纯林中，物种多样性水平低。此外，森林木质残体所处的位置和分解状态会影响其分解速率，一般情况下枯立木比倒木的分解更慢(Means et al.，1992；Rosswall et al.，1975)。另外，枯立木与土壤接触少，保水能力较差，从土壤获得水分的途径较少，因此其含水量一直较低，这会降低分解者的生物量和活性，可能是枯立木较倒木分解较慢的原因(Hedges et al.，1985；Means et al.，1985)。现有的研究中大部分粗木质残体分解速率结果源自倒木分解，本实验中树桩全都立于地面，大部分物质并没有直接接触土壤，这不利于土壤水分转移到树桩以及土壤中微生物定殖到树桩，即不利于分解(Attiwill and Leeper，1987)。

3.2　杉木树桩分解的养分过程

3.2.1　养分含量变化

木质残体贮藏着大量的养分元素和有机质，在木质残体分解过程中，这些养分物质淋溶进入土壤，因此对于林地具有长效施肥的意义。不同分解阶段，木质残体分解速率和养分含量差异较大，其养分动态机制迥然，但这些养分对长期维持林地生产力、采伐后森林的肥力恢复及天然林的更新，均具有重要意义。国内虽然开展了一些木质残体分解速率和养分动态的研究，但研究工作主要集中在天然林生态系统，人工林的研究很少，对木质残体分解的认识非常匮乏。图 3-5 显示了杉木树桩分解过程中几种养分元素含量的变化。除了钾含量随分解时间增加表现出降低的趋势外，其他如氮含量、钙含量、钠含量、镁含量和磷含量均随时间增加而增加，并且分解时间对所有养分含量均有显著影响(表 3-3，$P < 0.001$)。其中，氮含量在分解前期增加趋势明显快于分解后期，分解后期变化平缓。钾含量在前 2a 略微增加之后快速下降，而钙含量、钠含量和镁含量前期变化缓慢，后期快速增加。

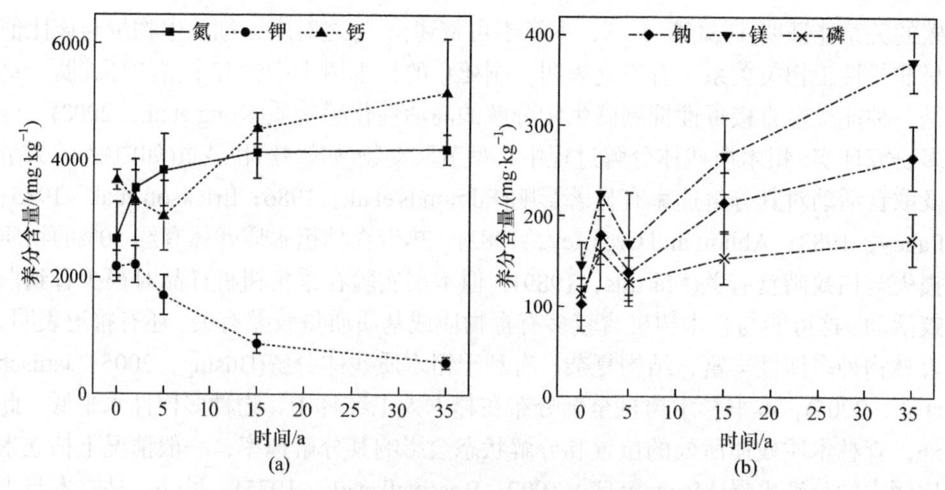

图 3-5 杉木树桩分解 35a 过程中养分含量的变化

(a) 树桩分解过程中氮、钾、钙含量变化；(b) 树桩分解过程中钠、镁、磷含量变化

表 3-3 杉木树桩分解 35a 过程中木质残体养分含量变化的方差分析

因素	df	*F*	*P*
氮含量	4	19.85	<0.001
钾含量	4	82.08	<0.001
钙含量	4	27.08	<0.001
钠含量	4	39.19	<0.001
镁含量	4	36.91	<0.001
磷含量	4	6.74	<0.001
初始氮含量剩余百分比	4	2.40	0.06
初始钾含量剩余百分比	4	73.64	<0.001
初始钙含量剩余百分比	4	13.07	<0.001
初始钠含量剩余百分比	4	8.90	<0.001
初始镁含量剩余百分比	4	12.59	<0.001
初始磷含量剩余百分比	4	2.75	0.036

注：df 表示自由度。

粗木质残体的分解过程正是其生态功能的实现过程，粗木质残体具有养分库的功能，各养分元素在其分解过程中不断富集和释放，有利于补充林产品输出和土壤中经过淋溶输出生态系统的养分，进一步为林木更新和生长提供了条件，维持了森林生态系统的平衡(Marx and Walters，2008；Finér et al.，2003；You and Kim，

2002；Jonsson，2000)。杉木树桩氮、磷、钾、钠、钙和镁初始含量分别为 $2657mg \cdot kg^{-1}$、$114mg \cdot kg^{-1}$、$2187mg \cdot kg^{-1}$、$102mg \cdot kg^{-1}$、$3664mg \cdot kg^{-1}$ 和 $145mg \cdot kg^{-1}$。这些元素的含量均比鼎湖山几种倒木第一腐朽等级的养分含量高，与长白山北坡暗针叶林倒木养分相比，其中氮含量偏低，同时氮含量比东北温带森林 11 个树种倒木的全氮含量也要低。粗木质残体中初始氮含量直接影响其分解速度，同时木质残体中可利用的全氮含量对于维持整个森林土壤肥力也极为重要。氮是微生物生长和分解酶合成的重要元素，因此氮含量较低会降低微生物的生物量和活性，降低分解速率(Hazlett et al.，2007)。本章中，氮含量随分解时间增加而显著增加，具体表现为分解初期快速增加而分解后期缓慢增加，但是氮密度相对初始比重(初始养分含量剩余百分比)并没有显著增加。这表明，杉木树桩在前 2a 表现为氮素积累增加过程，然后是氮素缓慢增加或者净氮释放。真菌是木质残体主要的分解者，其酶活性和代谢活动对氮含量有一定的要求，特别是粗木质残体初始氮含量较低，在分解过程中微生物需要固定或者从其他途径获取部分氮元素以满足其代谢的需求，因此很多研究发现粗木质残体在分解过程中氮含量有增加的趋势(Hoppe et al.，2016；Cornwell et al.，2009)。相反，初始氮含量高的粗木质残体，其本身包含的氮资源可以满足微生物代谢活动，并不需要微生物从其他途径获取氮元素(Palviaine and Finér，2015；Pietsch et al.，2014)，这可以解释杉木树桩分解过程中氮素并没有持续累积或累积不明显的现象。

3.2.2　树桩分解过程中养分释放特征

杉木树桩分解过程中养分相对初始比重变化趋势与其含量变化趋势大致相同(图 3-6)。分解期间，钾元素相对初始比重显著降低，钠、钙和镁元素相对初始比重显著上升，但氮素相对初始比重并没有显著增加($P > 0.05$)，同时磷素相对初始比重只是接近显著水平($P = 0.036$)。很多研究表明，粗木质残体在分解过程中表现为氮含量持续累积，因此粗木质残体在森林生态系统中可能是一个重要的氮源。事实上，许多研究在分析植物残体(如凋落物叶和木质残体)分解时均发现，在分解初期或者直到分解后期，都存在氮含量增加的现象(Preston et al.，2012；Piirainen et al.，2007；Moore et al.，1999)。造成氮含量升高的原因主要有微生物的固氮作用、氮沉降或者土壤中氮输入等(Palviainen and Finér，2015)。树桩分解过程中氮含量与分解初期较高的碳氮比有关(Weatherall et al.，2006；黄志群等，2005)。有很多研究发现，植物残体分解过程中氮含量增加到最大值，而这时其碳氮比很低，分解速率较快，在这个值之后，植物残体开始释放氮，氮含量下降，因此一般将这时的碳氮比称为关键碳氮比(黄志群等，2005；Moore et al.，1999)。黄志群等(2005)对湖南会同杉木人工林树桩的分解研究发现，碳氮比在 463.2 时开始释放氮素。大多数温带森林凋落叶的关键碳氮比为 25～50(Berg and McClaugherty，2014)，

Chen 等(2000)报道了美国西北部森林中粗根分解的关键碳氮比为 100～180，本章关键碳氮比为 130 左右。植物残体关键碳氮比与其含碳化合物组成有关，粗木质残体分解的关键碳氮比相对较高，主要因为粗木质残体比凋落叶和细根有更多的难分解成分，而大多数微生物更倾向利用易分解碳库。树桩的碳组成中易分解碳含量比例较少(图 3-4)。因此，粗木质残体在分解过程中氮素会在较低的碳氮比时开始释放。

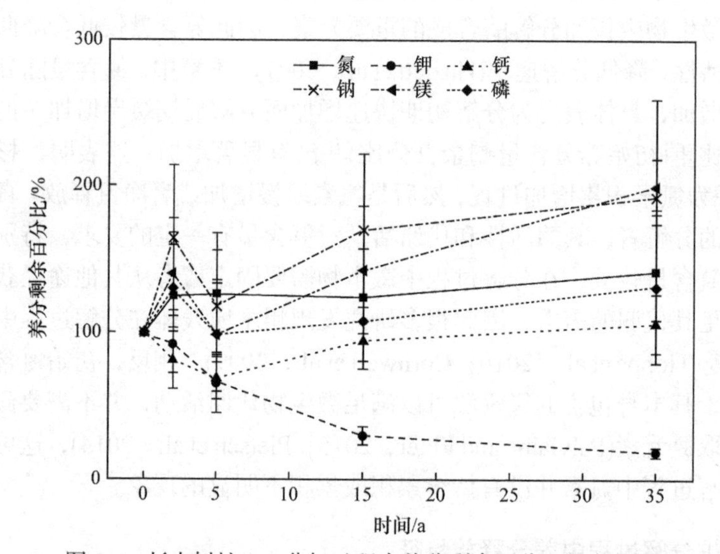

图 3-6　杉木树桩 35a 分解过程中养分剩余百分比的变化图

树桩分解过程中，磷的变化趋势与氮变化类似，在前 2a 表现为增加积累过程，然后有所降低或者缓慢增加。在树桩分解初期，氮和磷元素含量的增加与其积累效应有关。磷含量相对稳定，因为磷不易被淋溶，分解过程中损失较少。对美国西部地区森林倒木分解的研究也发现相似的规律，分解期间全磷含量主要在前期有所增加，后期变化相对较稳定(Hicks et al., 2003a; Tinker and Knight, 2000)。钾的含量在树桩分解过程中一直呈现单调递减的趋势，经过 35a 的分解，杉木树桩中钾的初始含量剩余约 20%。由于钾极易溶于水，雨水很可能将大量钾离子淋溶至土壤或者溪流。钠、钙和镁含量在分解过程中都有不同程度的升高，其中钠和镁含量升高趋势较明显，到分解后期其含量与初始相比增加了约一倍，这一结果与 Krankina 等(2002)研究结果相近。分解期间，这些养分元素变化趋势相同，呈现先升后降，然后再升，总体表现为升高的趋势。

杉木树桩分解过程中养分累积，说明树桩具有森林养分库功能，这对人工林生产力维持具有重要意义。一般而言，粗木质残体分解过程也是养分富集和释放的过程，但是如果森林生态系统遭受较大的扰动，如暴风、林火和干旱造成大面积的树木死亡及毁林开荒等人为破坏，短期内会产生大量粗木质残体，同时意味着森林系统中大量养分从活树转移到粗木质残体上，因而粗木质残体表现出养分贮存库的功能。此后，随着粗木质残体的缓慢分解，养分逐渐被释放、淋溶进入土壤，并被林木重新吸收利用，这对森林生态系统生产力恢复和森林演替更新具有重要意义(Körner，2017)。森林扰动后，如果开展采运木材及将采伐剩余物运出林地等活动，将大大减少森林中粗木质残体现存量和养分储量，这对林地长期生产力和生态系统的稳定性究竟会产生多大影响，还缺乏深入研究。

3.3 本章小结

(1) 杉木树桩在35a分解过程中物质密度和碳含量显著降低($P < 0.001$)。杉木树桩的分解常数为0.012，完全分解需要约240a。分解期间，杉木质量损失了约32.6%，碳质量损失了约45.3%。分解速率表现为前期(前15a)较快，后期(15～35a)变缓慢。木质素和纤维素含量、碳氮比和木质素与氮含量的比值均随时间显著下降($P < 0.01$)。经过35a的分解，碳氮比和木质素与氮含量的比值下降了约一半，表现为分解前期下降较快，分解后期下降较慢。

(2) 分解过程中，除了钾含量随分解进程表现出降低的趋势外，其他养分元素如氮、钙、钠、镁和磷的含量均随分解进程而增加($P < 0.001$)。分解期间，所有养分元素的密度相对初始比重的变化趋势与养分含量变化趋势大致相同，具体表现为钾元素密度相对初始比重显著下降，磷、钠、钙和镁元素的密度相对初始比重显著上升($P < 0.001$)，但氮素密度相对初始比重并没有显著增加($P > 0.05$)。

第4章　亚热带杉木树桩分解过程中的微生物调控机制

不同微生物群落生态功能差异显著，同时微生物群落组成对生态系统过程有直接影响(Fukami et al., 2010)。在粗木质残体分解过程中，微生物对资源的竞争可能会导致其群落变化，并影响分解速率。一般而言，对粗木质残体分解有重要影响的微生物群落主要有真菌和细菌。真菌群落属于 *K* 生长策略，而细菌则属于典型的 *r* 生长策略(Kaiser et al., 2014)。根据凋落叶分解的经验，高质量碳占总碳比例在分解初期较高，细菌占主导，分解速率较高；后期低质量碳的比例较高，真菌占主导，分解速率较慢(Kaiser et al., 2014；Allison, 2005)。核磁共振(nuclear magnetic resonance, NMR)技术被广泛应用于土壤有机碳分解研究，通过固体高分辨核磁共振技术结合魔角旋转(magic angle spinning, MAS)和交叉极化(cross polarization, CP)技术，可以无需破坏样品结构，直接研究植物残体分解过程中不同碳结构的图谱变化(Preston et al., 1998)。NMR 技术也可应用于木质残体分解研究，通过研究木质残体分解过程中有机碳组分和微生物群落组成的变化，有助于认识木质残体分解过程微生物群落变化机制。本章基于以空间代替时间的方法，利用 ^{13}C CPMAS NMR 技术和磷脂脂肪酸(phospholipid fatty acids, PLFA)技术对杉木人工林中采伐剩余树桩的分解过程和微生物动态进行初步研究，主要解决以下两个问题：①树桩不同分解阶段，其化学组成和环境条件如何影响真菌和细菌群落；②在树桩不同分解阶段，微生物群落组成如何影响碳损失速率。

以往人们对森林粗木质残体分解的研究主要考虑环境因子和木质残体理化因子对分解的影响，但对于粗木质残体分解过程中微生物群落变化的研究却很少(van der Wal et al., 2014)。微生物是粗木质残体最主要的分解者，其代谢活动是粗木质残体分解的主要动力，并贯穿于粗木质残体分解过程的始终，许多细菌、真菌和放线菌利用粗木质残体有机质作为其物质和能量的来源，同时也是微生物重要的生境(Cornwell et al., 2009)。通过微生物的分解作用，使木质残体在森林生态系统中物质循环和能量流动方面的生态功能得以发挥(Hiscox et al., 2015)。粗木质残体的分解是多种微生物群落协同作用的结果，因分解过程中底物质量和环境因子不断变化，可能会影响微生物群落组成和分解能力。研究表明，粗木质残体分解到一定程度后，微生物多样性或丰富度提高，群落组成变复杂(Cornwell et al., 2009)。这是因为粗木质残体分解的初始阶段，其质地坚硬、透水透气性能差、含水量很低，并且含有大量抑制微生物活性的酚类物质，这可能会抑制微生物生长，使其多样性较低；相反，分解程度较高的粗木质残体，其质地疏松、透水透气性能好、水分含量高、有利于微生物侵入，其微生物多样性程度高，代谢活性强(A'Bear et al.，2014b)。

4.1　树桩分解过程中微生物群落动态变化

树桩分解期间，各微生物群落的磷脂脂肪酸含量和摩尔丰度随时间进程显著变化(图 4-1 和表 4-1；$P < 0.01$)。具体表现为真菌的生物量(用磷脂脂肪酸含量表示)在前两年显著增加，之后则显著下降($P < 0.001$)。与之相反，细菌生物量随着分解时间增加整体呈显著增加($P < 0.01$)。同时，真菌与细菌生物量之比随时间也呈现显著下降趋势($P < 0.01$)，并在第 2 年到第 35 年期间快速下降。总体上，真菌群落在分解前 15 年处于相对主导地位，之后细菌则处于相对主导地位。通过方差分析和主成分分析都表明，微生物群落结构受分解时间影响(图 4-1)。微生物群落组成在第 0 年、第 2 年和第 5 年比较分散，但是在分解第 15 年和第 35 年则聚合在一起[图 4-2(a)]。这个趋势与微生物生物多样性的变化趋势一致，微生物群落多样性水平在前期较低，之后多样性水平不断升高[图 4-2(b)]。

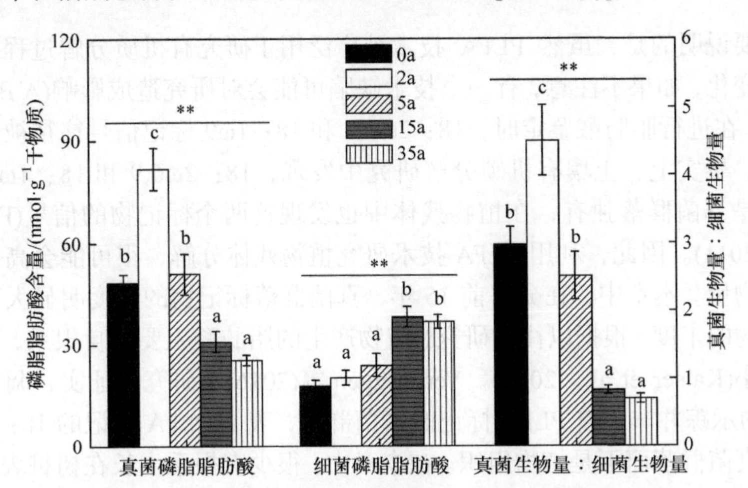

图 4-1　杉木树桩分解 35a 过程细菌和真菌磷脂脂肪酸含量及两者生物量之比的变化

**表示 $P < 0.01$，下同

表 4-1　杉木树桩分解 35a 过程微生物群落摩尔丰度及两者比率的变化

时间/a	细菌	真菌	放线菌	真菌：细菌	总磷脂脂肪酸
0	15.2(4.6)a	37.9(5.7)b	0.68(0.24)a	2.8(1.1)b	53.6(5.1)a
2	16.6(5.5)a	44.0(9.0)b	0.89(0.35)a	3.1(1.4)b	60.9(6.3)b

续表

时间/a	细菌	真菌	放线菌	真菌：细菌	总磷脂脂肪酸
5	17.6(5.1)a	39.2(8.1)b	1.2(0.47)a	2.7(1.32)b	56.8(6.7)a
15	26.7(2.8)b	25.7(4.7)a	5.3(1.2)b	0.98(0.26)a	57.4(4.2)ab
35	29.4(4.1)b	21.7(2.2)a	8.1(1.5)c	0.75(0.15)a	59.2(4.9)ab

注：括号中的值代表标准误，同一列中不同字母表示其分解年份之间差异的显著性。

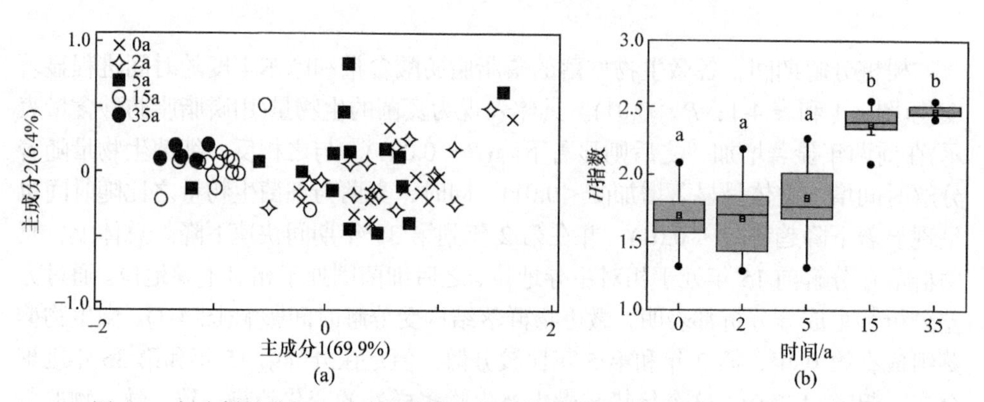

图 4-2 杉木树桩分解 35a 过程中微生物群落的主成分分析和微生物多样性变化

(a) 微生物群落的主成分分析；(b) 微生物多样性变化

需要说明的是，虽然 PLFA 技术被广泛用于研究有机质分解过程中的微生物群落变化，如果不注意，有一个技术缺陷可能会对研究造成影响(A'Bear et al.，2014a)。在进行脂肪酸鉴定时，18：2ω6,9 和 18：1ω9 标记信号往往被归类于真菌群落。事实上，土壤有机碳分解研究中发现，18：2ω6,9 和 18：1ω9 标记信号不仅是真菌群落独有，在植物残体中也发现这两个标记物的信号(Frostegård et al.，2011)。因此，利用 PLFA 技术研究植物残体分解，很可能会高估真菌群落的生物量。本章中，在分解前 15 年，真菌群落标记物的丰度明显大于细菌群落标记物的丰度。根据以往的研究，植物产生的脂肪酸主要来自根系，而且所占比重很小(Kaiser et al.，2010)。Verbruggen 等(2016)在研究中证实，凋落物分解中 ^{13}C 的示踪并非来自 PLFA 标记的真菌群落，表明 PLFA 标记的 18：2ω6,9 主要来自真菌群落而不是植物组织。在本章中，很少有根系生长在树桩表面，并且分析前已经移除了可见的植物根系。尽管从某种程度上讲，脂肪酸中 18：2ω6,9 和 18：1ω9 的标记信号会有一部分来自植物组织，但真菌群落生物量是细菌群落生物量的近 2 倍，因此细根来源的磷脂脂肪酸对真菌群落总生物量的影响应该很小。总之，本章利用 PLFA 技术研究粗木质残体分解过程中微生物群落变化的结果是可信的。

4.2　树桩分解过程中环境因子对微生物群落的影响

4.2.1　树桩碳质量的影响

根据真菌和细菌对易分解碳和难分解碳的利用策略，通常认为在树桩分解早期阶段，相比真菌群落，细菌群落更得益于高质量碳组分的影响。但是，研究结果却表明在分解早期阶段，真菌的相对丰度要高于细菌群落，同时真菌群落生物量降低主要与高质量碳组分的减少有关(图 4-3)。在分解前 5 年期间，真菌群落生物量几乎是细菌群落生物量的两倍。根据优先效应理论，通常在树木死亡之前就有一些内生真菌定殖在树干上，这些真菌比后来定殖的微生物更有优势获取死亡树干中可利用的物质(Hiscox et al.，2015)。特别地，这种内生优势会促使真菌优先利用容易分解的碳而处于主导地位(Rajala et al.，2012；Boddy，2001)。通过 ^{13}C NMR 技术对树桩分解过程中不同碳谱图的峰面积进行定量，从而清晰地区分分解过程中木质素碳(主要包括 alkyl C、N-alkyl C、aromatic C 和 phenolic C)和多糖类碳(主要包括 O-alkyl C 和 acetal C)的变化表征(Bonanomi et al.，2014；Ganjegunte et al.，2004；Preston et al.，1998)。木质素是一种复杂的三维聚合物，主要包括难分解的含碳化合物(Preston et al.，1998)。多糖(也叫“碳水化合物”)主要包括纤维素和半纤维素物质，即一些相对容易分解的含碳化合物(Ganjegunte et al.，2004)。

碳质量指数随时间增加整体呈增加趋势(表 3-2)，表明树桩分解过程中多糖碳持续分解释放，而木质素类碳相对比例增加。在裸子植物的粗木质残体分解过程中，早期阶段主要是白腐菌分解纤维素和木质素，分解后期主要是棕腐菌分解多糖类碳(Schilling et al.，2015)。同时，本章发现在分解过程中真菌群落生物量与高质量的含碳化合物比重正相关，细菌群落生物量与高质量含碳化合物比重正相关。Rousk 和 Frey(2015)利用自然丰度的 ^{13}C 技术结合 PLFA 技术，发现土壤有机碳分解过程中真菌生物体的 ^{13}C 含量较低，表明真菌群落更倾向利用高质量的含碳化合物而不是结构复杂的含碳化合物。此外，在分解早期，真菌群落通过产生酶来腐解木质部中坚固的细胞壁结构，这样有利于细菌群落在后期进一步分解。因此，本小节表明树桩碳质量在分解过程中对调控微生物群落组成具有重要的影响，未来可作为研究木质残体分解很好的化学指标。

4.2.2　树桩水分和土壤养分的影响

杉木树桩分解 35a 过程中，土壤碳氮含量和微生物量碳含量均随分解时间增加显著增加(图 4-4)。对微生物群落与水分、木质残体特性和土壤化学性质进行冗余分析发现(图 4-5)，分解过程中微生物群落的离散比较明显，RDA1 和 RDA2 分

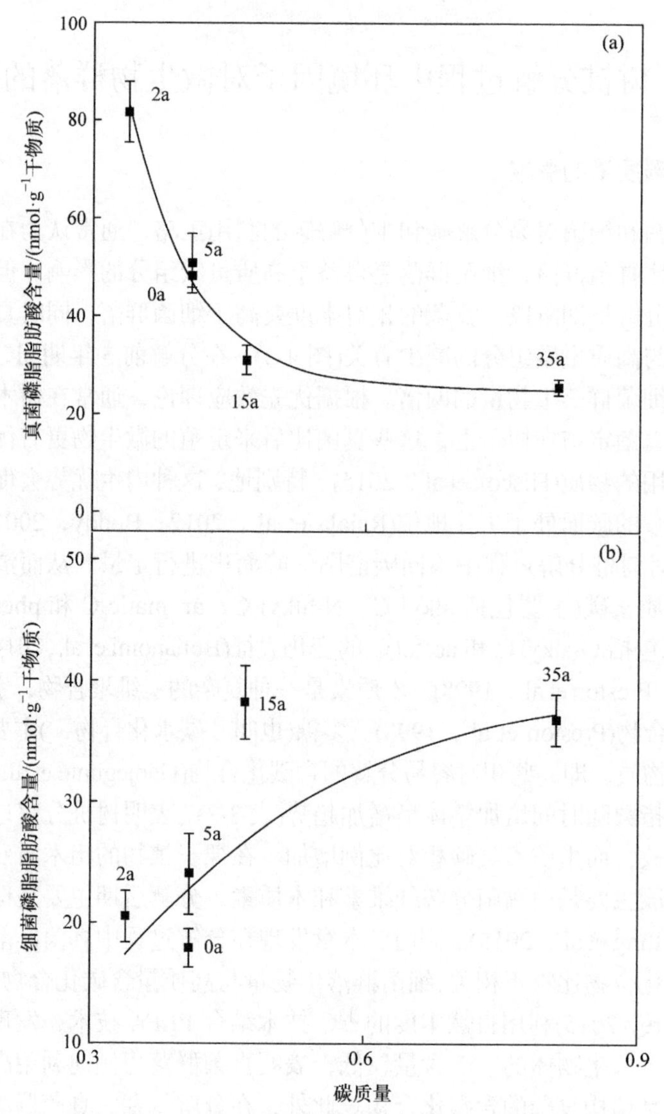

图 4-3　杉木树桩分解 35a 过程中碳质量与微生物量的回归关系

(a) 碳质量与真菌磷脂脂肪酸含量的关系；(b) 碳质量与细菌磷脂脂肪酸含量的关系

别解释了微生物群落变化的 48.3%和 2.2%。其中，土壤碳氮含量、粗木质残体含水量和氮密度与细菌群落和放线菌群落生物量正相关，与真菌群落生物量负相关。粗木质残体碳密度和物质密度与真菌群落生物量正相关，与细菌群落生物量负相关。树桩含水量随分解时间增加显著上升，对分解过程中树桩含水量与微生物群落动态的关系进行分析发现，树桩含水量与真菌群落生物量显著负相关[图 4-6(a)]，与细菌群落生物量显著正相关[图 4-6(b)]。

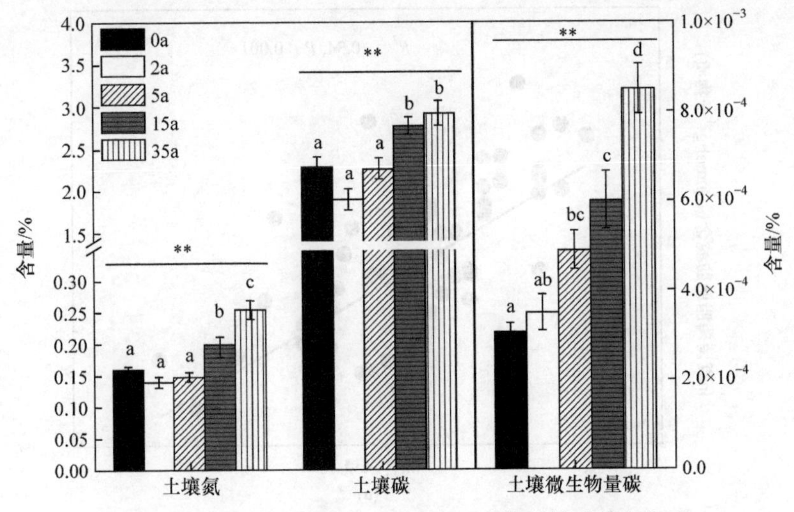

图 4-4　杉木树桩分解 35a 过程中土壤化学性质的变化图

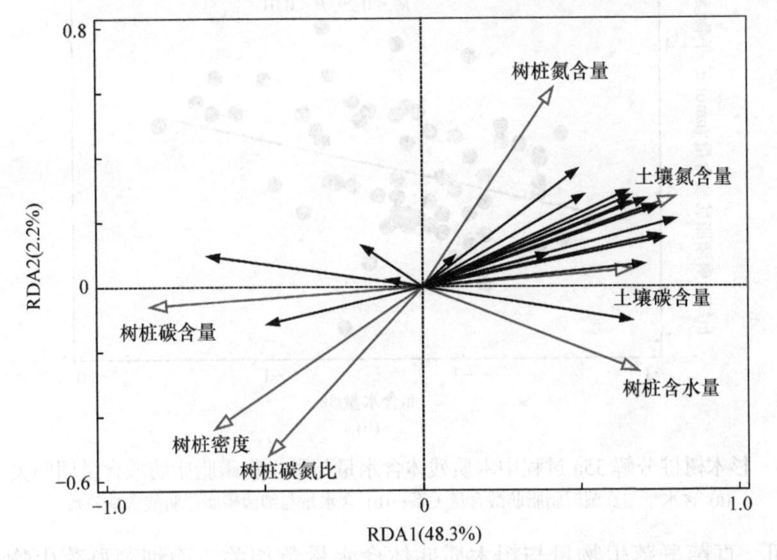

图 4-5　杉木树桩分解 35a 过程中微生物群落与环境和化学因子的冗余分析

4 条轴线的总解释度为 53.4%，其中碳含量($F = 38.8$、$P = 0.002$)，土壤氮含量($F = 6.1$、$P = 0.002$)，含水量($F = 3.0$、$P = 0.004$)，氮含量($F = 3.7$、$P = 0.006$)和密度($F = 3.3$、$P = 0.05$)分别解释了总解释度的 70.7%、13.1%、7.3%、5.6%和 3.2%

环境因子是调控微生物群落变化的另一个重要因子(Matulich and Martiny，2015)。根据以往凋落物分解的研究，真菌群落对环境变化的适应区间比细菌宽，对水分变化、pH 等没有细菌群落敏感，真菌群落比细菌群落更耐干旱，在含水量较低时处于较优势地位(Bray et al.，2012)。在粗木质残体分解初始阶段，通常含水量较低(图 3-2)，这可能更有利于真菌群落的生长而非细菌群落。本章杉木树桩

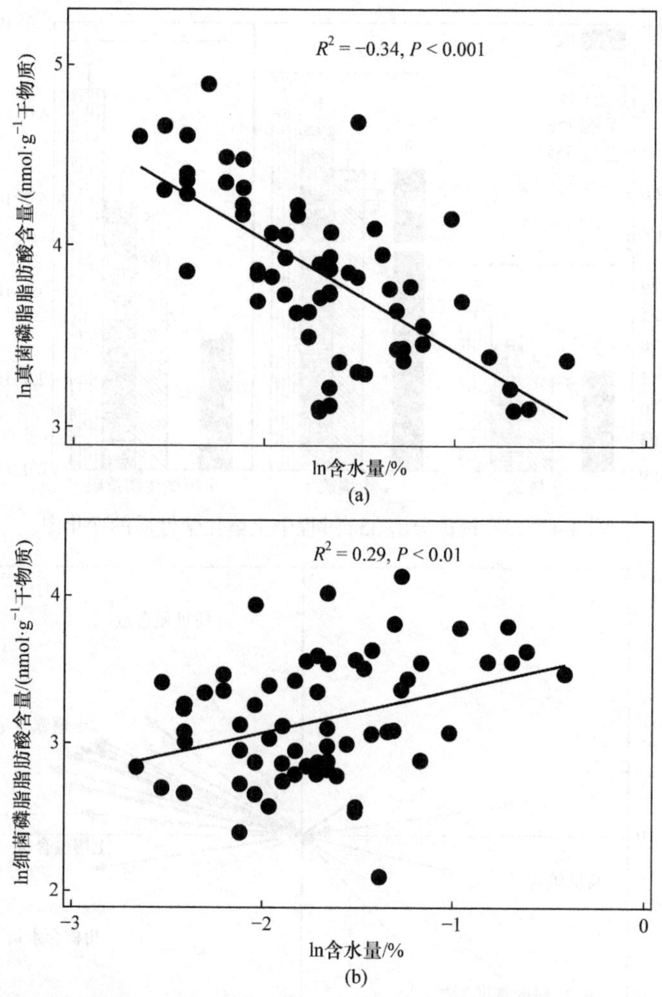

图 4-6 杉木树桩分解 35a 过程中木质残体含水量与微生物磷脂脂肪酸含量回归关系图
(a) 含水量与真菌磷脂脂肪酸含量关系；(b) 含水量与细菌磷脂脂肪酸含量关系

分解期间，真菌群落生物量与粗木质残体含水量负相关，而细菌群落生物量随含水量的增加而增加。凋落物分解过程中，在干旱条件下，真菌群落生长要优于细菌群落。随着分解的进行，木材结构被破坏，有利于增加微生物进入粗木质残体内部的通道和接触面。冗余分析表明，分解过程中细菌群落丰度与树桩密度负相关，与含水量正相关。通常，粗木质残体的孔隙度和含水量随其密度的降低而增加(A'Bear et al.，2014a)。后期分解阶段，粗木质残体较低的密度可能会提高水汽交换速率，这将有利于细菌群落的生长(Cornwell et al.，2009)。此外，在含水量较低的情况下，微生物很难直接利用养分，特别是木质残体的养分含量极低，如碳氮比一般在 200：1～1200：1，因此含水量的增加一定程度有利于提高养分的有效性。研究发现，微生物群落的丰度与土壤碳和微生物量碳含量正相关，表明树桩的微生物群落组成也可能受到土壤养分供应与土壤微生物的间接影响，说明水分和养分之间可能存在耦合关系，这对微生物群落组成和研究工作产生较大影响(Waldrop and Firestone，2004)。

4.3　树桩分解过程中微生物群落对碳损失速率的影响

杉木树桩 35a 分解过程中，真菌磷脂脂肪酸含量及真菌与细菌生物量的比值与碳损失速率呈显著正相关关系，而细菌磷脂脂肪酸含量与碳损失速率呈显著负相关关系(图 4-7)。这表明分解前期，树桩碳分解主要受真菌群落的影响，而之后则主要受细菌群落影响。根据微生物养分利用假说(de Vries et al.，2012)在分解早期阶段，细菌群落是影响树桩碳分解的主要群落。但是本节结果正好与之相反，在分解早期阶段，树桩有机碳分解主要由真菌群落控制。分解过程中，真菌群落PLFA

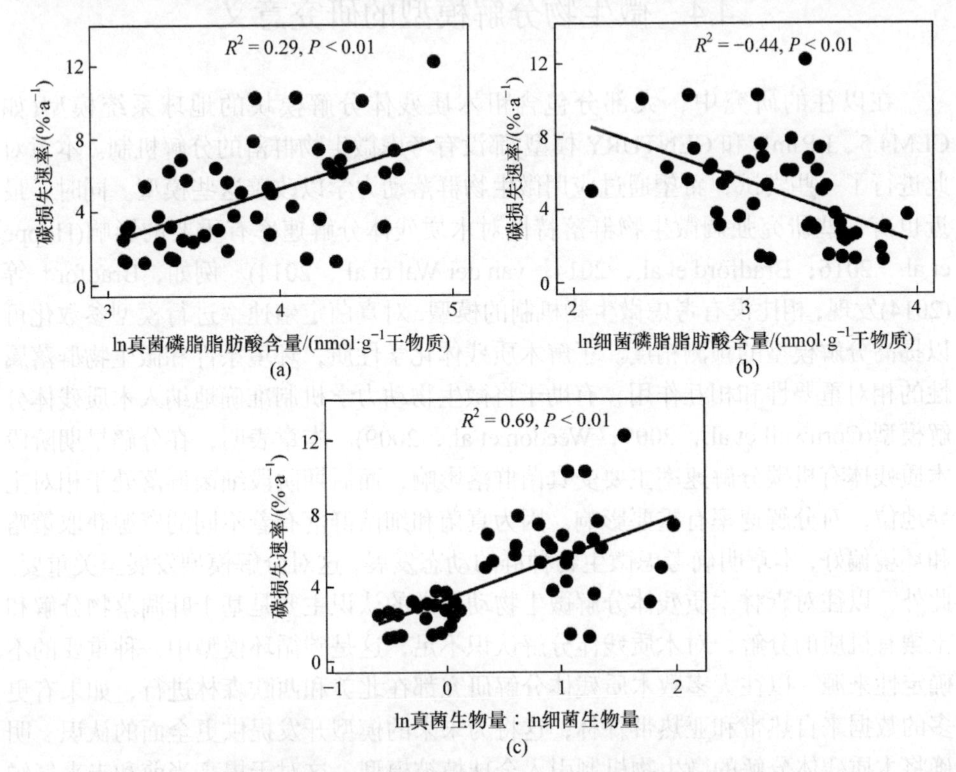

图 4-7　杉木树桩分解 35a 过程中碳损失速率与微生物群落组成的回归关系

(a) 碳损失速率与真菌磷脂脂肪酸含量关系；(b) 碳损失速率与细菌磷脂脂肪酸含量关系；(c) 碳损失速率与真菌生物量：细菌生物量的关系

含量和真菌与细菌生物量比与碳损失速率正相关，但细菌群落 PLFA 含量与碳损失速率负相关。这表明木质碳的分解主要受真菌群落活性影响，而非细菌群落。以往的研究也表明，相比其他微生物群落，真菌群落的定殖和生长被认为是粗木质残体有机碳分解的主要动力(Bradford et al.，2014；van der Wal et al.，2014)。在35a 分解过程中，有接近一半(47.4%)的碳损失了。有机碳分解在前期快于后期，碳损失速率与真菌群落生物量正相关。一般来说，相比细菌群落，早期阶段真菌群落能释放酶，更容易分解木质组织细胞壁，造成粗木质残体质量损失(Bray et al.，2012；Bailey et al.，2002)。这可能是因为真菌菌丝有助于其更早定殖，优先利用容易分解的有机碳分解粗木质残体；在后期阶段，随着微生物群落的演替发展，细菌群落取代真菌群落处在相对主导地位(Johnston et al.，2016)。因此，在后期分解阶段，微生物群落在低质量资源的竞争中，真菌可能更多投资在防御性代谢产物而不是生长和分解方面(Kaiser et al.，2014)。

4.4 微生物分解模型的研究意义

在以往的研究中，大部分包含粗木质残体分解模块的地球系统模型(如 CLM4.5、LPJmL 和 CENTURY 模型)都没有考虑微生物群落的分解机制。本章对此进行了一些尝试，希望通过应用微生物群落动力学以改善这些模型。同时，最近也有一些研究强调微生物群落特性对木质残体分解速率有重要的影响(Hoppe et al.，2016；Bradford et al.，2014；van der Wal et al.，2014)。例如，Bradford 等(2014)发现，相比没有考虑微生物机制的模型，对真菌定殖速率进行模型参数化可以提高分解模型的预测精度。了解木质残体化学性质，环境条件和微生物群落属性的相对重要性和相互作用，有助于将微生物动力学机制准确地纳入木质残体分解模型(Cornwell et al.，2009；Weedon et al.，2009)。本章表明，在分解早期阶段木质残体有机碳分解速率主要受真菌群落影响，而后期阶段细菌群落处于相对主导地位，对分解速率有重要影响。因为真菌和细菌群落有着不同的资源获取策略和环境偏好，本章明确考虑微生物种群的动态发展，这对分解模型发展至关重要。此外，以往对森林木质残体分解微生物动力学的认识主要是基于叶凋落物分解和土壤有机质的分解，对木质残体分解认识不足，这是碳循环模型中一种重要的不确定性来源。以往大多数木质残体分解研究都在北美和西欧森林进行，如果有更多的数据来自热带和亚热带森林，这将为未来的模型开发提供更全面的认识。明确将木质残体分解的微生物机制引入全球植被模型，这对于提高当前和未来气候变化背景下碳周转的预测精度有重要意义。

4.5　本 章 小 结

(1) 在杉木树桩分解过程中，微生物群落的生物量(用磷脂脂肪酸含量表示)受分解时间影响显著($P < 0.01$)。真菌生物量在前两年显著增加，之后则显著下降($P < 0.001$)。与之相反，细菌生物量在整个分解过程中整体呈显著增加($P < 0.01$)。同时，真菌与细菌生物量之比随分解进程显著下降($P < 0.01$)。总体而言，真菌群落在分解前期(前 15 年)处于相对主导地位，而分解后期(15～35 年)细菌处于相对主导地位。

(2) 真菌群落生物量与难分解碳比易分解碳的比值呈显著非线性负相关。与之相反，细菌群落磷脂脂肪酸含量与该比值呈正相关关系。随着分解过程的进行，土壤碳含量、氮含量、微生物量碳含量和树桩含水量均显著增加($P < 0.01$)。同时，树桩含水量与真菌群落磷脂脂肪酸含量显著负相关($P < 0.001$)，与细菌群落磷脂脂肪酸含量显著正相关($P < 0.01$)。

(3) 分解过程中，真菌磷脂脂肪酸含量和真菌与细菌生物量之比与碳损失速率呈显著正相关关系，细菌磷脂脂肪酸含量与碳损失速率显著负相关，表明前期碳分解主要受真菌群落影响，后期主要受细菌群落影响。

第5章　干旱对亚热带森林不同树种倒木分解的影响

森林粗木质残体中 80%～90%有机碳在分解过程中以 CO_2 的形式进入大气(Russell et al.，2015)，因此粗木质残体分解是森林生态系统一个重要的碳源，其碳排放量占森林总排放量的 7%～14%(Woodall et al.，2015)。尽管粗木质残体储量占森林生物量的比重较大，但是粗木质残体分解过程缓慢，在全球碳循环研究中经常忽略粗木质残体分解的贡献(Ghimire et al.，2015)。虽然很多研究证实环境因子和树种特性是影响森林粗木质残体碳分解的重要因子，但是不同树种类型碳分解对环境因子变化有怎样的响应，认识仍比较缺乏，这将不利于预测气候变化背景下森林粗木质残体碳分解和森林碳库周转。

粗木质残体分解过程主要包括破碎化、有机物质的淋洗浸出、动物啃食、火烧和微生物分解(微生物呼吸)等过程，这些过程均可能导致粗木质残体质量损失(Cousins et al.，2015；Mattson et al.，1987)。微生物分解是粗木质残体最重要的分解过程，粗木质残体通过微生物的呼吸作用在分解过程中向大气释放 CO_2，是森林生态系统重要的碳源。影响粗木质残体分解和碳释放的因子主要包括树种特性、气候特征、分解状态(枯立木和倒木)、尺寸大小(长度和直径)、分解者类型及土壤性质等。虽然已开展了一些粗木质残体呼吸通量的研究(Russell et al.，2015；Guo，2011)，主要考虑温度及含水量等环境因子对呼吸速率(用 CO_2 通量表示)调控机理，同时，一些学者在实验室条件下研究粗木质残体的分解，但室内培养改变了基质的分解环境，也不能真实地模拟粗木质残体分解的季节特性。已有的研究均表明，环境和树种特性对粗木质残体分解有重要影响，但现有的研究很少考虑不同树种特性的粗木质残体碳分解对环境变化的响应。事实上，最近几十年极端天气和干旱等气候事件在全球范围内已造成大量森林死亡，气候变化不仅会造成不同树种的粗木质残体储量增加，而且会影响其分解速率(Ghimire et al.，2015；Ulyshen et al.，2014)。目前，对这方面的认识不足，将不利于预测未来气候变化情景下森林粗木质残体分解和 CO_2 释放状况。

亚热带常绿阔叶林在我国分布面积最广，其森林生产力高，物种多样性丰富，在世界森林体系中占有重要的地位(吴征镒，1980)。但是很少见到有关亚热带森林不同树种属性和环境及它们的交互效应对粗木质残体分解影响的研究报道，关于该地区森林粗木质残体分解机理的认识仍然很少。本章采用红外气体分析法设置不同降雨梯度，研究树种特性差异显著的 3 个被子植物和 3 个裸子植物的倒木分解初期(前 2 年)呼吸通量规律。通过比较中亚热带常绿阔叶林中树种特性对倒木呼吸速率的影响，以及不同呼吸速率对水分变化的响应，以期揭示树种特性和环境因子对倒木分解初期碳释放的影响过程，为评价和预测亚热带森林生态系统碳库周转研究提供基础数据和科学依据。

5.1　亚热带典型被子和裸子植物倒木的初始理化性质

5.1.1　倒木的初始密度和养分密度

不同树种和倒木不同部分(如树皮、边材和芯材等)的物质密度有显著差异[图 5-1(a)，$P < 0.01$]，3 个被子植物倒木所有部分的物质密度均显著高于裸子植物倒木相应部分。同时，倒木不同部分物质密度的差异主要体现在被子植物倒木

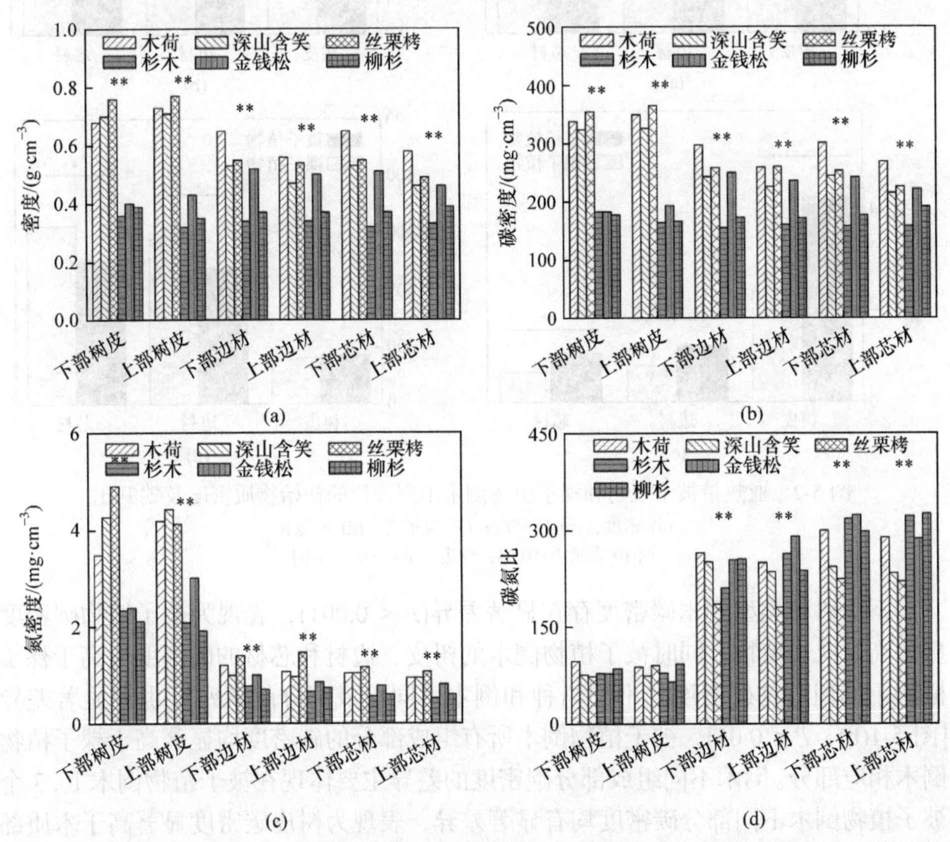

图 5-1　亚热带 6 树种倒木不同部位的初始物质密度、碳氮密度及碳氮比

(a) 密度；(b) 碳密度；(c) 氮密度；(d) 碳氮比

上，3 个被子植物树种不同组分的密度均存在显著差异，表现为树皮密度大于木质部密度。裸子植物中，只有金钱松倒木不同部分对物质密度有显著影响，其木质部密度显著大于树皮的密度，但其他 2 个裸子植物倒木不同部分间物质密度的差异不显著。不同树种类型倒木的物质密度存在显著差异($P<0.001$)，表现为被子植物倒木树皮、边材和芯材的密度均高于裸子植物[图 5-2(a)，$P<0.01$]。此外，不同倒木不同部位(如上部和下部)物质的密度差异不显著。

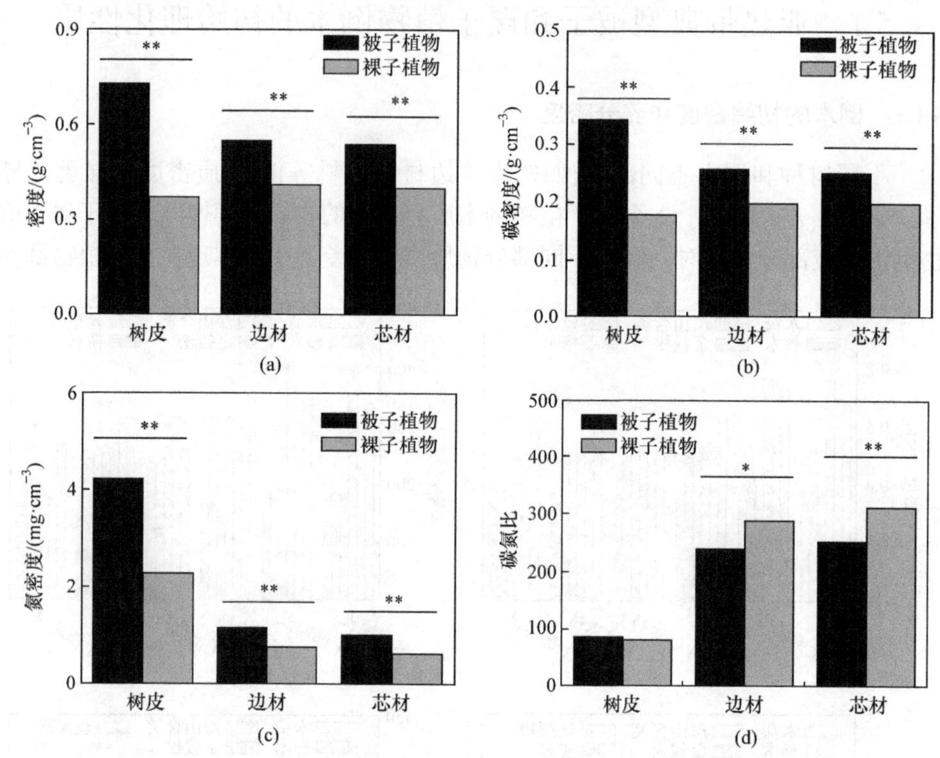

图 5-2　亚热带被子植物和裸子植物倒木不同部位的初始物质密度及碳氮比

(a) 密度；(b) 碳密度；(c) 氮密度；(d) 碳氮比

图中*表示 $P<0.05$；**表示 $P<0.01$，下同

不同树种类型倒木碳密度存在显著差异($P<0.001$)，表现为被子植物碳密度显著高于裸子植物，同时被子植物倒木的树皮、边材和芯材的碳密度均高于裸子植物不同组分的碳密度。不同树种和倒木不同组成部分的碳密度也有显著差异[图 5-1(b)，$P<0.01$]，被子植物倒木所有组成部分的碳密度均显著高于裸子植物倒木相应部分。倒木不同组成部分碳密度的差异主要体现在被子植物倒木上，3 个被子植物倒木不同部分碳密度均有显著差异，表现为树皮碳密度显著高于木质部碳密度。不同树种类型倒木氮密度有显著差异($P<0.001$)，被子植物倒木的氮密度显著大于裸子植物，被子植物树皮、边材和芯材的氮密度均显著高于裸子植物不

同组分的氮密度。不同树种倒木不同部分氮密度有显著差异[图 5-2(c), $P<0.01$]，3 个被子植物倒木所有部分的氮密度均显著高于裸子植物相应部分，6 树种均表现为树皮的氮密度显著高于木质部的氮密度。不同树种类型倒木碳氮比的差异主要体现在芯材上[图 5-1(d)]，裸子植物倒木芯材部分的碳氮比显著高于被子植物芯材部分。同时，不同树种倒木树皮碳氮比差异不显著[图 5-2(d)]。倒木不同组成部分碳氮比有显著影响，6 树种均表现为木质部的碳氮比显著高于树皮的碳氮比。

5.1.2　倒木的初始碳质量

6 个亚热带树种倒木树皮、边材和芯材均表现为 O-alkyl C 是主导的碳组分(图 5-3)，O-alkyl C 在树皮、边材和芯材碳结构中的比重分别为 41.66%～48.48%、49.95%～54.11%和 47.81%～53.76%，其在树皮中比重明显低于边材和芯材。被子植物倒木树皮易分解碳(O-alkyl C)的比重高于裸子植物，而难分解碳(主要是 alkyl C 和 aromatic C)比重低于裸子植物。边材和芯材均表现为被子植物易分解碳(O-alkyl C 和 acetal C)比重高于裸子植物，而难分解碳(只有 aromatic C)的比重低

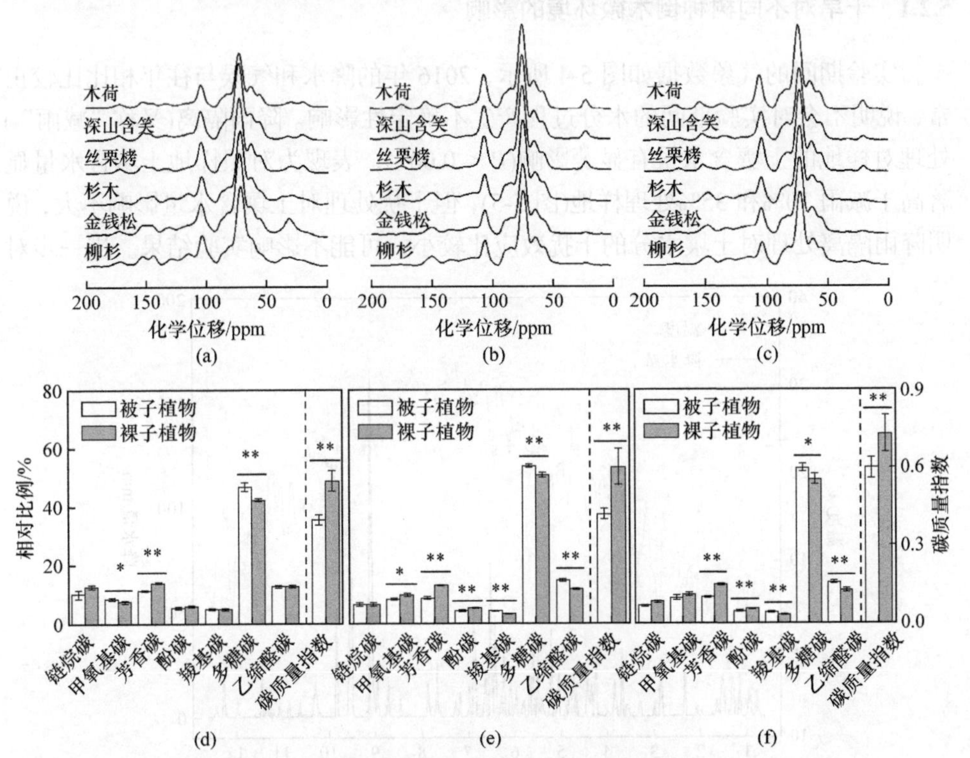

图 5-3　亚热带 6 树种其树干不同部位化学位移及初始碳结构相对比例

(a) 树皮的化学位移；(b) 边材的化学位移；(c) 芯材的化学位移；(d) 树皮中初始碳结构相对比例；(e) 边材中初始碳结构相对比例；(f) 芯材中初始碳结构相对比例

于裸子植物。粗木质残体所有组分均表现为被子植物中难分解碳(alkyl C + N-alkyl + aromatic C + phenolic C)含量与易分解碳(O-alkyl C + acetal C)含量的比值(碳质量指数)低于裸子植物，并且不同树种类型的边材和芯材中表现更明显。另外，所有树种均表现为树皮中难分解碳与易分解碳含量的比值高于边材和芯材。总体而言，被子植物倒木易分解碳的比重高于裸子植物的倒木，而两类树种难分解碳的相对比例呈相反的趋势，被子植物倒木的碳质量优于裸子植物。这个结果跟这两类树种养分含量的差异类似，也与全球尺度对两类树种木质素和纤维素含量的分析结果相同(Weedon et al.，2009)。因此，这两类树种倒木碳质量的梯度差异，比较符合实验设计时选择实验对象的初衷，为验证不同属性倒木分解应对干旱的响应研究提供了条件。

5.2　干旱对亚热带树种倒木微环境和呼吸速率的影响

5.2.1　干旱对不同树种倒木微环境的影响

实验期间的气象数据如图 5-4 所示，2016 年的降水和气候与往年相比比较正常，说明不会对实验期间的水分过程产生不确定性影响。降雨隔离(又称“减雨”)处理对样地的土壤含水量有显著影响($P < 0.001$)，表现为对照样地土壤含水量显著高于减雨 70%和 35%处理样地(图 5-5)，但干扰处理对土壤含水量影响不大，说明降雨隔离处理对土壤水分的干扰效应比较小，可能不影响实验结果。进一步对

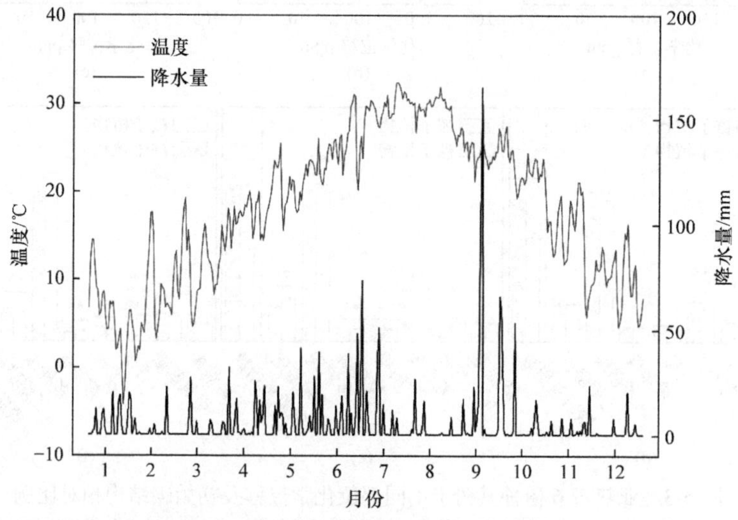

图 5-4　实验期间样地日平均温度和降水量(2016.1.1～2016.12.31)

倒木的温度和含水量进行分析，发现实验期间不同处理和不同树种类型之间的倒木温度没有显著差异。这个结果比较符合实验研究预期，说明实验设计并未影响倒木的温度，因此可以集中分析降雨处理和树种属性对倒木微生物呼吸速率的影响。确实，研究发现降雨隔离处理显著降低了倒木的含水量($P < 0.001$，图 5-6 和表 5-1)，干扰的倒木含水量与对照处理之间并没有显著差异。倒木含水量表现为 70%降雨隔离处理 < 35%降雨隔离处理 < 对照。不同树种类型之间的倒木含水量存在显著差异，表现为被子植物的倒木含水量显著低于裸子植物的，可能是因为裸子植物倒木的密度较低。

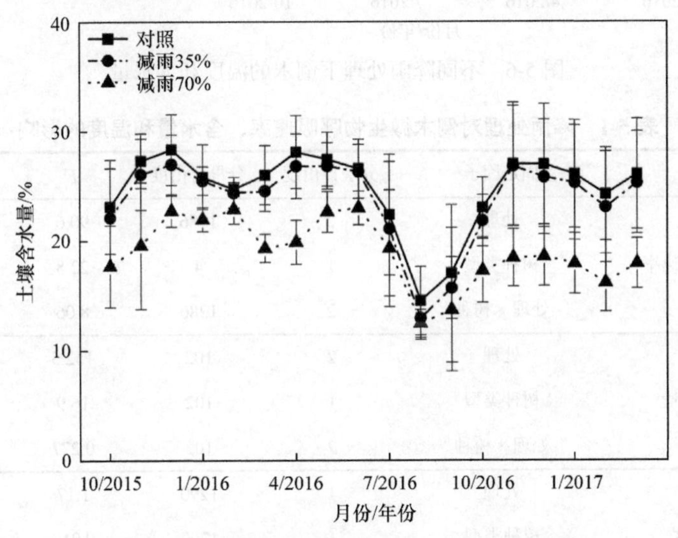

图 5-5　不同降雨隔离处理的土壤 0～5cm 含水量

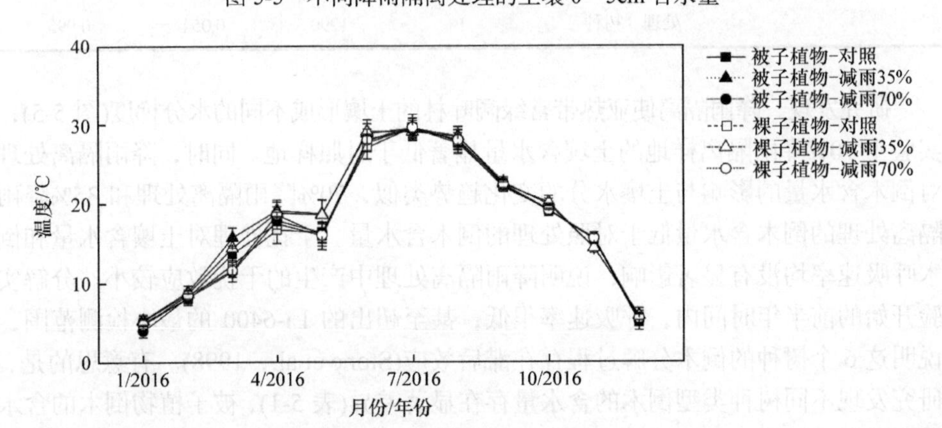

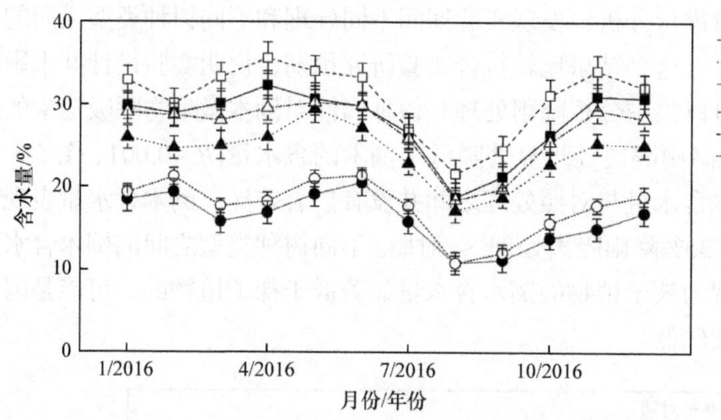

图 5-6　不同降雨处理下倒木的温度和含水量

表 5-1　降雨处理对倒木微生物呼吸速率、含水量和温度的影响

自变量	固定因子	分子自由度	分母自由度	*F*	*P*
微生物呼吸速率	处理	2	1286	90.6	< 0.001
	树种类型	1	4	22.8	< 0.01
	处理 × 树种	2	1286	8.06	< 0.001
倒木含水量	处理	2	102	152.5	< 0.001
	树种类型	1	102	16.9	< 0.001
	处理 × 树种	2	102	0.277	0.759
倒木温度	处理	1	1290	1.17	0.311
	树种类型	1	1290	0.013	0.907
	处理 × 树种	1	1290	0.054	0.995

研究发现，降雨隔离使亚热带常绿阔叶林的土壤形成不同的水分梯度(图 5-5)，实验中 70%降雨隔离样地的土壤含水量显著低于对照样地。同时，降雨隔离处理对倒木含水量的影响与土壤水分的变化趋势类似，70%降雨隔离处理和 35%降雨隔离处理的倒木含水量低于对照处理的倒木含水量。干扰处理对土壤含水量和倒木呼吸速率均没有显著影响，说明降雨隔离处理中产生的干扰效应较小。分解实验开始的前半年时间内，呼吸速率很低，甚至超出的 Li-6400 的最小检测范围，说明这 6 个树种的倒木分解过程存在滞后效应(Stone et al.，1998)。有意思的是，研究发现不同树种类型倒木的含水量存在显著差异(表 5-1)，被子植物倒木的含水量低于裸子植物，这可能是因为被子植物倒木的密度较高，倒木孔隙度较低，不利于水分储存。

5.2.2　干旱对不同树种倒木微生物呼吸的影响

不同树种类型倒木呼吸速率存在显著差异(图 5-7、图 5-8 和表 5-2，减雨 35%处理 $P < 0.01$)，3 个被子植物的倒木呼吸速率大于 3 个裸子植物。上部倒木和下部倒木呼吸速率之间差异不显著。测量期间 6 树种呼吸速率的季节变化基本上呈现一致的单峰曲线格局，不同季节呼吸速率变化幅度较大，所有树种呼吸速率的高峰值均出现在 7～8 月，被子植物和裸子植物平均 CO_2 通量变化范围分别为 0.65～2.05μmol · m^{-2} · s^{-1} 和 1.26～3.96μmol · m^{-2} · s^{-1}。降雨隔离处理对倒木呼吸速率有显著影响，重复方差分析表明减雨 70%和减雨 35%样地倒木呼吸速率显著低于对照处理样地的倒木呼吸速率($P < 0.001$)，但干扰处理与对照处理之间呼吸速率差异不显著。特别有趣的现象是，被子植物倒木 CO_2 通量的减少程度大于裸子植物，说明干旱对被子植物倒木分解过程中 CO_2 通量的影响更大(图 5-7)。

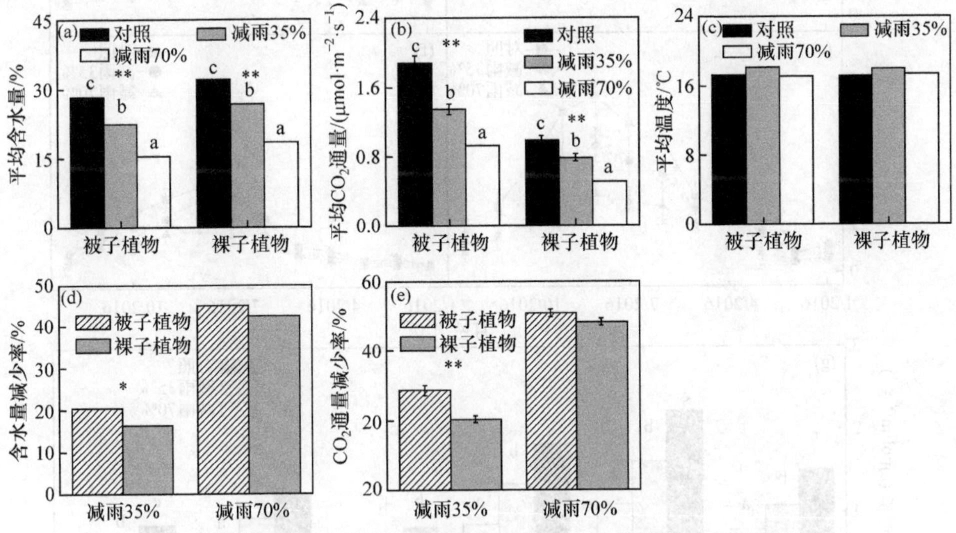

图 5-7　干旱对被子和裸子植物倒木呼吸、温度和含水量的影响

(a) 平均含水量；(b) 平均 CO_2 通量；(c) 平均温度；(d) 木材含水量减少率；(e) 木材 CO_2 通量减少率

表 5-2　不同降雨处理下两类树种倒木微生物 CO_2 通量和含水量减少率的差异

自变量	因变量	固定效应项	分子自由度	分母自由度	F	P
减雨 35%处理	CO_2 通量减少率	树种类型	1	4	38.7	<0.01
	含水量减少率	树种类型	1	34	24.5	<0.01
减雨 70%处理	CO_2 通量减少率	树种类型	1	4	3.18	0.149
	含水量减少率	树种类型	1	4	1.06	0.361

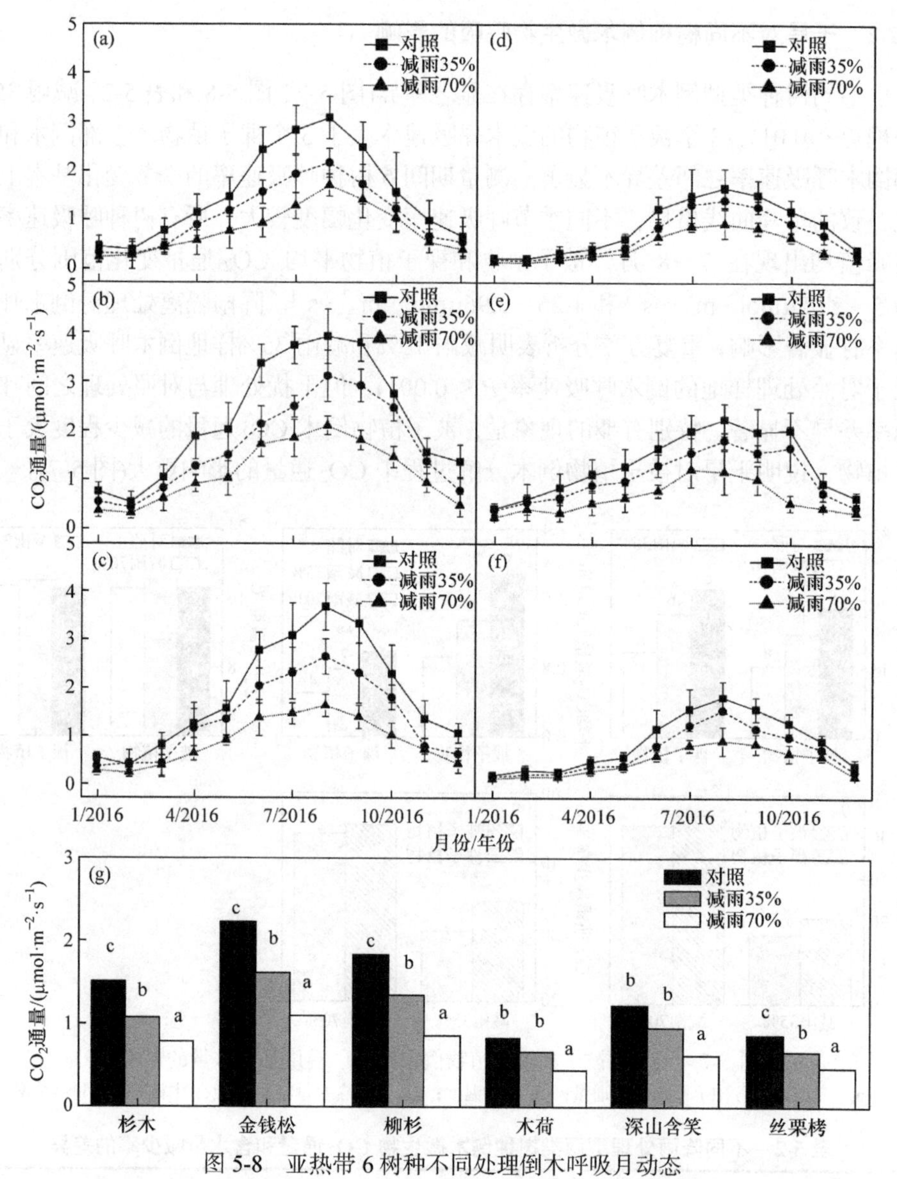

图 5-8 亚热带 6 树种不同处理倒木呼吸月动态

(a) 杉木；(b) 金钱松；(c) 柳杉；(d) 木荷；(e) 深山含笑；(f) 丝栗栲；(g) 6 个树种呼吸差异

对倒木呼吸进行一年的研究发现，降雨隔离处理对倒木呼吸速率有显著影响(表 5-1)，表现为对照样地倒木呼吸速率显著高于降雨隔离样地，但与干扰处理样地的差异不显著，这可能与干扰对林地水分的影响不够明显有关，土壤含水量的变化正好说明这一点。对热带干湿森林倒木分解进行研究发现，经过 13a 的分解，干森林倒木损失了 61%的初始质量，而湿森林减少了 54%的初始质量，主要是湿森林含水量过高导致其分解速率较慢(Torres and González，2005)。亚热带气候区受季风气候影响，其常年降水量在 1200mm 以上，水热并不是该地区森林生态系统有机质分解过程的重要限制因子。亚热带常绿阔叶林植被茂密，一般乔木层形成两个冠层以争夺水热资源，因此降雨量有很大一部分会被林冠层截留，进而造成林地大部分地面可利用水分较少(谢玉彬等，2012)。对于处在地面上的倒木，可能也会受到水分的限制，因此隔离林降雨显著影响倒木呼吸。在英国温带森林中不同位置粗木质残体分解的研究发现，处在林地中间的粗木质残体分解速率显著高于处在林地边缘的粗木质残体，这是因为粗木质残体含水量从林地中心到林地边缘呈显著下降趋势，林中粗木质残体含水量的差异是影响粗木质残体分解速率的重要原因(Crockatt and Bebber，2015)。

研究发现，亚热带常绿阔叶林倒木在分解初期(分解前两年)，被子植物倒木分解速率显著高于裸子植物，倒木上半部分和下半部分的呼吸速率均呈现这种规律。不同树种特性的木质残体分解和呼吸速率有所差异，主要是不同树种特性的木质残体物理结构和养分含量、易分解与难分解物质的比重等差异造成了分解底物的异质性，进而影响微生物活性和代谢活动(Shirouzu et al.，2014；Zuo et al.，2014)。例如，陈华和 Harmon(1992)研究发现长白山森林紫椴倒木的分解速率常数($k=0.0275$)远远大于红松倒木($k=0.0162$)，这可能是两个树种的物种属性(紫椴为被子植物，而红松为裸子植物)差异太大所致。一般而言，裸子植物木质残体的分解速率显著低于被子植物，其原因主要是二者木质残体初始化学性质的差异，如裸子植物木质残体初始的氮、磷含量低于被子植物。本节通过对倒木不同部位碳、氮含量分析发现，3 个被子植物倒木的树皮、边材和芯材初始碳、氮密度显著高于 3 个裸子植物。综合分析被子植物和裸子植物倒木的差异，也发现被子植物树皮，边材和芯材的初始碳、氮密度高于裸子植物。同时，通过对 6 个树种初始碳结构分析发现，3 个被子植物树种的树皮、边材和芯材中易分解碳含量高于裸子植物，但难分解碳组分呈现相反的情况(图 5-3)。另外，被子植物树皮、边材和芯材中难分解碳与易分解碳含量的比值低于裸子植物。这说明被子植物倒木中氮素和易分解碳的比重优于裸子植物，这可能是倒木呼吸速率差异的重要原因。

除了初始养分含量的影响，不同树种木质残体中碳质量对分解速率也有重要的影响。当粗木质残体中难分解物质较多，将降低资源的可利用性，不利于分解，被子植物木质残体难分解碳与易分解碳比重与裸子植物存在差异，这是不同树种分解速率差异显著的重要原因(Cornwell et al.，2009)。例如，分解基质中活性底物(如糖和蛋白质)和难分解底物(如木质素和纤维素等)的比值是影响采伐剩余物分解的重要因子(Nave et al.，2010)。被子植物和裸子植物粗木质残体基质的质量差异明显(Cornwell et al.，2009)，本节研究发现被子植物倒木中易分解碳与难分解碳含量的比值大于裸子植物，糖类物质(如 O-alkyl C 和 acetal C)较多将利用微生物养分利用，促进分解和呼吸，因此被子植物倒木呼吸速率高于裸子植物。

5.2.3 干旱强度对倒木微生物呼吸的影响

研究结果表明，不同树种类型的倒木(被子和裸子植物)呼吸速率的减小程度在降雨量减少 35%处理中有显著差异，但在降雨量减少 70%的处理中差异不明显[图 5-7(e)、表 5-2]。这一发现表明，干旱对木材 CO_2 通量的影响不仅取决于木材性状，而且取决于干旱强度。水分对粗木质残体分解和碳释放有重要的影响，在一定区间内，分解速率与含水量呈现正相关关系(Barker，2008；Jomura et al.，2008)。这是因为微生物群落的代谢和生长维持离不开水分，但对水分的需求有一定区间，一般粗木质残体含水量是干重的 30%～160%时最适宜微生物的生长(Olajuyigbe et al.，2012)。含水量太低将限制微生物生长和代谢，降低木质残体分解速率和 CO_2 释放速率(A'Bear et al.，2014b)。干旱通常限制了微生物的生理功能和倒木孔隙中的养分扩散，因此抑制了微生物群落的活性(Hueso et al.，2012)。干旱的影响是通过最佳水分条件下的线性函数来解释微生物呼吸的潜在减少(Bauer et al.，2008)。过去的研究中通过 Meta 分析发现，微生物活性存在水分胁迫阈值，当植物残体中含水量约为 20%时微生物的有效活动会停止(Manzoni et al.，2012)。本小节中，倒木含水量下降到一个极低的水平，在降雨量减少 70%的处理中，被子植物和裸子植物的含水量分别为 16.2%和 17.7%，这低于水分胁迫的阈值。凋落物分解过程中酶活性被证明可以在接近风干环境下保持较低的活性维持微生物简单的生理活动(Harmon et al.，1986)。众所周知，风干条件对微生物群落生长有不利的影响，这种条件下水分很难被微生物利用，容易导致微生物死亡或休眠(Hueso et al.，2012)。在极端干燥的条件下，底物和营养物质的生物利用率低可能是微生物代谢的最大限制因素(A'Bear et al.，2014b)，因为严重的干旱可能会减少可溶性底物的扩散、微生物的流动性，以及减少对底物的获取机会(Manzoni et al.，2012)。因此，当倒木含水量极低的情况下，两类树种倒木的平均 CO_2 通量都维持在较低的水平。与前人的研究一致(Allison et al.，2013；Harmon et al.，1986)，这一发现表明，干旱强度的增加可能会影响分解过程微生物依赖的养分有效性。因此，区分干旱强度对木质残体分解的影响对于研究不同干旱效应很重要，可以准确地表示微生物对倒木分解速率的反馈。

本小节不同树种特性的倒木呼吸对水分限制的响应一致，3 个被子植物和 3 个裸子植物倒木的呼吸速率均受降雨隔离的显著影响，但不同干旱强度对倒木微生物呼吸的影响存在差异，反映出干旱、极端天气等气候事件未来可能会严重影响亚热带森林粗木质残体分解和碳库周转。未来气候变化的情景下，不同地区降雨变化模式可能不一样，如降雨频率、强度、持续时间等都会存在差异，此外降雨变化趋势也不同。例如，温带地区的森林可能会变干，而寒带地区的森林可能会变湿(Huang et al.，2015；Laliberté et al.，2015)。降水模型的改变对森林生态系统粗木质残体分解的影响是多元化的，因此需要根据不同森林类型和水分变化特征做具体分析，这些结论在今后木质残体分解模型研究中应该被重视。虽然微生物被认为是倒木的主要分解者(Bradford et al.，2016；Cornwell et al.，2009)，本小节也假设性状对倒木分解的影响主要通过微生物活性的转变或群落组成的变化，但气候变化，如干旱对微生物群落构建和功能的影响仍在探索之中(Purahong et al.，2018b；Hu et al.，2017)，特别是碳循环模型中有关微生物的分解机制仍非常粗略，使模型预测产生了诸多不确定性，未来值得进一步探究气候和性状对倒木微生物分解影响的机制。

5.3　亚热带倒木呼吸的水分和温度敏感性

5.3.1　树种属性对倒木呼吸水分敏感性的影响

裸子植物倒木水分敏感性(主要是氮密度)显著高于被子植物倒木，研究发现被子植物倒木呼吸速率随水分变化的斜率显著大于裸子植物($P < 0.01$，图 5-9)。同时，分析结果表明水分敏感性主要受倒木氮密度和碳质量指数的调控，氮密度越高，碳质量指数越小，倒木呼吸的水分敏感性越高(图 5-10)。根据土壤呼吸的研究,这种差异可能主要由于裸子植物倒木中难分解碳的含量高于被子植物倒木，本节同样发现裸子植物倒木树皮、边材和芯材中难分解碳与易分解碳含量的比值

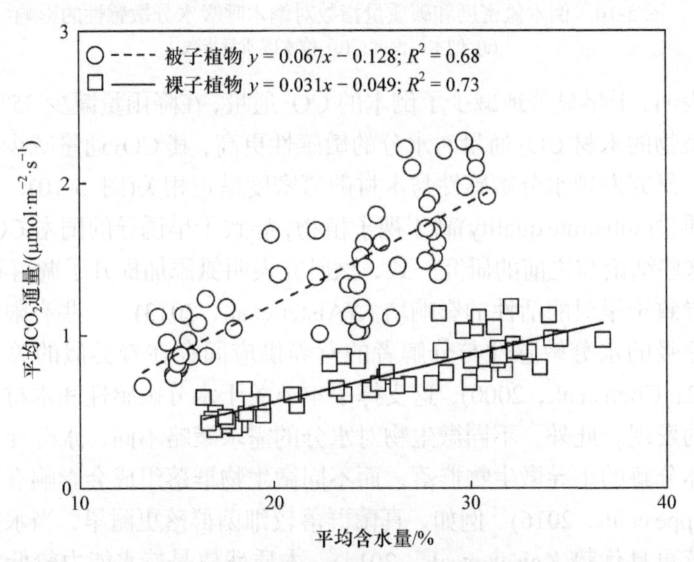

图 5-9　不同树种倒木平均 CO_2 通量与平均含水量的关系的差异

被子植物倒木平均 CO_2 通量与平均含水量回归关系的斜率显著大于裸子植物($P < 0.01$，$F = 22.68$)

高于被子植物倒木。另外，通过指数模型分别拟合不同树种倒木呼吸速率的解释度优于所有树种放在一起拟合的结果，这说明在今后研究倒木呼吸时很有必要区分树种特性的影响，如果分解模型中不区分树种特性的差异很可能会增加模型的不确定性。事实上，被子植物和裸子植物进化特征、形态特征和地区分布均存在很大差异。例如，在全球变暖的背景下，被子植物和裸子植物在全球空间上的地理分布格局可能会发生改变，被子植物的分布区将向高纬度扩展，考虑这两类树种倒木分解对干旱响应的差异，将对全球森林生态系统有机质分解和碳收支产生重要影响(Pietsch et al.，2014；Weedon et al.，2009)。

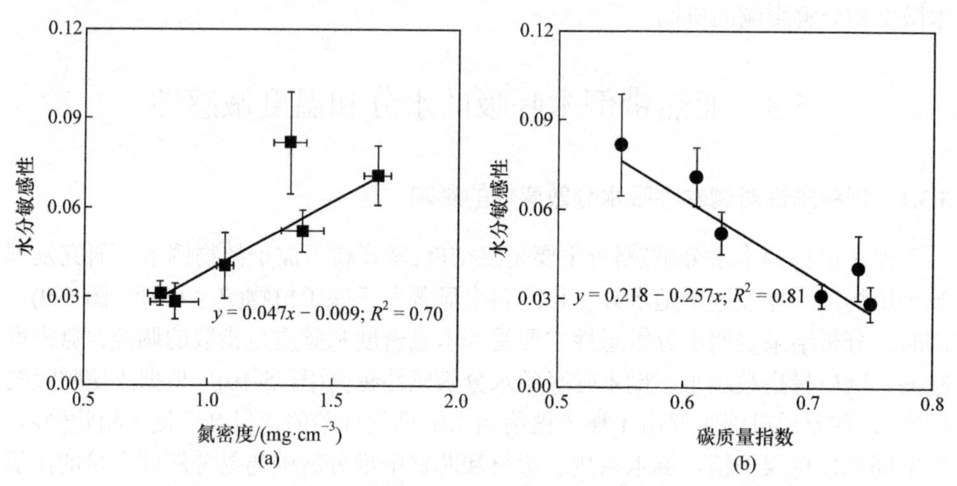

图 5-10　倒木氮密度和碳质量指数对倒木呼吸水分敏感性的影响

(a) 倒木氮密度；(b) 倒木碳质量指数

研究表明，干旱显著地减少了倒木的 CO_2 通量，在降雨量减少 35%的处理中，由于被子植物的木材 CO_2 通量对水分的敏感性更高，其 CO_2 通量减少的量要高于裸子植物。研究发现水分敏感性与木材的氮密度呈正相关(图 5-10)，表明被子植物的基质质量(substrate quality)高于裸子植物，导致干旱诱导的倒木 CO_2 通量减少量较大。这些结论与之前的研究一致，该研究表明氮添加提升了凋落物质量(litter quality)，导致干旱对酶活性的影响增大(Alster et al.，2013)。一些有限的证据也表明，异养呼吸的水分敏感性与分解者的营养供应间存在着类似的关系(Manzoni et al.，2012；Chen et al.，2000)，这支撑了本节关于水分敏感性和木材质量对木材分解作用的发现。此外，不同微生物对水分的需求策略不同，水分变化可能会影响木质残体分解的主导微生物群落，而不同微生物群落组成会影响有机物的代谢和分解(Hoppe et al.，2016)。例如，真菌群落较细菌群落更耐旱，当水分条件较低时真菌群落更具优势(Kaiser et al.，2014)。木质残体是持水能力较低的致密化合物，其可容纳水分的空隙较少，因此可利用水分低是倒木分解过程中最重要的环

境制约因素 (Harmon et al.，1986)。

全球变化的多个驱动因子间的交互效应对于生态过程的影响是普遍的(Li et al.，2016；Luo et al.，2004)，这可能对森林的碳循环和储存产生复杂而重大的影响。例如，土壤有机碳分解的水分敏感性在很大程度上取决于水分供应和基质质量交互作用对于微生物特性(如生物量和群落组成)的影响(Manzoni et al.，2012)。与土壤有机碳的分解类似，研究表明倒木水分与倒木氮浓度之间的正相关关系，在给定的木材含水量下(降雨量分别减少 35%和 70%)，高的木材氮密度促进了 CO_2 的通量。这可能反映了基本化学计量和环境对木材微生物呼吸速率水分敏感性的控制(A'Bear et al.，2014b)。与裸子植物相比，具有更高氮密度和碳质量指数的被子植物倒木有利于微生物生物量的增长(Purahong et al.，2018a；Kahl et al.，2017)，这可能导致被子倒木中用于微生物代谢所需要的水资源更多，以此支持更高的分解速率(Hu et al.，2017；Herbst et al.，2007)。在干旱条件下，一部分微生物可能不能适应干旱，无法生存，微生物的生物量可能会减少(Hueso et al.，2012)。因此，在干旱情况下，被子植物的微生物分解可能会受到更大的抑制，特别是在被子植物倒木水分减少较多的情况下(图 5-7)。基质质量除了对微生物群落结构有关键影响，也可能影响水分敏感性(Hu et al.，2017)。高碳质量指数的植物凋落物(如被子植物的木质残体)似乎更有利于细菌生长而不是真菌，而低碳质量指数的凋落物(如裸子植物木材)可能产生相反的关系(Six et al.，2006；Moore et al.，2004)。由于细菌通常比真菌群落对干旱更敏感(Allison et al.，2013；Manzoni et al.，2012)，因此干旱对于拥有更高细菌丰度的被子植物倒木分解的影响可能大于真菌丰度更高的裸子植物倒木分解。

5.3.2　树种属性对倒木呼吸温度敏感性的影响

亚热带 6 种树的倒木呼吸速率(用 CO_2 通量表示)均与倒木温度存在显著正相关关系(图 5-11)，同时倒木呼吸速率与倒木温度的相关关系优于与气温的关系。本小节对全年的倒木呼吸进行分析，发现树种倒木呼吸速率的差异主要体现在夏秋季节，而在春冬季的差异较小，这可能是因为夏季呼吸速率较高，一定程度放大了不同树种之间的差异。通过对照样地倒木呼吸进行经验模型分析显示，分树种模拟时，温度解释所有树种倒木呼吸速率变化的 52%～75%，但是不区分树种将所有树种放在一起拟合时，解释度有所下降，仅为 42%(图 5-11 和图 5-12)。活化能 E(或 Q_{10})是反映倒木呼吸温度敏感性的重要参数，分解结果表明，不同树种的倒木微生物呼吸温度敏感性差异不显著($P > 0.05$)，E 变化范围为 0.48～0.52eV，所有树种的平均值为 0.50eV(或 Q_{10} 为 2.11)。这个值小于根据代谢理论估算所有生物呼吸 E 的平均值 0.65eV(Brow et al.，2004)，但仍然在根据微生物酶经济谱理论计算 E 的范围 0.31～0.56eV(Sinsabaugh and Follstad Shah，2012；Wang et al.，

2012)。同时，降雨隔离处理对倒木微生物呼吸温度敏感性的影响也不显著(图 5-12，$P > 0.05$)。

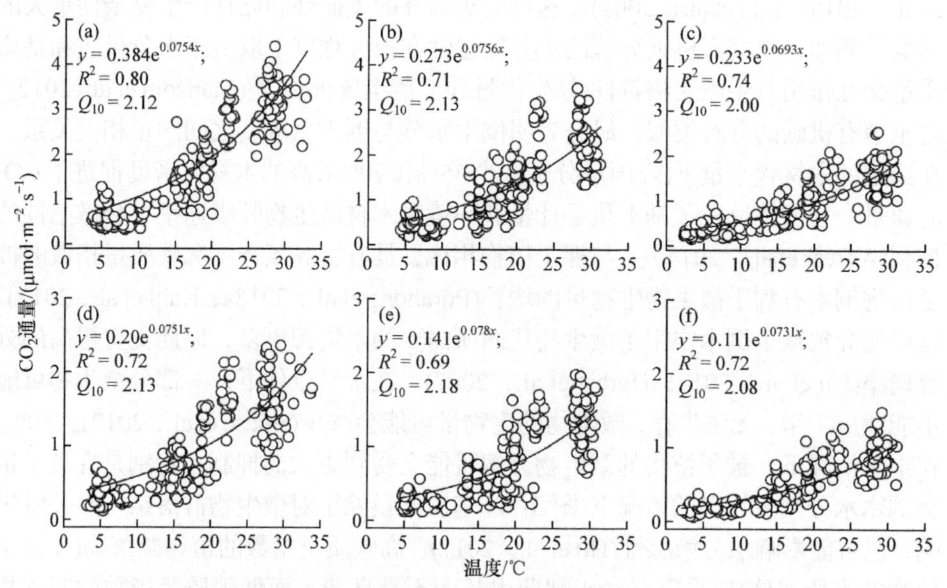

图 5-11　不同降雨隔离处理中倒木温度与 CO_2 通量之间的关系及 Q_{10} 值

(a) 被子树种对照组；(b) 被子树种减雨 35%；(c) 被子树种减雨 70%；(d) 裸子树种对照组；(e) 裸子树种减雨 35%；(f) 裸子树种减雨 70%

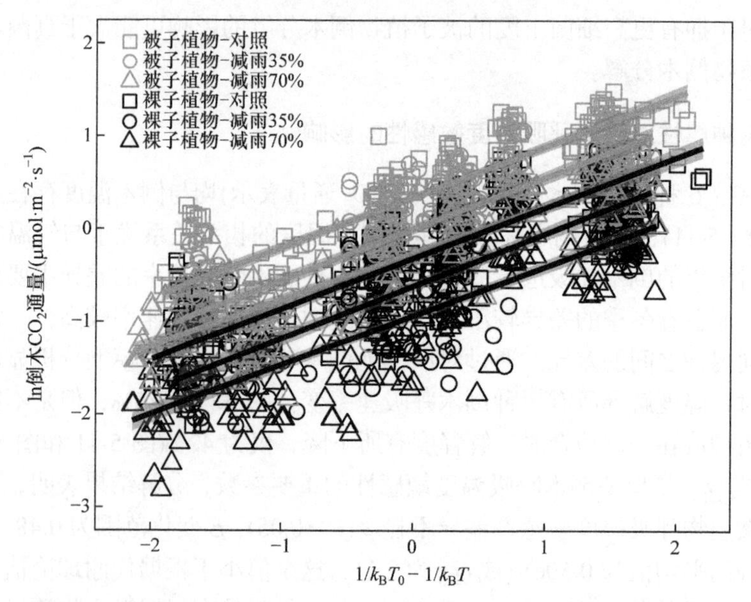

图 5-12　根据改进的代谢方程拟合的倒木 CO_2 通量与温度之间的关系

图中阴影表示 95%置信区间

温度和含水量作为驱动粗木质残体分解的主要环境因子，存在明显的季节变化，因此粗木质残体呼吸速率也具有明显的季节动态。Jomura 等(2008)对日本温带天然次生林的倒木呼吸速率研究发现，全年倒木呼吸速率变化与温度变化趋势一致，表现为冬季最低，夏季最高。矫海洋等(2014)对我国大兴安岭落叶松粗木质残体呼吸通量进行研究，发现其呼吸速率主要受倒木温度的驱动，呼吸速率表现为单峰曲线格局，夏季高于冬季。本节研究也发现倒木呼吸速率呈现夏秋季节高，春冬季节低的特点，同时不同水分处理对粗木质残体呼吸速率的影响主要表现在夏秋季节(图 5-8)，在春冬季节差异较小。此外，很多研究表明，粗木质残体含水量的季节变化不如温度那么显著，但其季节内变化很大，从而影响其呼吸速率的季节内变化(Forrester et al.，2012；吴家兵等，2008；Herrmann and Bauhus，2008)。类似地，温度对分解的限制作用随着温度升高后被逐渐解除，微生物酶的活性也随温度升高而逐渐增加，如果其他的因子(如养分)不能满足分解条件，则可能成为影响分解的主要因子(Yoon et al.，2014)。

通过选取对倒木微生物呼吸有显著影响的因子，分析它们的相对重要性(表 5-3)，分析结果表明，与倒木温度和含水量相比，倒木的氮密度是影响倒木微生物呼吸最重要的因子(图 5-13)，倒木氮密度与倒木温度对呼吸速率的影响没有交互效应(图 5-14)。与其他关于木材分解的研究一致(Manning et al.，2018；Mackensen and Bauhus，2003；Chen et al.，2000)，但与落叶分解温度敏感性的报道不同(Follstad Shah et al.，2017；Fierer et al.，2005)。与全球范围内的落叶的养分含量相比(Follstad Shah et al.，2017)，木材的碳氮比非常高，达到了 251∶64。养分限制的主要原因可能是木材分解中稳定的生化反应对温度的响应(Mackensen and Bauhus，2003；Chambers et al.，2001)。生态化学计量学和生态代谢理论的最新进展表明，当温度升高时，微生物生长和活动的养分阈值变得更低且上限更高(Allen and Gillooly，2009；Sterner and Elser，2002)。当养分供应率接近最佳状态时，养分含量和温度之间出现了强烈的交互效应(Cross et al.，2015；Davidson et al.，2006)，这将提高较高温度下微生物的养分利用效率。木质残体主要由难分解的化合物组成，如木质素和单宁，而土壤或大气中为分解者提供的养分十分有限(如氮)(Cornwell et al.，2009)。特别是样本更多地集中在分解初期，与后期阶段的木屑相比其营养物质的浓度较低(Rinne et al.，2019)。因此，木材养分和温度之间没有显著的相互作用(图 5-14)，表明它们对木材 CO_2 通量的累加效应。此外，本节探讨了倒木初始氮密度和碳质量指数对分解的影响，相关研究已经进行了一年，倒木氮密度和碳质量指数可能会随着分解而改变，并影响研究结论。由于倒木分解过程缓慢，在这一年的研究中氮密度和碳质量指数的微小变化对分解研究的影响可忽略不计，但在长期研究中应注意养分含量变化的效应(Oberle et al.，2020；Hu et al.，2017)。

表 5-3　微环境和倒木化学性质对呼吸速率的影响

参数	系数	95%置信区间	P
$1/k_BT_0-1/k_BT$	−0.50	0.48～0.52	<0.001
倒木含水量	0.56	0.51～0.61	<0.001
倒木氮密度	2.17	1.67～2.67	<0.001
倒木碳质量指数	−3.14	−4.54～−1.74	<0.05

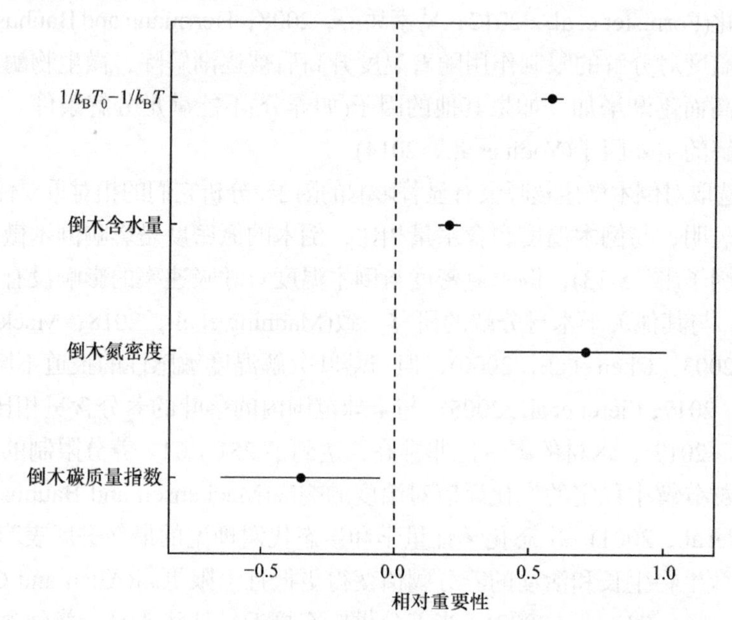

图 5-13　倒木环境和树种性状对微生物呼吸通量影响的相对重要性

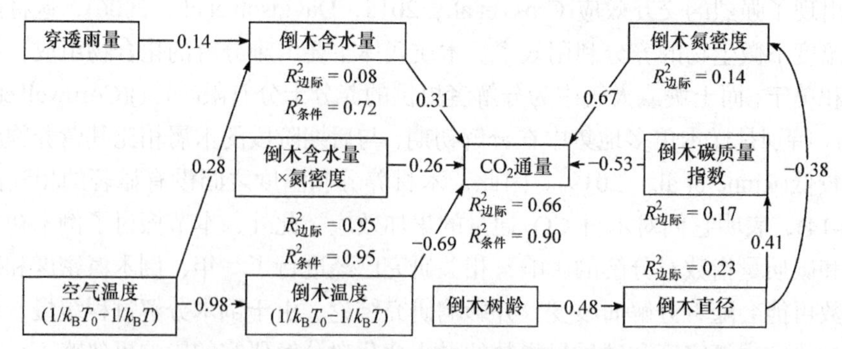

图 5-14　微气候、倒木树种属性及其交互效应对倒木 CO_2 通量影响

箭头上的数值表示 R^2

5.4 森林植被模型研究的应用价值

植被模型在过去几十年中已被广泛用于评估全球气候变化对分解速率的影响(Bradford et al., 2017；Cornwell et al., 2009)。主要是通过将温度和湿度的函数进行参数化来预测分解常数，如 OCN(Zaehle and Friend, 2010)；以及通过考虑不同功能类型植物之间的碳氮比，如 LPJ(Sitch et al., 2003)、ORCHIDEE(Krinner et al., 2005)、CLM4.5(Oleson et al., 2013)。然而，水分和养分供应对分解影响的相互作用目前还没有被纳入植被模型。因此，模型将无法重现不同分类群之间木质残体分解的水分敏感性。分解的水分敏感性已经被证实在 CABLE 模型中预测碳通量对干旱的响应时至关重要(Haverd et al., 2016)。由于水分和倒木性状之间的强烈交互作用，遭遇干旱时被子植物倒木的 CO_2 通量比裸子植物的抑制效应更大。因此，建议倒木分解的水分敏感性可以纳入基于线性函数的模型中描述分解的微生物动力学过程(Sinsabaugh and Follstad Shah, 2012；Bauer et al., 2008)。尽管亚热带树种的木材性状变化不大，但被子植物和裸子植物的树皮、边材和芯材的木材氮密度和碳质量有显著的差异，而这一范围很广，足以描述性状对生态群落影响的一般模式(Weedon et al., 2009)。因此，研究指出了开发以森林统计学为特征的下一代植被模型的可能性(Fisher et al., 2018)。

研究结果对研究气候变化和不同树种组成变化对森林碳循环的影响有重要意义。例如，我国亚热带地区大量的原生常绿阔叶林近几十年被改造成了人工林(Sheng et al., 2010)。这一地区的人工林已经占到我国人工林总量的 63%，其中约 72%为针叶林(Yu et al., 2020；Hou and Chen, 2008)。与被子植物的木质残体相比，裸子植物的分解率较低，这有可能减缓该地区的碳释放。然而，还应注意干旱对被子植物木材分解的影响比裸子植物更大。鉴于未来气候中干旱发生的趋势增加，如果不考虑这一差异，将导致木质残体碳通量的模型预测产生严重的偏差。此外，前工业化时代以来，欧洲历史上的森林管理已将该地区 27%的阔叶落叶林(地区优势)转变为针叶林(Naudts et al., 2016)。为了缓解未来的气候变化，欧洲北部和中部的针叶林可能需要转变为落叶林 (Luyssaert et al., 2018)。此外，全球植被模型预测落叶林将会增加，特别在寒带地区的南部边缘(IPCC, 2014)。野火的干扰导致加拿大森林首先出现了先锋落叶林而不是针叶林(Seidl et al., 2017)。森林物种变化对木材碳储量的净影响可能是复杂的，森林物种组成的这些大规模变化也将使木质残体成为森林生态系统的碳源或碳汇。因此，迫切需要结合基于植物性状的方法来模拟全球变化对木质残体的周转和森林碳循环的影响。

总之，本章对气候和木质残体特性这两个影响 CO_2 通量的主要影响因素交互效应进行了明确的定量分析。倒木含水量和氮密度之间存在着显著的交互作用，其中含水量对木材 CO_2 通量的影响随氮供应量的增大而增大。这进一步证明了倒木特征调控了干旱对倒木 CO_2 通量的影响，其中干旱引起的倒木 CO_2 通量抑制效应在被子植物中更大。用代谢理论将倒木化学性状与倒木 CO_2 通量的温度敏感性(活化能 E)联系起来，发现倒木温度与基质质量之间没有明显的相互作用。基于代谢理论预测，温度敏感性没有随木材性状发生变化，升温对森林木质残体分解的影响可以通过稳定的常数计算获取，但含水量影响分解的效应受树种属性影响，需要明确分析养分与水分的交互效应。鉴于全球干旱频率的增加和未来气候变化中大规模树种组成的变化，气候和性状对倒木分解的相互影响应该对木质残体分解模型有重要的意义，这有助于更准确地量化碳循环中的枯木库和 CO_2 通量。

5.5 本章小结

预测生态系统对极端干旱的反应在很大程度上取决于对干旱影响木材分解的认识。研究表明，干旱对裸子植物和被子植物木材 CO_2 通量的影响不同。其中，被子植物倒木的 CO_2 通量受干旱的抑制效应更大，这是因为被子植物倒木微生物呼吸的水分敏感性较大，其与倒木的氮密度和碳质量呈正相关关系。然而，被子植物和裸子植物倒木的 CO_2 通量对温度的依赖性相似，这与生态代谢理论一致。如活化能的表征那样，表明倒木的性状不影响倒木分解的温度敏感性。

(1) 不同树种类型倒木的物质密度存在显著差异，具体表现为被子植物倒木的树皮、边材和芯材的密度均高于裸子植物倒木的相应组分($P < 0.01$)。不同树种类型倒木的碳氮密度存在显著差异($P < 0.001$)，被子植物倒木的树皮、边材和芯材的碳氮密度均高于裸子植物相应组分的碳氮密度。树种对碳氮比没有显著影响。

(2) 被子植物倒木中树皮、边材和芯材其易分解碳(O-alkyl C + acetal C)的比重高于裸子植物倒木的相应部分，难分解碳(alkyl C+ N-alkyl C + aromatic C+ phenolic C)的比重低于裸子植物倒木的相应部分。被子植物倒木所有组成部分中难分解碳与易分解碳含量的比值低于裸子植物倒木相应的部分。

(3) 树种类型对倒木微生物呼吸速率及其对干旱的响应有重要影响。表现为不同树种类型倒木呼吸速率差异显著，被子植物倒木呼吸速率显著高于裸子植物。树种类型调控倒木微生物呼吸对干旱(根据降雨隔离)的响应，被子植物倒木呼吸速率显著高于裸子植物，轻度干旱(35%降雨隔离)和重度干旱(70%降雨隔离)显著降低了倒木的呼吸速率，但轻度干旱被子植物倒木呼吸的抑制效应大于裸子植物，重度干旱对两类树种倒木的影响没有显著差异。此外，被子植物倒木呼吸的水分敏感性大于裸子植物，主要因为水分敏感性受倒木养分浓度和碳质量指数正向调控。

(4) 干旱处理对倒木呼吸的温度敏感性没有显著影响，同时不同树种类型之间的温度敏感性也没有显著差异。倒木养分或者碳质量指数与温度的交互效应对分解的影响不显著，可能倒木的养分含量很低，不足以驱动微生物分解过程温度与基质质量的交互效应。倒木呼吸温度敏感性的活化能 E 约为 0.50eV，Q_{10} 为 2.11。

第6章　外源养分添加对亚热带森林倒木真菌群落及驱动因子的影响

真菌是陆地生态系统中有机物的主要分解者，许多真菌群落分泌的氧化酶(含锰氧化酶、漆酶等)是分解倒木纤维素、半纤维素和木质素等难分解有机物的重要物质。因此，倒木真菌群落组成是影响倒木分解的重要因素。一直以来，倒木树种属性和气候被认为是影响倒木真菌群落组成重要的非生物因素。例如，倒木上定殖的真菌群落存在明显的树种偏好性(Purahong et al.，2018a)；随纬度的降低，木腐真菌的种类数量逐渐升高(Zhou et al.，2011)。但是，近年研究发现，土壤真菌群落组成可能是影响倒木真菌群落组成重要的生物因素，倒木中约12%的真菌来源于土壤，并且随研究区域和倒木属性的差异，土壤和倒木间共享真菌比例也存在较大差异(Purahong et al.，2019b；Makipaa et al.，2017)。亚热带是我国森林最重要的分布区域，以常绿阔叶林为主，因高氮低磷沉降已经出现了严重的氮饱和现象，氮饱和一定程度造成磷相对短缺(Du et al.，2016)，尤其是倒木氮、磷含量低，木质素含量较高，氮输入对倒木微生物多样性和群落组成的影响因树种属性不同而不同，会增加或降低(或不影响)倒木微生物多样性(Purahong et al.，2018a；Entwistle et al.，2018)。除此之外，长期的氮磷沉降也会影响土壤微生物的群落组成，增加土壤与倒木理化性质的相似性，促进土壤微生物在倒木中的定殖，进而影响倒木真菌的群落组成。但是，倒木的树种属性如何调控倒木微生物群落组成响应氮磷沉降，以及土壤微生物在这一过程中的作用还不清楚。因此，本章重点阐述养分添加如何影响亚热带森林倒木微生物群落组成，同时强调土壤真菌群落对倒木真菌群落组成的重要性。

6.1　外源养分添加对亚热带森林倒木真菌群落的影响

氮磷沉降是森林倒木分解重要的气候驱动因素，它可以通过增加养分的可利用性来改变与分解相关的微生物活性和组成(Bebber et al.，2011)。木材碳氮比为200：1～1200：1，而微生物分泌的胞外酶对基质碳氮比的需求约为 3：1，因此微生物在分解倒木的过程中受氮素含量限制(Cornwell et al.，2009)。增加氮的有效性通常可以促进木材真菌菌丝体吸收氮素的能力，促进微生物对木材的分解

(Bebber et al., 2011)，但是这种促进过程可能因基质质量不同而不同。Entwistle 等(2018)研究发现，人为氮沉降可以降低木材和高木质素基质上木质素降解真菌的相对丰度，增加低木质素基质上木质素降解真菌的相对丰度。Purahong 等(2018b)研究发现，外源氮添加对温带森林木栖真菌群落组成和功能无显著影响，可能因为木栖真菌特有的适应机制和功能冗余。因此，外源养分添加对倒木真菌群落有重要的影响，并且这种影响可能因倒木属性不同存在明显差异。

倒木野外分解实验在浙江天童森林生态系统国家野外科学观测研究站开展，实验共设对照(无添加)、加氮(100kg N · hm^{-2} · a^{-1})、加磷(15kg P · hm^{-2} · a^{-1})和加氮磷(100kg N · hm^{-2} · a^{-1}+ 15kg P · hm^{-2} · a^{-1})4 个养分添加处理，选取 5 个被子植物和 4 个裸子植物为研究对象进行野外分解实验，每个树种倒木初始理化性质见表 6-1。分解三年后，于 2020 年 10 月对每个树种倒木取圆盘放入冰盒带回实验室。在实验室用电钻(钻头长 5cm)从每个圆盘的树皮、边材和芯材分别取木屑样品，参照 Hu 等(2020)取样方法。样品处理间用酒精燃烧的方法对钻头清洗消毒，避免样品间的交叉污染。

表 6-1　9 个树种倒木初始理化性质

植物类型	树种	全碳含量 /(g · kg^{-1})	全氮含量 /(g · kg^{-1})	全磷含量 /(g · kg^{-1})	密度 /(g · cm^{-3})
被子植物	木荷	469.38±0.24	2.27±0.04	0.21±0.003	0.47±0.01
	深山含笑	465.18±1.42	2.45±0.02	0.33±0.01	0.36±0.02
	丝栗栲	469.39±2.10	2.84±0.01	0.19±0.003	0.43±0.01
	枫香	452.32±1.11	2.59±0.11	0.23±0.01	0.44±0.01
	石栎	475.14±0.68	3.17±0.12	0.08±0.01	0.77±0.01
裸子植物	杉木	485.16±1.04	2.61±0.19	0.19±0.01	0.40±0.01
	金钱松	471.29±1.50	2.34±0.07	0.17±0.01	0.48±0.01
	柳杉	481.76±1.12	2.31±0.03	0.14±0.01	0.45±0.003
	马尾松	481.76±2.81	1.95±0.16	0.11±0.01	0.52±0.01

6.1.1　外源养分添加对倒木真菌群落多样性的影响

外源氮、磷添加可以增加基质养分的可利用性，改变分解微生物的活性和组成(Bebber et al., 2011)。研究发现，加氮显著增加被子植物倒木真菌多样性，加磷和加氮磷显著降低裸子植物倒木真菌多样性[多样性用丰富度表示，见图 6-1(a)]，表明倒木真菌多样性对外源养分添加的响应可能受倒木属性调控。倒木物理性状(直径、导管)，化学性状(C 含量、N 含量、木质素含量)，物理防卫性状(密度)均是木材分解过程中真菌群落结构形成的重要因素(Yang et al.，2022)。这是由于倒木的理化性质可以决定不同真菌获取倒木养分的可利用性和基质质量。被子植物倒木在解剖结构、养分含量、木质素含量、密度等方面均不同于裸子植物，拥有比裸子植物更高的养分含量和分解酶活性(Yang et al.，2022；Kahl et al.，2017)，这意味着微生物在分解被子植物倒木时所受的养分限制低于裸子植物。在这种长期的养分限制生境中，裸子植物倒木真菌群落为满足自身生长和需求，可能增加真菌的功能冗余来抵御长期的养分限制状况，导致分解三年后被子倒木真菌丰富度低于裸子。加磷和加氮磷后，裸子植物倒木真菌丰富度显著降低可能是因为外源养分添加降低了真菌对倒木养分的利用，更多利用外源有效养分。此外，裸子植物中的单宁、酚类等对木腐真菌有害的物质含量一般较高，外源养分添加促进微生物分解倒木的同时也可能受到有害物质的抑制(Purhonen et al.，2020)。同时，对比被子和裸子植物倒木真菌丰富度在不同养分添加下增加或下降的比例发现，加氮、加磷和加氮磷处理下被子倒木真菌丰富度增加比例无显著差异，但加磷和加氮磷处理下裸子倒木真菌丰富度的下降比例显著高于加氮[图 6-1(b)]，表明裸子植物倒木真菌丰富度对外源养分的响应大于被子植物。

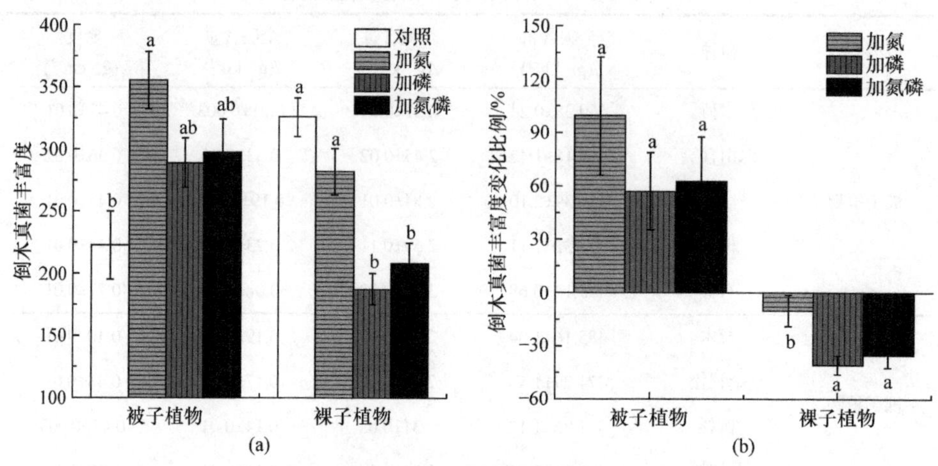

图 6-1　外源养分添加对被子和裸子倒木真菌丰富度的影响

(a) 倒木真菌丰富度的差异；(b) 倒木真菌丰富度变化情况

不同小写字母表示不同养分添加处理间差异显著(P<0.05)

6.1.2　外源养分添加对倒木真菌群落结构的影响

由于微生物对营养的需求不同，木材真菌群落随营养物质可利用性的不同而变化(Wu et al.，2020；Rousk and Bååth，2007)。其中，树种自身的特性是影响微生物定殖，影响树种间微生物群落结构差异的重要因素(Hoppe et al.，2016)。例如，倒木中木质素和纤维素可以影响底物可利用性，调节真菌群落的定殖(Tláskal et al., 2021)。外源养分添加可以改变倒木微生物群落，但可能因树种不同而不同。Wu 等(2020)在不同树种中添加氮、磷养分发现，木材呼吸和微生物群落均发生改变，其改变程度具有物种特异性。研究发现，树种和养分处理均对倒木真菌群落结构产生一定的影响，但是树种对倒木真菌群落结构的影响大于养分添加处理[图 6-2，非参数多元方差分析(ADONIS)：树种对真菌群落结构差异的解释度 $R^2_{species}=0.09$，$P=0.001$；处理对真菌群落结构差异的解释度 $R^2_{treatment}=0.07$，P=0.001]。这与 Purahong 等(2018a)研究结果一致，均强调了树种对倒木真菌群落结构的重要性。在被子植物中，倒木真菌群落结构受加氮和加氮磷的显著影响，在裸子植物中，倒木真菌群落结构受加磷和加氮磷的显著影响，并且加磷对裸子植物倒木真菌群落结构的影响大于加氮(表 6-2)，表明倒木真菌群落结构对外源养分添加的响应与真菌多样性一致，均受倒木属性调控，被子植物倒木真菌群落结构对外源氮更加敏感，而裸子植物倒木真菌群落结构对外源磷更加敏感。

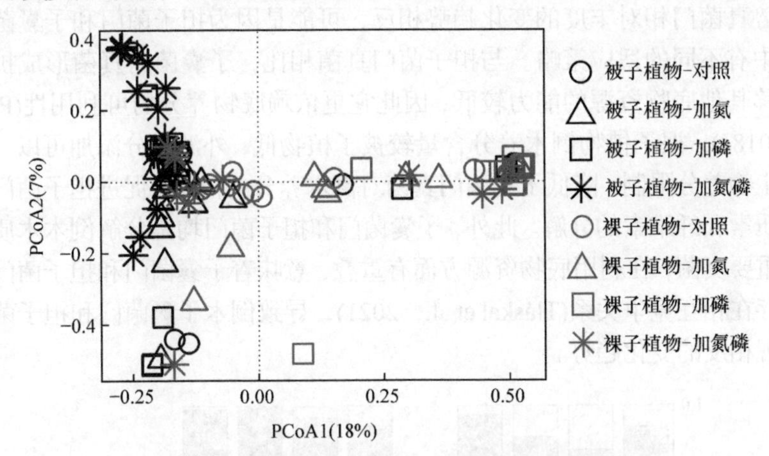

图 6-2　外源养分添加对倒木真菌群落结构的影响

表 6-2　外源养分添加对不同树种倒木和邻近土壤真菌群落结构的影响

类型	外源养分添加	被子植物		裸子植物	
		R^2	P	R^2	P
倒木	对照-加氮	0.06	0.020	0.07	0.070
	对照-加磷	0.05	0.080	0.20	0.002
	对照-加氮磷	0.08	0.005	0.09	0.008
土壤	对照-加氮	0.15	0.001	0.11	0.020
	对照-加磷	0.16	0.001	0.20	0.001
	对照-加氮磷	0.14	0.001	0.13	0.001

由于木质纤维素分解酶和代谢途径不同，不同类型的真菌分解木质素和纤维素的能力也有所不同，子囊菌门的软腐菌和担子菌门的褐腐菌可以降解半纤维素和纤维素，而担子菌门的白腐菌可以同时降解木质素和纤维素(Hoppe et al., 2016；Zhang et al., 2016；Fernandez-Fueyo et al., 2012)。研究发现，倒木真菌群落主要由担子菌门(Basidiomycota)和子囊菌门(Ascomycota)组成(图 6-3)，这与 Maillard 等(2021)研究结果一致。外源氮磷添加没有改变倒木真菌的群落组成，但改变了优势菌门的相对丰度(图 6-3)。在被子植物中，加氮、加磷和加氮磷后倒木担子菌门相对丰度分别较对照降低 23.3%、16.1%和 21.3%，子囊菌门相对丰度分别较对照增加 31.0%、26.2%和 55.7%，处理间无显著差异。在裸子植物中，加氮、加磷和加氮磷后倒木担子菌门相对丰度分别较对照增加 25.2%、38.7%和 30.9%，其中加磷显著高于对照；加氮、加磷和加氮磷降低倒木子囊菌门相对丰度，分别较对照降低 54.3%、78.7%和 60.9%，加磷显著低于对照。外源养分添加下被子和裸子植物倒木优势真菌门相对丰度的变化趋势相反，可能是因为担子菌门和子囊菌门在不同生境中有不同的适应策略。与担子菌门真菌相比，子囊菌门真菌形成扩展菌丝网络转移其他底物资源的能力较低，因此它更依赖底物养分的可利用性(Purahong et al., 2018c)。裸子植物倒木养分含量较被子植物低，外源养分添加可以一定程度缓解微生物养分限制，降低子囊菌门真菌对倒木养分的依赖，促进担子菌门真菌对倒木木质素和纤维素的分解。此外，子囊菌门和担子菌门均是分解倒木木质素和纤维素的重要真菌，在利用底物资源方面有重叠，意味着子囊菌门和担子菌门在分解倒木时存在相互竞争关系(Tláskal et al., 2021)，导致倒木子囊菌门和担子菌门相对丰度呈现相反的变化趋势。

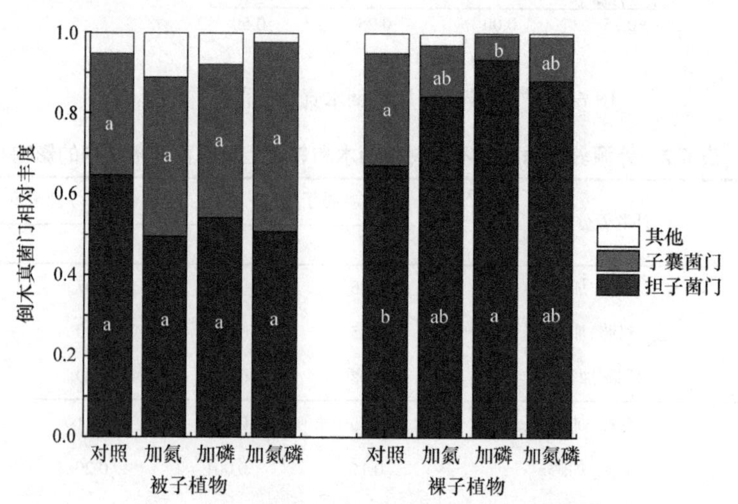

图 6-3　外源养分添加对倒木真菌群落组成的影响

不同小写字母表示不同养分添加处理间差异显著($P < 0.05$)

6.2　外源养分添加对亚热带森林倒木邻近土壤真菌群落的影响

近年来，越来越多的研究发现土壤为倒木微生物定殖的重要途径(Purahong et al.，2019b)，其微生物的组成对倒木微生物群落组成起着重要作用。倒木和土壤中的一些真菌种类可以突破生长基质的界限，向其他基质扩展。例如，倒木中的一些索状担子菌可以突破倒木基质界限获取土壤中的养分资源或与土壤中的真菌争夺养分，直接影响土壤微生物的群落结构(van der Wal et al.，2014；Boddy，2001)。土壤中的一些菌根真菌也可以在倒木基质上繁殖，进而改变倒木真菌群落组成。倒木与邻近土壤真菌群落之间存在双向选择的过程。随倒木分解的进行，倒木和土壤上的真菌群落组成由差异明显逐渐趋于相似(Makpaia et al.，2017)。但是，树种自身养分、木质素含量等属性差异导致木腐真菌定殖存在明显的树种偏好(Purahong et al.，2018a)，表现为倒木邻近土壤真菌群落可能因树种不同而有所不同。

6.2.1　外源养分添加对倒木邻近土壤真菌群落多样性的影响

土壤是倒木真菌群落定殖的重要途径，土壤和倒木真菌群落间的相互选择是影响倒木真菌群落构建的重要因素(Purahong et al.，2019a，2019b；Makipaa et al.，2017)。研究发现，外源养分添加显著降低被子植物和裸子植物倒木邻近土壤真菌多样性(图 6-4)。在被子植物中，加磷和加氮磷显著降低邻近土壤真菌多样性，其丰富度分别较对照降低 25.9%和 14.2%，且加磷后邻近土壤真菌多样性的降低幅度显著高于加氮和加氮磷；在裸子植物中，加磷显著降低邻近土壤真菌多样性，其丰富度较对照降低 23.7%(图 6-4)，表明邻近土壤真菌多样性对外源磷添加更加敏感，且外源磷添加对被子植物倒木邻近土壤真菌多样性影响更大。这可能是外源养分添加下，邻近土壤真菌因竞争外源养分偏向形成亲氮或亲磷的物种，导致邻近土壤真菌多样性降低(Purahong et al.，2018a；Edwards et al.，2011)。长期氮沉降会导致北方阔叶林中土壤真菌群落组成的变化和编码木质素分解酶的基因表达减少(Edwards et al.，2011)。此外，土壤中的真菌多为贫营养型，外源养分添加可以一定程度上缓解土壤养分限制，增加土壤中富营养型细菌的生长和繁殖，降低真菌多样性(Nottingham et al.，2018)。被子植物倒木养分含量较裸子植物高，分解速率更快(Cornwell et al.，2009)，其分解不仅可以为邻近土壤真菌提供更多的营养资源，促进细菌的生长繁殖，同时，外源养分添加后倒木理化性质的改变也促进了邻近土壤真菌群落向倒木转移(Purahong et al.，2019b；Purahong et al.，2018a；

Makipaa et al., 2017)。磷是亚热带森林土壤主要的限制因子，磷的有效性是亚热带森林粗木质残体分解的主要约束条件(Wu et al., 2020；Tian et al., 2010)，因此外源磷添加对倒木邻近土壤真菌多样性的影响更大。

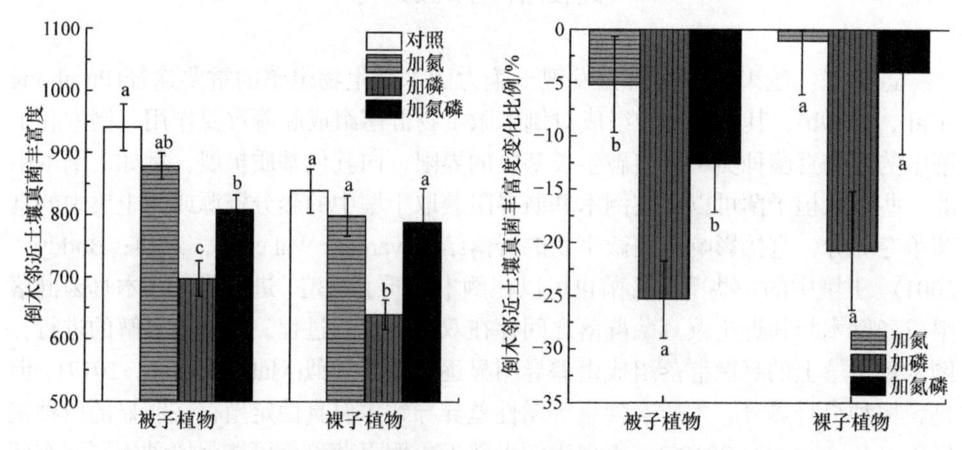

图 6-4　外源养分添加对被子和裸子植物倒木邻近土壤真菌丰富度的影响

不同小写字母表示不同养分添加处理间差异显著($P < 0.05$)

6.2.2　外源养分添加对倒木邻近土壤真菌群落结构的影响

倒木分解是调节森林土壤真菌群落的重要因素之一(Lagomarsino et al., 2021；Makipaa et al., 2017；Walker et al., 2012)。研究发现，树种和养分添加显著影响倒木邻近土壤真菌群落结构，并且养分添加对邻近土壤真菌群落的影响大于树种(图 6-5，ADONIS：$R^2_{\text{species}} = 0.06$，$P = 0.001$；$R^2_{\text{treatment}} = 0.14$，$P = 0.001$)，加氮、

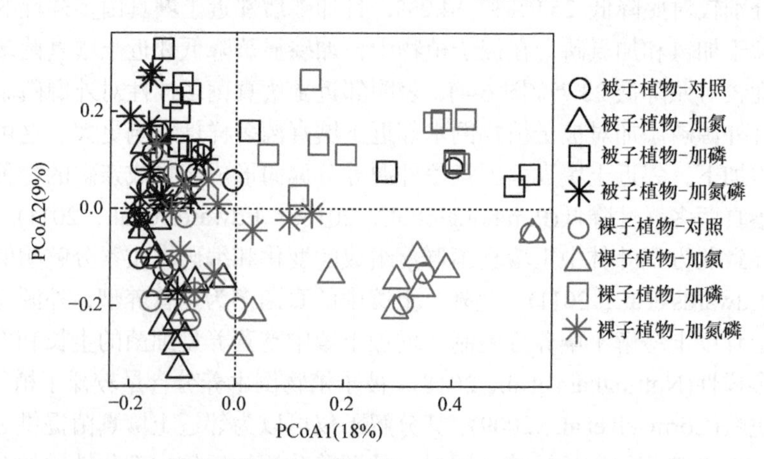

图 6-5　外源养分添加对倒木邻近土壤真菌群落结构的影响

加磷和加氮磷均显著影响被子植物和裸子植物倒木邻近土壤真菌群落结构(表 6-2)。整体来看，外源养分添加下不同树种倒木邻近土壤真菌群落组成差异较小，主要由担子菌门(Basidiomycota)、子囊菌门(Ascomycota)、被孢霉门(Mortierellomycota)和壶菌门(Chytridiomycota)组成(图 6-6)。但是，加氮和加氮磷显著增加被子倒木邻近土壤子囊菌门相对丰度，分别较对照增加 48.0%和 39.2%，外源养分添加对裸子植物倒木邻近土壤优势菌门相对丰度无显著影响(图 6-6)。可能是由于外源养分添加一定程度上缓解了倒木养分限制，被子倒木生境更利于真菌群落的定殖，进而促进倒木真菌与土壤真菌群落间的相互作用。

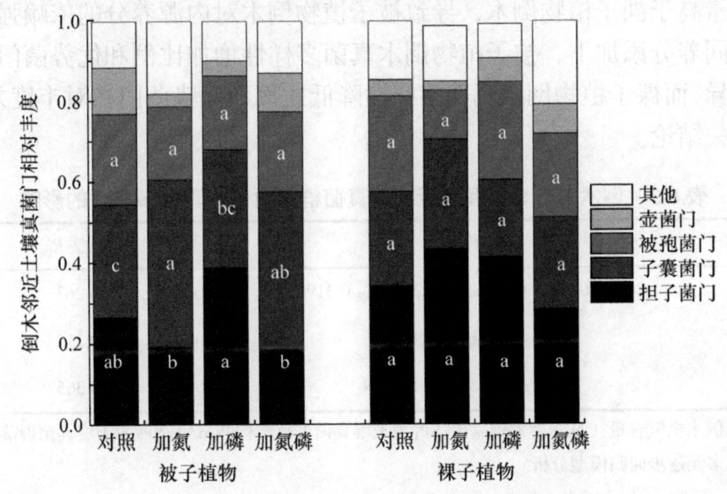

图 6-6　外源养分添加对被子和裸子植物倒木邻近土壤真菌群落组成的影响

不同小写字母表示不同养分添加处理间差异显著($P < 0.05$)

6.3　外源养分添加下亚热带森林倒木真菌群落的驱动因子

6.3.1　外源养分添加下倒木真菌群落多样性的驱动因子

为了探讨倒木养分含量和邻近土壤真菌群落对倒木真菌多样性的影响，本节用邻近土壤真菌丰富度表征土壤真菌 α 多样性，用邻近土壤真菌群落主坐标分析(principal coordinates analysis，PCoA)中的 PCoA1 和 PCoA2 坐标值表征土壤真菌群落结构，将倒木养分含量、土壤真菌多样性、群落结构与倒木真菌多样性进行多元逐步回归分析，结果如表 6-3 所示。Purahong 等(2018c)在考虑所有树种和所有针叶树种时发现，倒木氮含量是解释倒木真菌多样性的重要因素之一，且针叶树种倒木氮含量与真菌多样性显著负相关。研究发现，当考虑所有树种时，倒木真菌多样性主要受倒木全氮含量和土壤真菌群落结构控制，其中倒木全氮含量与真菌多样性正相关。木材极高的碳氮比使木材分解过程中受养分限制(Cornwell et al.，2009)，分解过程中固氮细菌对氮的固定可以减少真菌氮限制，增加木栖真菌在倒木上的定殖，促进倒木的分解(Tláskal et al.，2021)，因此倒木全氮含量与真菌多样性正相关。土壤是倒木真菌定殖的主要途径之一，土壤真菌在倒木上的定殖也是影响倒木真菌群落的重要因素之一(Purahong et al., 2019b; Makipaa et al., 2017)，研究证实了这一结论。但是，倒木真菌多样性的影响因素因树种不同而不同。被子植物倒木真菌多样性主要受倒木全氮含量控制，而裸子植物倒木真菌多样性主要受倒木邻近土壤真菌群落结构和倒木碳氮比控制。这可能是被子植物倒木养分含量高于裸子植物倒木，导致被子植物倒木对内源养分的依赖强于外源养分。在不同养分添加下，被子植物倒木真菌多样性增加比例和优势菌门相对丰度无显著差异,而裸子植物倒木真菌多样性降低比例和优势菌门相对丰度差异显著，也证明这一结论。

表 6-3 倒木养分含量和邻近土壤真菌群落对倒木真菌多样性的影响

	模型	R^2	调整 R^2	P
所有树种	$y = 0.603\text{TN} - 0.235\text{SP}_2 - 0.224\text{SP}_1 + 0.319\text{CN}$	0.291	0.263	0.042
被子植物	$y = 0.479\text{TN}$	0.229	0.215	<0.001
裸子植物	$y = -0.594\text{SP}_2 + 0.258\text{CN}$	0.394	0.365	0.038

注:TN 为倒木全氮含量;CN 为倒木碳氮比;SP_1 为土壤真菌群落结构 PCoA1;SP_2 为土壤真菌群落结构 PCoA2。表中结果依据多元逐步回归模型分析。

6.3.2 外源养分添加下倒木真菌群落结构的驱动因子

被子植物倒木真菌群落结构主要受邻近土壤真菌群落结构、倒木全磷含量、倒木氮磷比和碳磷比影响，如图 6-7 所示，其中，倒木氮磷比、邻近土壤真菌群落结构 PCoA1、倒木碳磷比和全磷含量分别解释了 4.8%、4.6%、3.1%和 2.8%的变异[图 6-7(a)]。裸子植物倒木真菌群落结构主要受邻近土壤真菌群落结构和邻近土壤真菌丰富度影响，其中，邻近土壤真菌群落结构 PCoA1、土壤真菌丰富度和土壤真菌群落结构 PCoA2 分别解释了 18.1%、5.9%、4.0%的变异[图 6-7(b)]。冗余分析表明，外源养分添加下邻近土壤真菌群落是亚热带森林倒木真菌群落结构的主要驱动因子。有研究表明，倒木和土壤之间的真菌存在种间相互作用，土壤可能是倒木重要真菌物种的储存库，倒木也可能是土壤真菌物种的储存库(Purahong et al.，2019b；Makipaa et al.，2017)。例如，土壤中存在木质腐烂真菌(Lindahl et al.，2007)，木材中也存在土壤菌根真菌(Rajala et al.，2012)。这是因为倒木中一些腐生菌为缓解养分限制可以形成菌丝网延伸到土壤中转移养分,加快倒木分解，促进木材中积累的养分归还到土壤中，影响土壤真菌群落结构，同时，土壤中一些种类也会向倒木转移，与倒木上的真菌群落竞争资源，改变倒木真菌群落。因此，随着倒木分解的进行，倒木和土壤生境越来越相似，其群落结构也逐渐趋于相似(Makipaa et al., 2017)。外源养分添加可能改变倒木化学计量比，增加倒木和土壤生境的相似性，促进土壤真菌群落在倒木上的定殖，进而加快真菌群落对倒木的分解。此外，土壤与木材真菌长期的相互作用还会促进土壤真菌群落形成利于分解某类倒木的真菌群落，导致倒木真菌群落结构受土壤真菌群落影响。例如，Purahong 等(2019a)发现木材分解的主场优势主要由真菌群落在“主场”和“客场”的转移所介导。

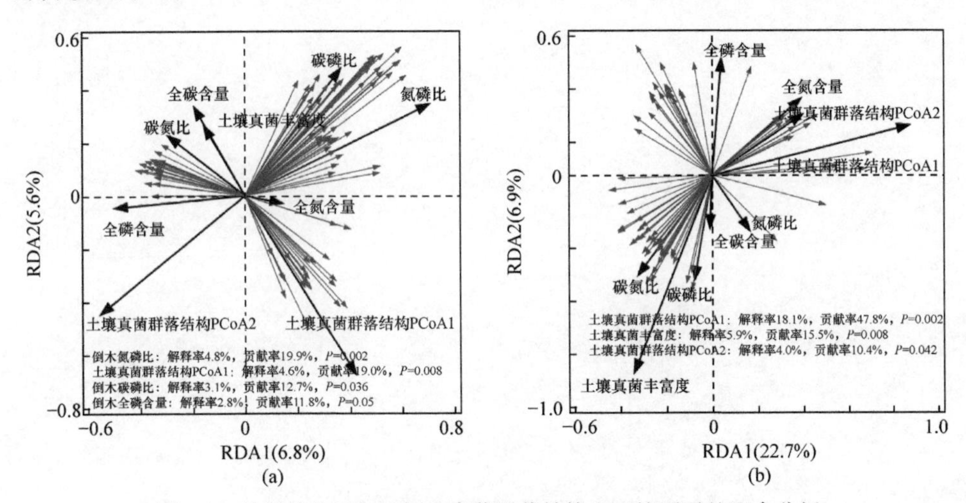

图 6-7　外源养分添加下倒木真菌群落结构和环境因子的冗余分析

(a) 被子植物倒木；(b) 裸子植物倒木

灰色箭头表征不同真菌 OTU

6.4　本章小结

(1) 外源养分添加显著影响倒木真菌群落多样性和结构，被子植物和裸子植物倒木对外源养分添加的响应存在明显差异。加氮和加氮磷显著增加被子倒木真菌多样性，改变真菌群落结构，反映了被子倒木真菌群落对外源氮添加更敏感。加磷和加氮磷显著降低裸子植物倒木真菌多样性，影响真菌群落结构，反映了裸子植物倒木真菌群落对外源磷添加更敏感。

(2) 外源养分添加显著影响倒木邻近土壤真菌多样性和结构，被子植物和裸子植物倒木邻近土壤真菌对外源养分添加的响应一致。外源养分添加均显著降低倒木邻近土壤真菌多样性，影响真菌群落结构。不同养分添加处理相比，倒木邻近土壤真菌多样性和群落结构对外源磷更敏感。

(3) 倒木真菌群落受树种属性和邻近土壤真菌群落共同调控。外源养分添加下被子倒木真菌多样性受倒木全氮含量控制，裸子植物倒木真菌多样性受邻近土壤真菌群落结构和倒木碳氮比控制，表明被子植物倒木真菌多样性对内源养分的依赖强于外源养分。外源养分添加下被子植物和裸子植物倒木真菌群落结构均受倒木邻近土壤真菌群落结构控制，但被子植物倒木还受倒木氮磷比、碳磷比和全磷含量控制，反映了在亚热带森林中，土壤真菌群落是影响倒木真菌群落的重要因素之一，同时也强调了树种属性在调节倒木真菌群落结构中发挥着不容忽视的作用。

第 7 章　养分对亚热带森林倒木微生物呼吸及敏感性的影响

养分的可利用性(又称“有效性”)和温度在控制能量与物质通过生态系统的路径、速率方面起着关键作用。养分的有效性在调节生物体对生长、维持和繁殖的养分需求与环境中可利用资源的相对可用性之间的平衡非常重要(Sterner and Elser, 2002)。温度主要通过其对代谢率的基本影响来控制生物活性(Gillooly et al., 2001；Arrhenius，1889)。这两个因素共同影响从生物个体到整个生态系统组织层面上的能量和材料获取、储存与循环(Kaspari, 2012; Reiners, 1986; Kleiber, 1961)。改进后的代谢理论开启了一种综合研究框架，可以对温度和营养物质的交互作用进行定量预测，从而控制生态过程(Cross et al.，2015；Allen and Gillooly，2009；Brown et al.，2004)。尽管越来越多的研究关注温度与营养物之间的相互作用(Makino et al.，2011；Jeppesen et al.，2010；Woods et al.，2003)，但大多数证据来自自养生物(如植物生长)，因此对异养生物(如微生物代谢)响应的研究知之甚少。

基本养分元素，尤其是氮(N)和磷(P)，会广泛影响土壤微生物活性(Treseder, 2008), 进而调节分解和生态系统碳损失(Vitousek et al., 2010; Hobbie and Vitousek, 2000)。近一个世纪以来，生态学家观察到，氮的有效性增强会加速衰老植物组织的分解(Aber and Melillo，1982；Richards and Norman，1931；Waksman and Tenney, 1927)。植物凋落物在腐烂的初始阶段固定氮和磷，氮含量较高(C：N 化学计量比较低)的凋落物分解更快(Rinne et al.，2017；Parton et al.，2007)。同时，从大气沉降中获取氮和磷是减少微生物营养限制和加速分解的重要过程(Cornwell et al., 2009)。事实上，如果土壤微生物活性受到 N 和 P 的限制，那么在实验中添加 N 和 P 应该会增加有机质的分解速率，导致土壤 C 储量的下降。然而，各种各样的实验证据表明，情况往往并非如此。对施肥研究的整合分析发现，无机氮的添加降低微生物呼吸速率 10%～15%，只有 1/6 的研究中观察到了其对生物呼吸速率的促进作用(Zhou et al.，2017；Janssens et al.，2010；Treseder，2008)。在实验室和田间实验中，添加磷通常会增加凋落物分解速率和微生物活性，而一些研究也没有发现显著影响(Manning et al.，2018；Chen et al.，2016)。此外，温度是控制微生物分解速率的另一个重要因素，因此温度-营养物交互作用的研究对于减少多个全球变化驱动因素后果的不确定性至关重要。

7.1　养分添加对倒木理化性质的影响

7.1.1　养分添加对倒木密度和养分含量的影响

倒木分解 3a 后，养分添加对倒木密度影响显著($P < 0.001$，图 7-1)。与对照处理相比，加磷和加氮磷显著降低了被子植物和裸子植物的倒木密度，但加氮没有显著影响。虽然被子植物倒木的初始密度显著高于裸子植物倒木(Hu et al., 2020)，但 3a 后，两个树种类型之间的倒木密度没有显著差异($P = 0.254$)。这表明被子植物倒木的分解速率比裸子植物倒木快。倒木 C、N 和 P 的浓度及其比率受养分添加量的显著影响($P < 0.05$，图 7-2)。与倒木 C 浓度相比，N 浓度和 P 浓度更多地受养分添加的影响(图 7-2)。对于加氮和加磷处理，倒木氮浓度和磷浓度变化有差异。养分添加量也显著影响倒木 C、N、P 的化学计量比。养分添加对木材 C、N 浓度比影响不大($P= 0.06$)，而养分添加显著影响木材 C、P 浓度比($P < 0.001$)，尤其是木材 C、P 浓度比在氮磷添加后显著降低($P< 0.05$)。此外，在所有倒木中，加氮显著增加了木材的 N、P 浓度比。因此，研究总体表明，养分添加显著增加了两类树种倒木的氮磷浓度，主要体现为氮添加促进了氮浓度增加，磷添加促进了磷浓度增加，这为进一步开展养分对倒木分解的机理研究提供了重要的前提条件。

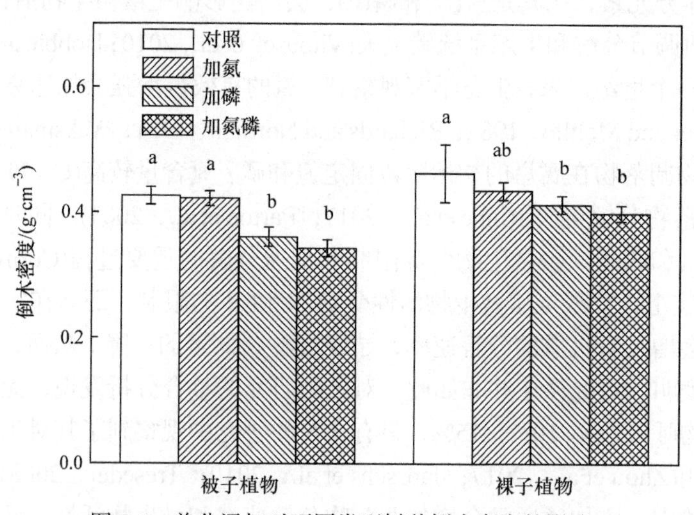

图 7-1　养分添加对不同类型树种倒木密度的影响

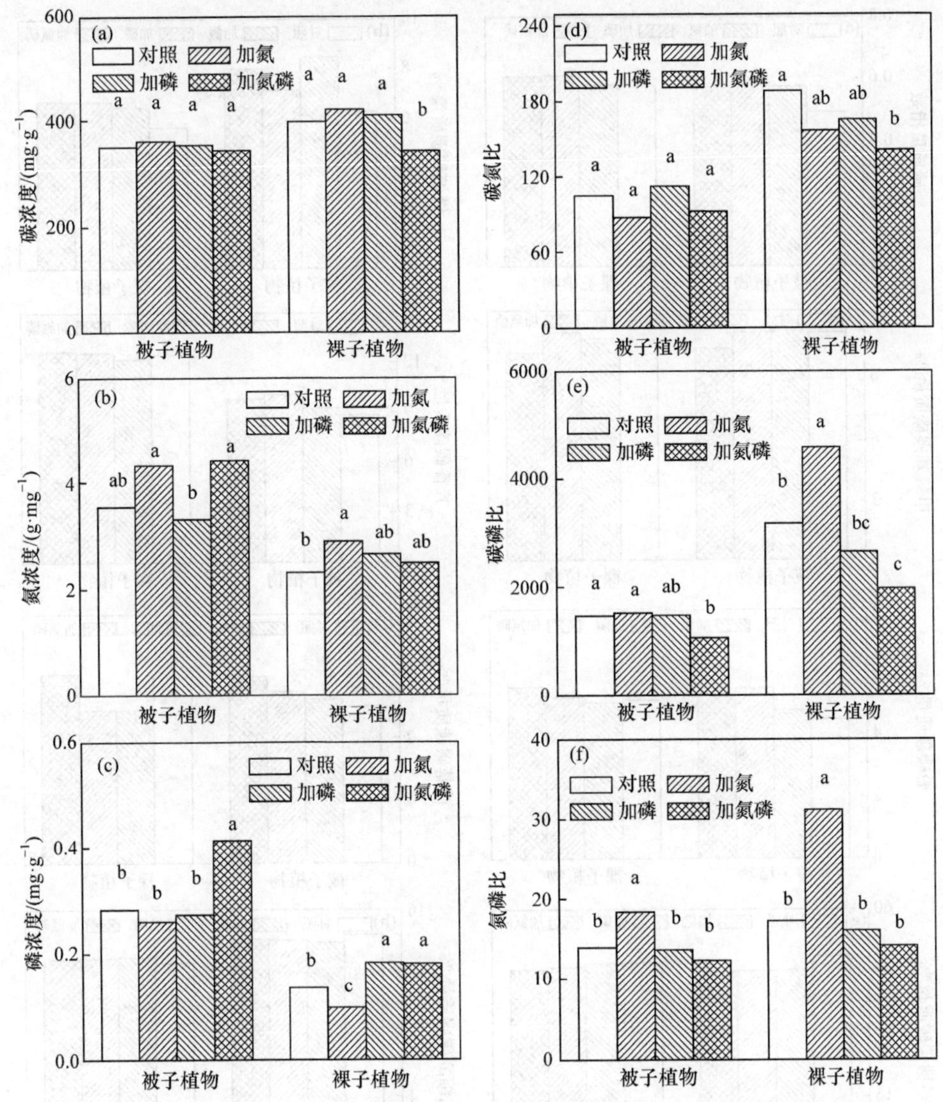

图 7-2　养分添加对不同类型树种倒木养分浓度和化学计量特征的影响图

(a) 倒木碳浓度；(b) 倒木氮浓度；(c) 倒木磷浓度；(d) 倒木碳氮比；(e) 倒木碳磷比；(f) 倒木氮磷比

7.1.2　养分添加对倒木碳质量的影响

实验前，被子和裸子植物倒木的初始碳质量存在显著差异，被子植物倒木的碳质量显著高于裸子植物(Hu et al.，2020)。分解 3a 后，研究发现被子植物倒木的碳质量与裸子植物倒木并无显著差异[图 7-3(a)]，同时两类树种的难分解碳(如 alkyl C、N-alkyl C、aromatic C 和 phenolic C)和易分解碳(O-alkyl C 和 acetal C)也没有显著差异[图 7-3(b)～(h)]。这可能是因为被子植物倒木分解速率较裸子植物倒木快。虽

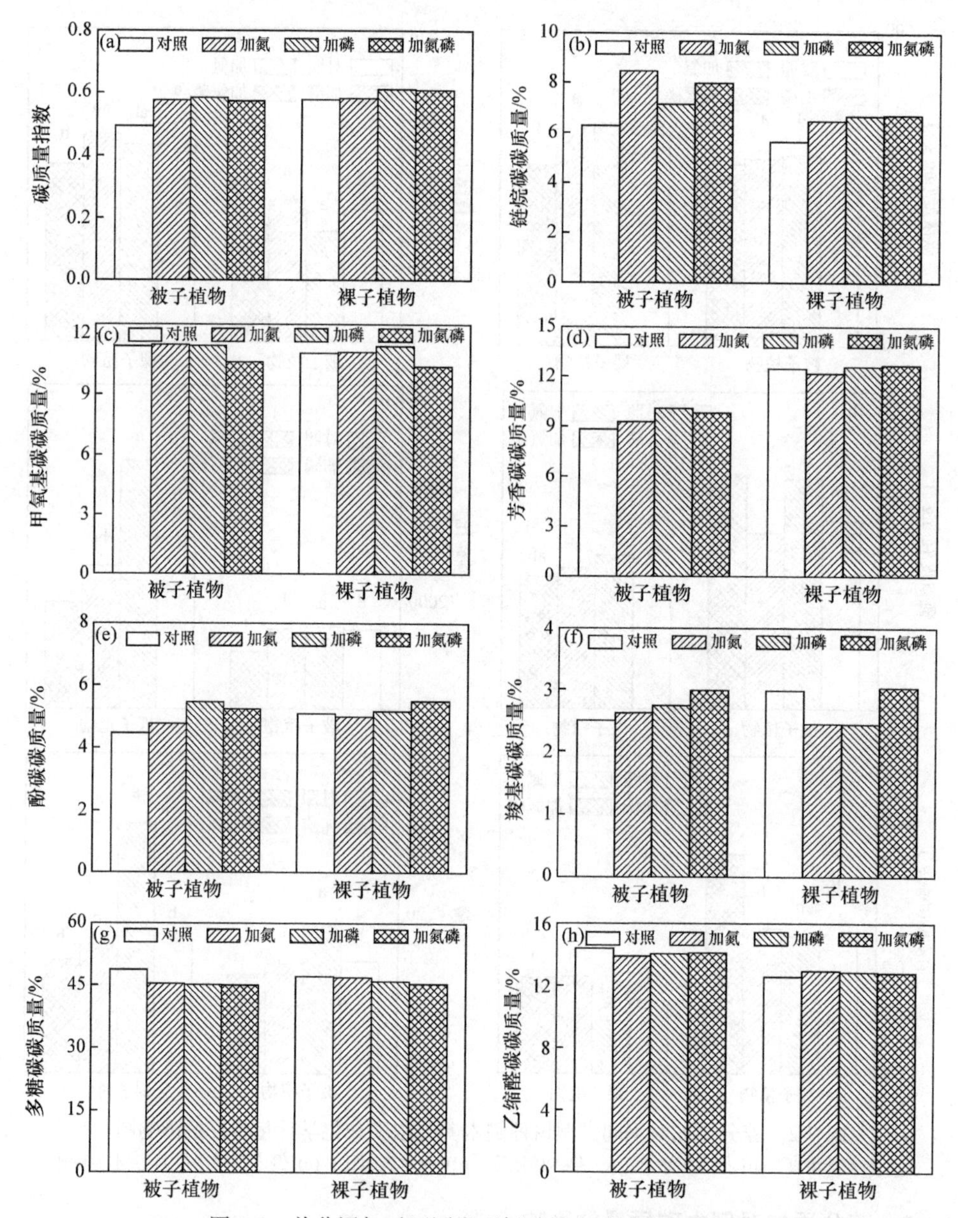

图 7-3 养分添加对不同类型树种倒木碳质量的影响图

(a) 碳质量指数；(b) 链烷碳；(c) 甲氧基碳；(d) 芳香碳；(e) 酚碳；(f) 羧基碳；(g) 多糖碳；(h) 乙缩醛碳

然被子植物倒木的初始碳质量大于裸子植物倒木，特别是其易分解碳比重较裸子植物高，导致被子植物分解更快。微生物作为主要的分解者，其对倒木的碳利用具有选择性，更倾向于利用易分解的有机碳(Cornwell et al.，2009；Weedon et al.，2009)，导致被子植物倒木的易分解碳被消耗较快，而裸子植物的易分解碳比重低，分解慢，其易分解碳比重消耗较慢，在分解 3a 后两类树种的碳质量较为相近。这也为本章排除碳质量的影响，重点研究养分和温度及其交互效应对亚热带倒木分解提供了条件。

7.2　养分添加对倒木分解和养分限制的影响

7.2.1　养分添加对倒木分解和微生物呼吸速率的影响

混合线性模型分析表明，添加养分显著增加了倒木分解速率，如物质损失速率和微生物呼吸速率(P < 0.05，图 7-4)。与对照组相比，加氮显著提高了裸子植物倒木的分解速率[P< 0.05,图 7-4(a)和(b)],但对被子植物没有显著影响(P> 0.05),加磷和加氮磷显著提高了被子植物和裸子植物倒木的分解速率(P< 0.05)。同时，与加氮相比，加磷和加氮磷也导致倒木更高的分解速率(P< 0.05)。此外，虽然养分的添加导致两类树种倒木分解速率显著增加，但裸子植物的增加幅度大于被子植物[P<0.05，表 7-1 和图 7-4(c)和(d)]。总体而言，加氮对亚热带倒木分解的促进效应较低，而加磷能显著促进倒木分解，但这也不是绝对的，加氮可以显著促进

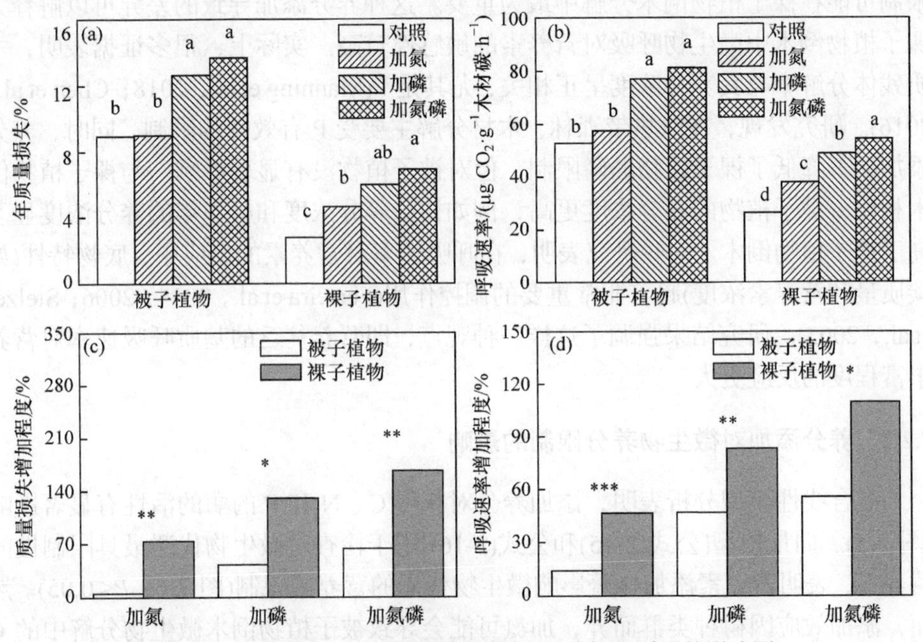

图 7-4　养分添加对不同类型树种倒木的分解和呼吸的影响图

(a) 年质量损失；(b) 呼吸速率；(c) 质量损失增加程度；(d) 呼吸速率增加程度

*表示 P < 0.05；**表示 P < 0.01；***表示 P < 0.001

裸子植物倒木的分解。虽然氮在热带及亚热带地区相对磷较富集，氮限制对倒木分解的影响也应区分树种。养分添加对裸子植物倒木的促进效应大于被子植物的倒木，这可能与裸子植物的倒木养分较低，其微生物分解的养分敏感性更好有关。

表 7-1　养分添加对不同类型树种倒木呼吸增加效应的统计分析

增加类型	处理	固定因子	总自由度	分母自由度	*F*	*P*
分解增加	加氮	树种类型	1	6.0	15.6	< 0.01
	加磷	树种类型	1	6.0	6.24	< 0.05
	加氮磷	树种类型	1	6.0	15.2	< 0.01
呼吸增加	加氮	树种类型	1	22	20.4	< 0.001
	加磷	树种类型	1	22	13.8	< 0.01
	加氮磷	树种类型	1	6.0	9.59	< 0.05

几乎所有木质残体都存在极高的碳与营养素比(Weedon et al.，2009)，这使得养分可利用性低成为木质残体分解的重要制约因素。结果表明，添加营养素显著增加了微生物呼吸速率，其中裸子植物的增加程度高于被子植物，这表明养分的限制可能在裸子植物倒木分解中最为重要。这种养分添加导致的差异可以解释为裸子植物倒木中微生物呼吸对营养素的敏感性较高。实际上，很多证据表明，木质残体分解率与其养分浓度呈正相关，尤其是 P(Manning et al.，2018；Chen et al.，2016)。研究发现，在亚热带森林，木材分解主要受 P 有效性的限制。同时，养分添加显著降低了裸子植物的磷限制，但对被子植物没有显著影响。与裸子植物倒木相比，被子植物的养分浓度更高，例如初始养分浓度和第 3 年的养分浓度显著高于裸子植物倒木。一些研究表明，在呼吸速率对营养素的反应中，底物特性(如碳质量和营养素浓度)起着非常重要的调控作用(Ferreira et al.，2014，2006；Stelzer et al.，2003)。研究结果强调了这样一种观点，即营养贫乏的基质呼吸速率对营养丰富程度的反应更大。

7.2.2　养分添加对微生物养分限制的影响

混合线性模型分析表明，添加养分对获得 C、N 和 P 的酶的活性有显著影响(图 7-5)。向量模型[公式(2-15)和公式(2-16)]用于检查对微生物代谢最具限制性的营养素，表明营养素添加显著影响微生物代谢的营养素限制(图 7-6，$P < 0.05$)。然而，添加效应因树种类群而异，加氮可能会导致被子植物倒木微生物分解中的 C 限制，但加磷可能会导致裸子植物倒木中的 C 限制[图 7-6(a)和(b)]。在被子植物和裸子植物中，微生物分解受磷限制相对较多，而非氮限制(因为矢量角度 > 45°)。

然而，营养添加对被子植物的磷限制没有显著影响[$P > 0.05$，图 7-6(b)]，相反，营养添加显著降低裸子植物的磷限制($P < 0.05$)。总之，所有结果一致表明，亚热带森林中微生物木材分解受P可利用性的限制大于N可利用性的限制。Sinsabaugh和 Folstad(2012，2010)开发了一种酶化学计量研究方法，该方法计算催化 C、N 和 P 的酶比率，并提供了一种经验方法来计算土壤微生物的阈值元素比例。生态酶动力学的应用能够在环境梯度上整合微生物对多种资源的利用。

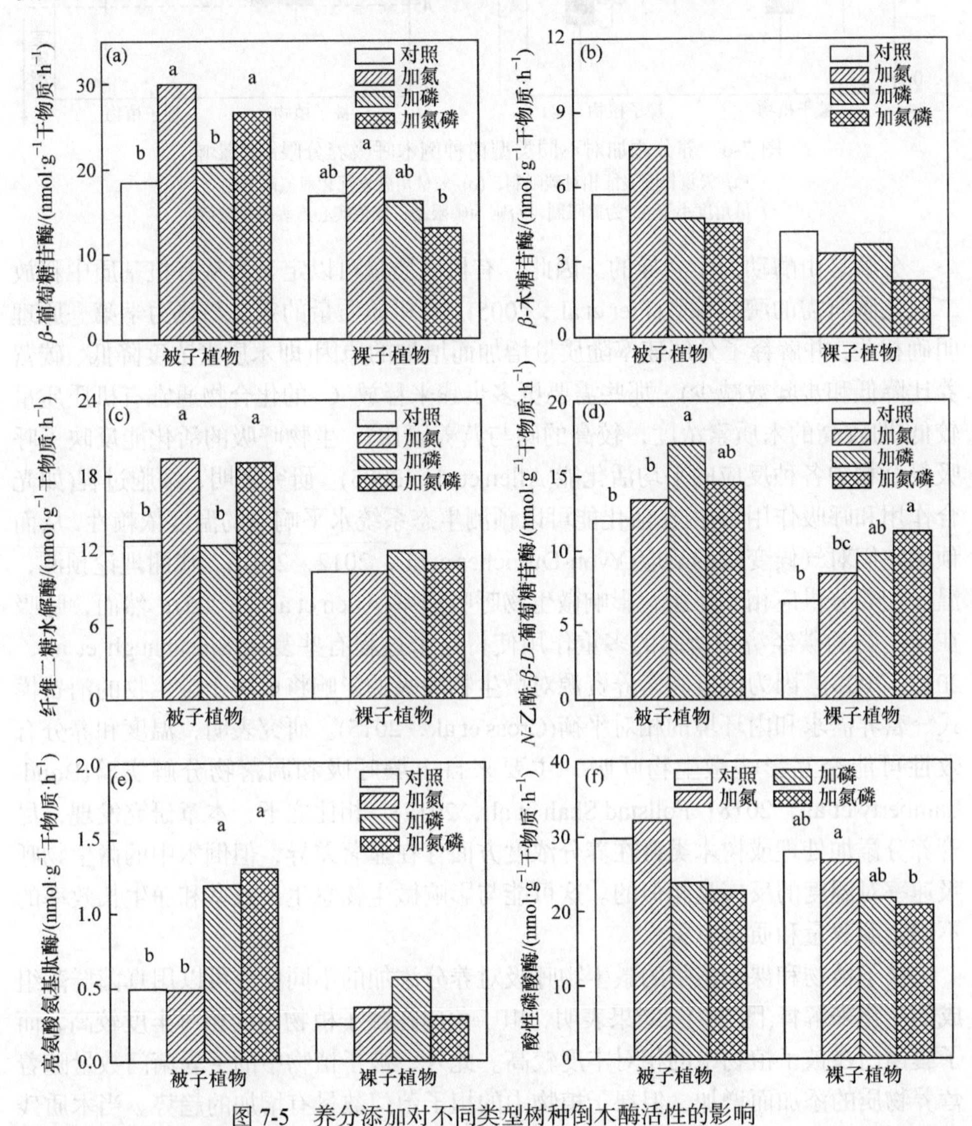

图 7-5　养分添加对不同类型树种倒木酶活性的影响

(a) β-葡萄糖苷酶；(b) β-木糖苷酶；(c) 纤维二糖水解酶；(d) N-乙酰-β-D-葡萄糖苷酶；(e) 亮氨酸氨基肽酶；(f) 酸性磷酸酶

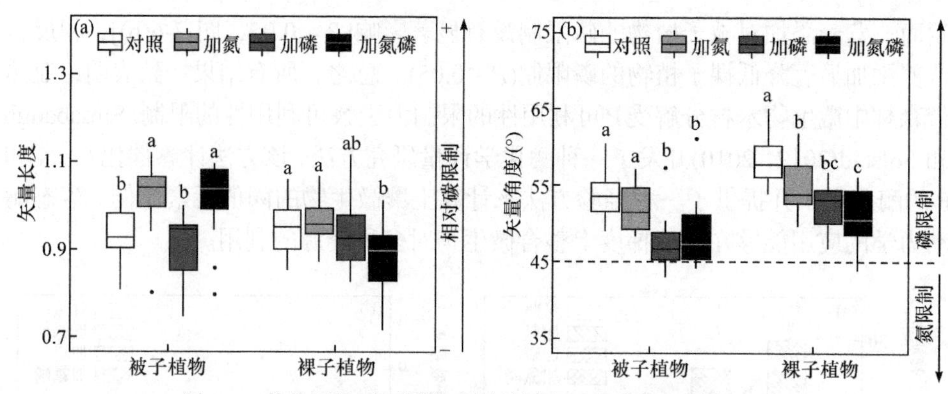

图 7-6　养分添加对不同类型树种倒木呼吸养分限制的影响

(a) 矢量长度表征相对碳限制；(b) 矢量角度表征相对氮磷限制

矢量角度小于 45°为氮限制，否则为磷限制；黑色实心点表示异常值

分解是由酶动力学介导的。因此，有机质质量可以定义为从有机基质中释放二氧化碳所需的酶步骤数(Fier et al.，2005)。有机质质量的定义与热力学第一原理明确相关，并解释了分解速率随质量增加而增加的原因(即木质素浓度降低、碳营养比降低和步骤数减少)。那些需要更多步骤来释放 C 的化合物通常有机质质量较低(即较高的木质素浓度，较高的碳与营养素比)。生物呼吸的活化能反映了呼吸复合物中各种反应的平均活化能(Allen et al.，2005)。研究表明，细胞过程(如光合作用和呼吸作用)的内在活化能可以预测生态系统水平响应的温度依赖性，从而预测它们对气候变暖的响应(Yvon-Durocher et al.，2012，2010)。代谢理论预测，温度和养分供应相互作用，影响微生物呼吸速率(Allen et al.，2005)；然而，呼吸在微生物的碳经济中所起的多重作用使得这个过程有些复杂(Sinsabaugh et al.，2013，2008)。因为温度和营养资源对微生物呼吸的影响将取决于微生物的消费模式、营养需求和内环境的相对平衡(Cross et al.，2015)。研究表明，温度和养分有效性可能交互影响微生物呼吸，主要来自土壤呼吸和凋落物分解实验(Bond-Lamberty et al.，2018；Follstad Shah et al.，2017)。相比之下，本章研究发现，尽管养分添加处理或树木类群在养分浓度方面存在显著差异，但倒木中的微生物呼吸速率对温度的反应是相似的。这可能与影响微生物总生长效率和净生长效率的不同资源数量和质量有关。

被子植物和裸子植物的微生物呼吸对养分添加的不同反应可以用真菌群落组成的变化来解释(图 7-7)。结果表明，担子菌门在裸子植物中的相对丰度较高，而子囊菌门在被子植物中的相对丰度较高。此外，被子植物中的子囊菌门数量随着营养物质的添加而增加，但裸子植物中的担子菌门数量有增加的趋势。当木质残体中富含可分解的基质时，有利于子囊菌门生长；当基质更复杂时，担子菌门更容易繁衍。担子菌门能够产生大量的氧化酶，尤其是锰过氧化物酶，这对于木屑

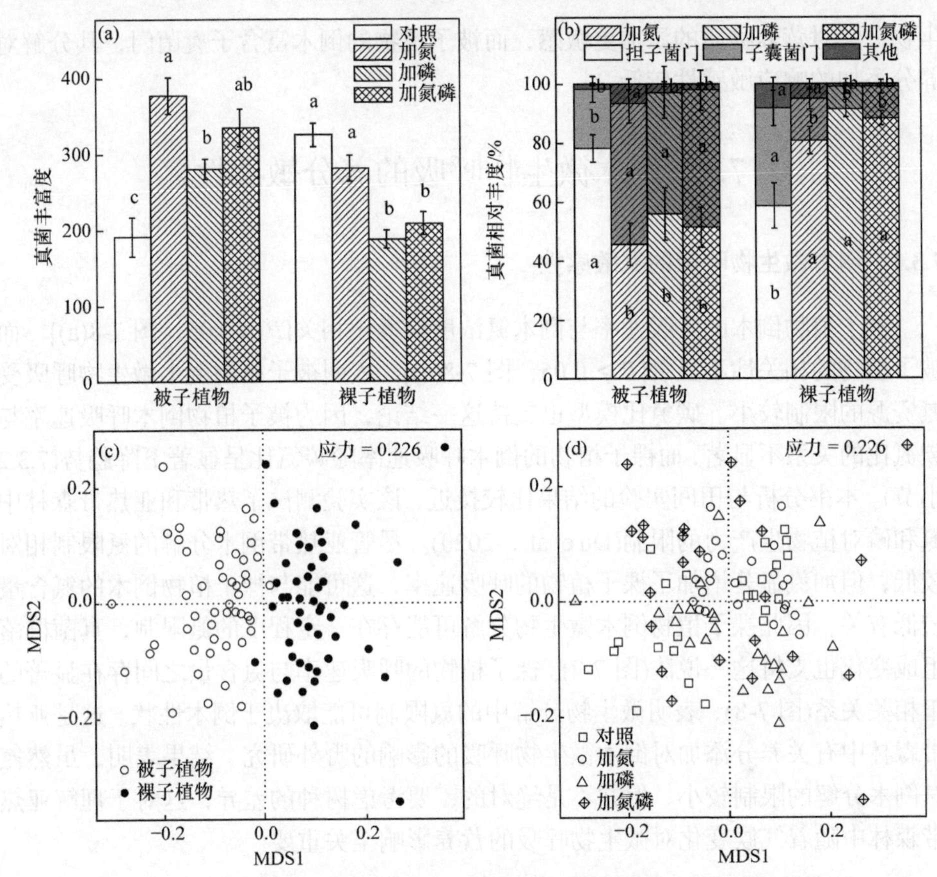

图 7-7　养分添加对不同类型树种倒木微生物结构和群落组成的影响

(a) 真菌丰富度；(b) 真菌相对丰度；(c) 裸子植物与被子植物微生物群落组成差异；(d) 不同处理微生物群落组成差异

MDS-多维尺度分析

中的木质素分解非常重要(Vorískova and Baldrian，2013)，而子囊菌门产生氧化酶的能力有限(Purahong et al.，2014)。子囊菌门也不太可能形成扩展的菌丝网络，从而从其他基质获取养分资源(Boberg et al.，2010)。虽然这对被子植物木材来说可能不是问题，因为它们含有大量容易分解的基质，但这意味着子囊菌门的相对丰度可能强烈依赖于被子植物木材中营养物质的可用性及其物理化学性质(Boberg et al.，2014，2010；Cairney，2005；)。已知一些担子菌门(如 *Clitocybe* spp.、*Mycena* spp.)在裸子植物倒木分解过程中会形成大型菌丝体，并能有效产生包括氧化酶在内的多种酶(Boberg et al.，2010；Dowson et al.，1988)。据报道，大型菌丝体，尤其是担子菌门形成的菌丝体，具有从不同基质远距离运输资源(如碳水化合物、营养素和水)的能力(Boberg et al.，2014，2010)。这可能有助于这些微生物解决裸子植物倒木中更严重的营养限制问题。因此，裸子植物倒木中富含担子菌门，其微生物分解对营养物质的添加更敏感，而被子植物的倒木富含子囊菌门，其分解对养分添加的响应敏感性较低。

7.3　倒木微生物呼吸的养分敏感性

7.3.1　倒木微生物呼吸的氮敏感性

裸子植物倒木的呼吸速率与倒木氮浓度显著正相关[$P < 0.05$，图 7-8(a)]，而被子植物的相关性不显著[$P > 0.05$，图 7-8(a)]，表明被子植物倒木微生物呼吸受氮资源的限制较小。碳氮比模型也支持这一结论，因为被子植物倒木呼吸速率与碳氮比的关系不显著，而裸子植物的倒木呼吸速率随碳氮比呈显著下降趋势(7.3.2小节)。本书分析与田间实验的结果比较接近，该实验测试了热带和亚热带森林中氮和磷对植物生产力的限制(Du et al.，2020)。尽管亚热带倒木分解的氮限制相对较低，但加氮显著增加了裸子植物的呼吸速率，这可能与裸子植物倒木的氮含量较低有关，因此裸子植物倒木微生物分解可能存在一定程度的氮限制，真菌群落组成变化也支持这一说法(图 7-7)。裸子植物的呼吸速率与氮含量之间存在显著的正相关关系(图 7-8)，表明微生物分解中的氮限制可能取决于倒木性状。这是亚热带森林中有关养分添加对倒木微生物呼吸的影响的野外研究。结果表明，虽然氮对倒木分解的限制较小，但并不是绝对的，要考虑树种的差异，这对于理解亚热带森林中随着气候变化对微生物呼吸的营养影响至关重要。

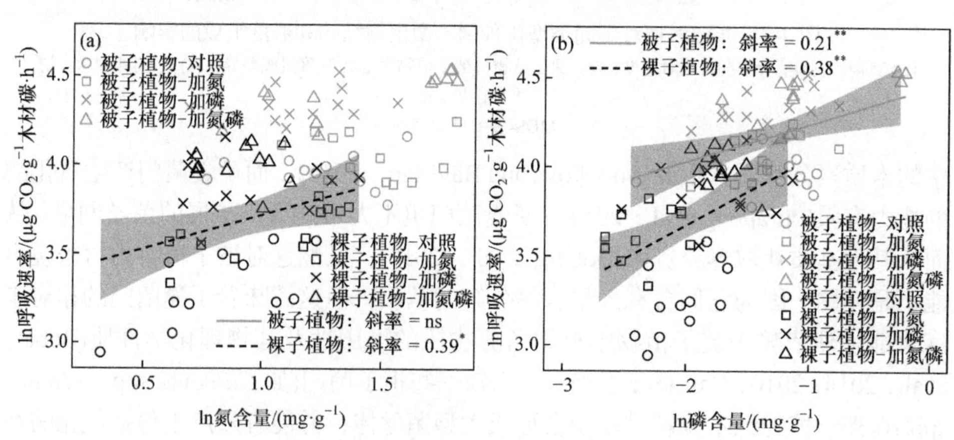

图 7-8　倒木呼吸速率与氮磷浓度的关系

(a) 倒木呼吸与氮含量关系；(b) 倒木呼吸与磷含量关系

呼吸速率与磷浓度回归关系中裸子植物斜率显著大于被子植物($P < 0.001$，$F = 24.5$)；

ns 表示无显著差异($P > 0.05$)；阴影表示 95%置信区间；图 7-9 同

7.3.2　倒木微生物呼吸的磷敏感性

亚热带森林的木材分解主要受P有效性的限制，因为加磷和加氮磷处理增加了所有物种的倒木微生物呼吸。这个结果与生长假说理论的预测一致，因为生物为了促进生长和代谢，一般优先投入获取磷的核糖核酸(RNA)组织，导致体内氮磷含量比较低，说明对磷的需求可能大于氮(Sterner and Elser，2002)。特别值得注意的是,用磷含量预测被子植物和裸子植物的倒木呼吸速率比用氮含量预测要好。裸子植物和被子植物的呼吸率均与倒木磷含量显著正相关[图7-8(b)，$P<0.01$]，裸子植物的斜率显著大于被子植物[采用协方差分析(ANCOVA)；即两个分类群之间的斜率存在显著差异，$P<0.001$]。这意味着裸子植物倒木的微生物呼吸对磷的有效性比被子植物更敏感。呼吸速率与倒木C、P含量比之间的关系类似于与倒木P含量模型分析的结果[图7-9(b)]。在研究中，添加磷的积极影响可能是微生物群落组成的变化及土壤胞外酶活性的变化，以缓解磷限制。由于微生物资源分配和分解受到相当严格的化学计量限制(Sinsabaugh et al.，1993)，实验中氮磷添加可以提高倒木中氮磷的可利用性，而氮和磷限制的缓解将极大地刺激微生物获取碳，从而加速分解过程。反之，如对照处理中磷含量降低，磷酸酶活性较高，可能微生物分配较多能量用于磷酸酶从倒木或其他介质中获取磷，这将降低碳分解的投入。亚热带森林的微生物活动中，磷限制相对较大(Chen et al.，2016)。结果表明，加磷比加氮更能降低P限制。因此，加磷比加氮更能提高倒木微生物呼吸速率。陆地养分限制的概念框架可以解释不同的养分添加对微生物分解的影响(Walker and Syers，1976)。土壤基质年龄假说预测，从地质上年轻的北极和北方生态系统到地质年龄更大的热带森林，磷限制越来越大，因为热带森林的可风化岩石磷相对较少。相比之下，生物固氮和氮矿化都表现出相反的纬度趋势，这有助于说明氮限制总体向极地增加。这可能是热带和亚热带阔叶林的磷限制相对较高，而北方和温带针叶林的氮限制相对较高的根本原因。尽管大多数研究支持这一假设，但证据主要基于陆生植物的初级生产力，本书从倒木分解的营养控制说明了磷限制的微生物机制。以往研究表明，氮浓度通常被认为是木质残体分解性的良好预测因子(Hu et al.，2018；Aerts，1997)，但与其他气候区域相比，热带和亚热带地区的枯木通常具有较高的氮浓度和较低的磷浓度(Yuan and Chen，2009)。此外，裸子植物的微生物呼吸对磷的敏感性高于被子植物，这可能与裸子植物的木材氮浓度和磷浓度较低有关，对于食物资源营养价值较低的土壤微生物来说，营养限制的敏感性可能最为普遍(Cross et al.，2015)。综上所述，这些不同的证据表明，加磷可能通过刺激真菌分解者获取碳的活性，促进了倒木的分解。

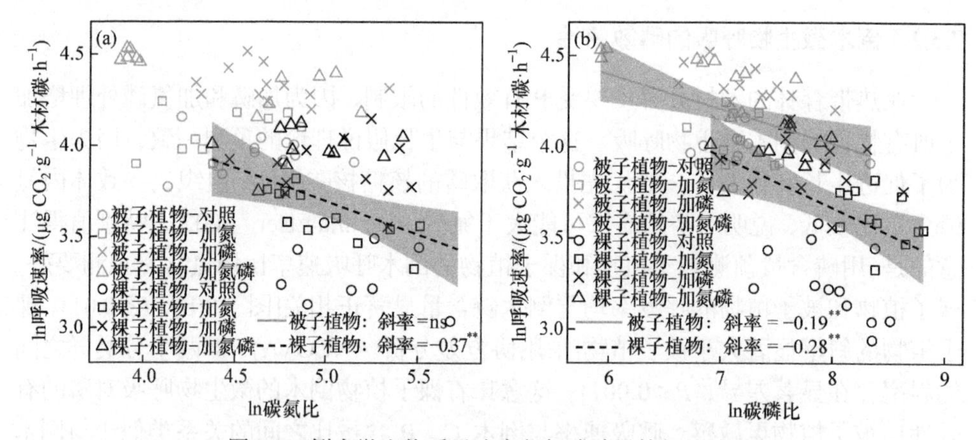

图 7-9 倒木微生物呼吸速率与氮磷计量特征的关系

(a) 倒木呼吸与碳氮比的关系；(b) 倒木呼吸与碳磷比的关系

呼吸速率与碳磷比回归关系中裸子植物的斜率显著大于被子植物的($P < 0.001$，$F = 24.5$)

7.4 倒木微生物呼吸的温度敏感性

根据木材的实验室培养，微生物呼吸速率与培养温度呈正相关[$P < 0.05$，图 7-10(a)]。在 4 个处理组或 2 个分类组中，呼吸速率(用活化能表示，E)的温度敏感性在统计学上不显著($P > 0.05$，图 7-10)。计算的 E 为 0.51eV($Q_{10} = 2.01$，表 7-2)，95%置信区间为 0.48～0.54，与研究在野外计算的倒木分解的温度敏感性(约为 0.50 eV；Hu et al.，2020)相当。在本节中，木材微生物呼吸速率受温度和养分有效性的正向驱动，而呼吸速率的温度敏感性与倒木属性或养分添加无关，表现出稳定的活化能($E = 0.50$eV)。活化能的估计值略低于基于代谢理论的假设值

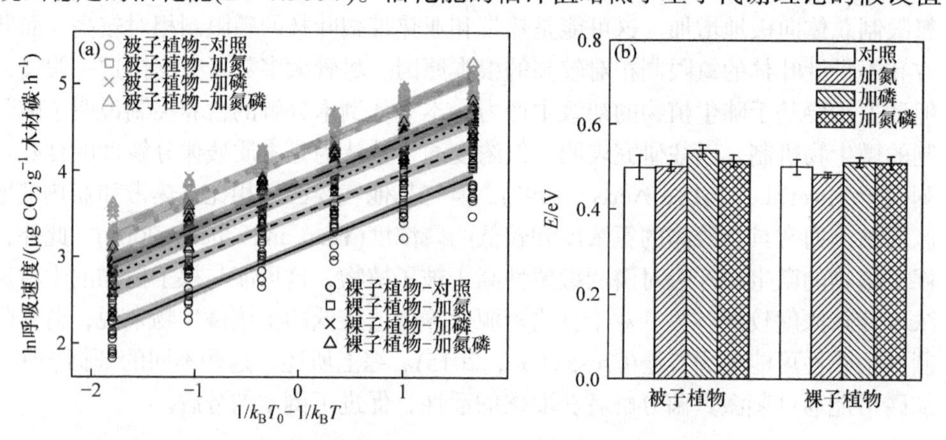

图 7-10 养分添加和树种属性对倒木微生物呼吸温度敏感性的影响图

(a) 微生物呼吸率与培养温度关系；(b) 呼吸速率的温度敏感性

阴影表示 95%置信区间

0.65eV(Brown et al.，2004；Gilloly et al.，2001)，但在微生物生态酶的动力学(活化能为 0.31～0.56eV)的范围内观察到有机大分子(包括木质素和纤维素)(Sinsabaugh and Folstad，2012；Wang et al.，2012)，也存在与几种生物群相关的呼吸作用(活化能为 0.41～0.74eV) (Gilloly et al.，2001)。这一发现表明，倒木的呼吸速率对温度变化的敏感性可能比代谢理论预测得稍低，因为代谢理论假设稳定的资源供应(如土壤呼吸，Allen et al.，2005)。

表 7-2　养分添加对不同类型树种温度敏感性(Q_{10})的影响表

树种类型	处理	拟合公式	R^2	Q_{10}
被子植物	对照	$y = 13.47e^{0.069x}$	0.910	1.98
	加氮	$y = 14.52e^{0.069x}$	0.903	1.99
	加磷	$y = 17.54e^{0.074x}$	0.926	2.09
	加氮磷	$y = 19.79e^{0.071x}$	0.908	2.03
裸子植物	对照	$y = 6.61e^{0.069x}$	0.814	1.99
	加氮	$y = 10.09e^{0.066x}$	0.883	1.94
	加磷	$y = 11.85e^{0.070x}$	0.862	2.02
	加氮磷	$y = 13.48e^{0.070x}$	0.913	2.02

在以往有关温度和基质质量的研究中，有机物质量被认为可影响微生物分解的温度敏感性，一般难降解的有机物对温度的敏感性更高(Jankowski et al.，2014；Wetterstedt et al.，2010；Conant et al.，2008；Bosatta and Agren，1999)。此外，资源的相对可利用性，如养分的可利用性可以通过对群落微生物量的影响，推动温度依赖关系截距值的变化表示(Perkins et al.，2012)。然而，温度和营养物质之间的交互作用将导致温度依赖关系斜率的变化。呼吸对温度季节性变化的敏感性显示，所有生态系统类型中各个站点的标准活化能为 0.65eV(Yvon-Durocher et al.，2012)，但个别站点的标准活化能与该值存在偏差。如果限制性资源的供应与温度相关，导致固有活化能与实际观察到的活化能之间存在差异(即“表观活化能”或“有效活化能”，E；Anderson-Teixeira and Vitousek，2012；Davidson and Janssens，2006)，则可能会观察到这种偏差。由于多种因素，生态系统水平过程的温度依赖性与亚细胞和个体速率预期值之间存在特定的偏差。进一步考虑生态系统水平活化能驱动模式中的资源供应和质量，应有助于解释这种与预期温度依赖性的差异，从而加强对温度变化响应的预测。

木质残体不易被微生物降解，主要是因为存在高浓度的木质素。木质素是一种复杂的难降解基质，很难被土壤微生物分解，这可能会影响对养分效应的估算。

为了集中分析养分对分解的影响，本章排除了木质素浓度对呼吸速率的影响，因为不同树木分类群或营养添加处理之间的碳质量比较相似(图 7-3)。有趣的是，虽然养分添加和树种类型显著影响倒木氮和磷的浓度，但养分只驱动微生物呼吸速率，不影响温度敏感性。研究结果表明，温度和养分对微生物呼吸速率的影响并不存在协同效应，磷作为主要限制性营养元素，无论倒木磷浓度还是碳磷比都与温度之间交互效应不显著(表 7-3)。这个结果在以往木材分解研究中有零星提到(Manning et al.，2018；Mackensen and Bauhus，2003；Chen et al.，2000)，但与所报道的凋落物分解的温度敏感性变化相反(Fernandes et al.，2014；Fier et al.，2005)。由于倒木和凋落物之间的营养资源存在巨大差异，低营养有效性可能是倒木随温度变化发生稳定生化反应的主要原因(Mackensen and Bauhus，2003；Chambers et al.，2001)。例如，全球落凋落物和木质残体的碳氮比分别为 20：1～100：1 和 100：1～1500：1(Follstad Shah et al.，2017；Cornwell et al.，2009)，明显木质残体的碳氮比要高很多。生态化学计量学和代谢理论的最新进展表明，当微生物生长和活性的营养阈值较低时，温度升高驱动微生物代谢速率增加的最大值较高(Rinne et al.，2019；Allen and Gillooly，2009；Sterner and Elser，2002)。当碳和养分供应率接近最优时，温度和呼吸速率之间的关系通常成正比，可由 Arrhenius [式(2-13)；Cross et al.，2015；Gilloly et al.，2001]很好地描述，并在较高温度下提高养分利用效率。随着营养物质变得有限，微生物的呼吸速率往往会随着微生物的生长速率而下降(Theodorou et al.，1991)，并对温度升高表现出微弱的反应(Jankowski et al.，2014；Fierer et al.，2005)。因此，当基质的碳与养分元素的比例较高时，微生物必须平衡元素的不足和过剩，以维持体内代谢平衡。微生物呼吸通常被用作消除过量碳的途径，即能量溢出(Hessen and Anderson，2008；Jensen and Hessen，2007；Darchambeau et al.，2003；Russell and Cook，1995)。与叶凋落物分解的这些微观研究相比，本章的木材养分浓度较低(Fernandes et al.，2014；Ferreira and Chauvet，2011)，这表明木材中的养分浓度可能不够高，无法引发协同效应。事实上，本章在微生物代谢中发现了明显的磷限制，即使在加磷和加氮磷处理中也存在这种情况。研究表明，营养素添加显著影响微生物呼吸速率和群落组成，表明研究中基质营养元素太多可能无法充分刺激真菌活动，导致评估温度和养分的交互效应较低。

表 7-3　氮磷浓度模型和氮磷比例模型的分析结果表

分组	树种	参数	估算值	SE	df	*T*	*P*	95%置信区间
氮磷浓度模型	被子植物	截距	**4.360**	**0.177**	**60.2**	**24.694**	**< 0.001**	**4.019～4.703**
		N	–0.030	0.097	57.2	–0.308	0.759	–0.218～0.158
		P	**0.227**	**0.070**	**51.2**	**3.277**	**< 0.010**	**0.093～0.362**

续表

分组	树种	参数	估算值	SE	df	T	P	95%置信区间
氮磷浓度模型	被子植物	T	**0.475**	**0.039**	**237.3**	**12.26**	**< 0.001**	**0.400～0.551**
		$N \times T$	0.019	0.021	237.0	0.886	0.376	−0.023～0.060
		$P \times T$	−0.010	0.015	237.1	−0.671	0.503	−0.039～0.019
	裸子植物	截距	**3.789**	**0.307**	**46.8**	**12.338**	**<0.001**	**3.194～4.383**
		N	0.271	0.171	45.3	1.580	0.121	−0.061～0.602
		P	**0.251**	**0.110**	**47.4**	**2.292**	**<0.050**	**0.039～0.463**
		T	**0.582**	**0.047**	**237.2**	**12.380**	**<0.001**	**0.490～0.674**
		$N \times T$	−0.032	0.026	237.2	−1.220	0.224	−0.083～0.019
		$P \times T$	0.026	0.017	237.1	1.515	0.131	−0.007～0.058
氮磷比例模型	被子植物	截距	**4.479**	**0.170**	**59.5**	**26.310**	**<0.001**	**4.146～4.812**
		$N:P$	**−0.172**	**0.065**	**60.0**	**−2.664**	**<0.01**	**−0.299～−0.046**
		T	**0.482**	**0.036**	**238.2**	**13.418**	**<0.001**	**0.412～0.552**
		$N:P \times T$	0.012	0.014	238.3	0.864	0.388	−0.015～0.039
	裸子植物	截距	**3.957**	**0.327**	**48.2**	**12.093**	**< 0.001**	**3.309～4.594**
		$N:P$	−0.143	0.111	47.5	−1.288	0.204	−0.360～0.078
		T	**0.578**	**0.046**	**238.1**	**12.459**	**< 0.001**	**0.487～0.669**
		$N:P \times T$	−0.026	0.016	238.1	−1.644	0.101	−0.057～0.005

注：数据加粗表示具有显著性；参数 N 为氮浓度，单位为 $mg \cdot g^{-1}$；参数 P 为磷浓度，单位为 $mg \cdot g^{-1}$；T 为温度；SE 为标准误。

7.5　本 章 小 结

气候变暖和营养供应变化是全球变化中两个最显著的人为驱动因素。这些因素决定了微生物的资源获取、储存和关键元素循环的方式和速度。因此，必须为理解这些因素如何结合在一起影响倒木分解过程中微生物群落结构和功能奠定坚实的基础。本章研究结果表明：

(1) 氮磷添加均显著增加倒木的氮磷含量，同时影响倒木真菌群落组成，养分添加提高了被子植物倒木的真菌多样性，而降低了裸子植物倒木的真菌多样性。被子植物倒木担子菌门丰度随养分添加降低，子囊菌门丰度增加，而裸子植物这两个门的真菌丰度呈现相反的趋势。

(2) 养分添加促进了亚热带森林的倒木分解，但不同养分的影响和不同树种的影响存在显著差异。养分添加显著影响了微生物获取碳、氮、磷资源的胞外酶活性。进一步分析发现，亚热带倒木微生物分解主要受磷限制，受氮限制较低。磷添加促进了两类树种倒木的微生物呼吸，而氮添加仅一定程度促进了裸子植物倒木呼吸。养分添加对裸子植物倒木呼吸速率的促进效应大于被子植物，裸子植物微生物呼吸的养分敏感性大于被子植物，可能是由于裸子植物倒木微生物分解的养分限制大于被子植物。

(3) 虽然温度增加促进了倒木呼吸，但养分添加和不同树种类型对倒木微生物呼吸温度敏感性的影响均不显著，养分和温度之间的交互效应不显著，倒木微生物呼吸的温度敏感性表现为稳定的活化能 E 约为 0.51eV 或 Q_{10} 约为 2.01。

第 8 章 亚热带森林倒木分解对土壤养分及其归还的影响

森林土壤是森林生态系统中林木生长的基础，能为林木生长发育提供所需的水、肥、气、热等生长要素。因此，森林土壤养分含量在提高林木生长量和生产力水平方面起到极其重要的作用(吕世丽等，2013)。影响森林土壤养分循环的因素很多，总体可以概括为非生物和生物因素影响过程。非生物影响主要指环境因子的影响，包括温度、含水量、土壤质地等，生物因素影响主要指来自植物、土壤动物和土壤微生物等影响(倪惠菁等，2019；袁硕等，2018)。其中，森林植物作为生态系统养分从土壤-植物-土壤循环过程中的重要参与者，发挥着极其重要的作用。森林土壤养分储量主要依赖植物残体的大量输入，植物残体在分解过程中将其含有的营养物质释放并归还到土壤中，进而增加土壤养分含量。倒木储量约占森林植被碳储量的 14%和植物残体碳储量的 61%(Pan et al.，2011)，是森林生态系统中营养库和碳库的关键结构组成部分。有研究表明，由于微生物分解作用，木质残体 76%的碳损失以二氧化碳形式释放返回大气中(Chambers et al.，2001)，而占损失质量 10%～30%的碳则通过碎屑破碎和淋滤等作用返回土壤(Chueng and Brown 1995；Mattson et al.，1987)。现有研究多集中在气候或特性对木材分解和二氧化碳排放等地上过程的研究(Hu et al.，2020；Hu et al.，2018；Bradford et al.，2014)，关于倒木分解对土壤养分归还量等地下生态过程的认知还有待进一步提高。

8.1 倒木分解对土壤养分的影响

由于倒木与土壤表面直接接触，经过动物啃食破碎、微生物矿化和雨水淋溶等一系列分解过程，倒木养分以有机质和矿质养分形式归还土壤。据估计，倒木分解每年向单位面积土壤输入的有机碳比地上凋落物高出几个数量级(Minnich et al.，2020)。倒木分解主要通过三种途径改变土壤养分特征。第一，腐生无脊椎动物通过钻孔和破碎木屑促进腐烂木材可溶性有机质和碎屑木块向土壤的输入(Parisi et al.，2018)；第二，倒木受到降雨淋滤作用向土壤释放大量纤维素和半纤维素酶降解等可溶性有机质(Bantle et al.，2014a；Lombardi et al.，2013)；第三，木腐真菌菌丝从倒木向深层土壤或周围土壤生长延伸以开发新资源，并从土壤中吸收养分(Rinne et al.，2019；Philpott et al.，2014)。这三种途径都可能导致倒木覆盖下土壤养分特征发生改变。多项研究表明，倒木下的土壤通常具有较高的土壤有机碳、氮和磷养分含量(如全氮、矿质氮、有效磷等)(Meyer et al.，2022；Moghimian et al.，2020)。因此，倒木可被视为森林土壤养分的主要来源。

木材特性[如 N 含量、木质素/纤维素(含量比)等]是控制木材分解速率的主要因素 (Hu et al.，2020；Hu et al.，2018；Fravolini et al.，2016)。随着木材分解过程的推进，土壤碳含量和养分特性可能受到树种和腐朽等级的显著影响(Piaszczyk et al.，2019；Bońska et al.，2017)。被子植物和裸子植物之间的物理和化学性质差异通常导致木材分解速率不一致(Hu et al.，2020；Weedon et al.，2010)，这可能使木材下的土壤养分返回并不一致。通常说，裸子植物具有较低的氮、磷含量和较高的木质素含量，可以减缓降解活性。相反，被子植物倒木提取物的化学成分更加多样化，其相对较高的氮、磷含量和较低的木质素/纤维素可以促进分解过程(Hu et al.，2020；Kahl et al.，2017；Pearce 2010；Ganjegunte et al.，2004)。此外，由于木质素分解速率比纤维素慢，而木质素是土壤有机碳的长期重要来源 (Lombardi et al.，2013)，因此被子植物倒木分解对土壤性质的影响可能不同于裸子植物。

2020 年 10 月，在倒木放置的小区内使用直径 5cm 土钻在倒木正下方和距离枯木 4m 远处采集 0～10cm 土层土壤，每个小区采集 5 个土样，将其混合均匀组成 1 个混合土样，用自封袋装好。将所有土壤样品立即转移至实验室，于 24h 内去除植物根系及土壤入侵物，储存在 4℃的冰箱中，一个月内进行所有化学指标分析。①按照水、土质量比为 4∶1 的比例，称取 5g 过 2mm 筛的新鲜土样，加入 20mL 1 mol · L^{-1} 的 KCl 浸提液，振荡离心之后，用定量滤纸滤进样品瓶，通过连续流动分析仪测定氨态氮和硝态氮含量。②称取过 100 目筛子的风干土样 0.5g，置于 50mL 消化管中，以少量水湿润后，加入浓硫酸 8mL，摇匀后，再加入 70%～72%高氯酸 2mL，于通风橱静置 24h。置于消化炉中消煮 3h，待溶液澄清透明后转移到 100 mL 容量瓶中定容，静置过夜后取上层澄清液，通过 UV-2450 紫外-可见分光光度计测定土壤全磷含量。③土壤速效磷利用碳酸氢钠浸提-钼锑抗比色测定，称取 2.5g 风干土壤于 150mL 大试管中，加入 50mL 0.5mol · L^{-1} $NaHCO_3$，振荡 30min，无磷滤纸过滤得到澄清液，吸取 10 mL 滤液加入 5 mL 钼锑抗试剂，摇匀，通过 UV-2450 紫外-可见分光光度计测定土壤速效磷含量。

8.1.1　倒木分解对土壤全量养分含量的影响

倒木分解对土壤全量养分产生了显著的影响，但被子植物和裸子植物间无显著差异(图 8-1)。这与 Minnich 等(2020)的研究结果一致，在木质残体分解的早期阶段，虽然木材分解增加了土壤有机碳、总氮(全氮)和总磷(全磷)等养分含量，但树种属性对土壤养分特征无显著影响。本实验中，倒木分解 3a 后，被子植物和裸子植物倒木下土壤有机碳含量分别为 39.10g · kg^{-1} 和 47.70g · kg^{-1}，比无倒木放置的土壤分别增加了 21.58%和 48.29% [图 8-1(a)，(d)]，这与游惠明等 (2013)研究发现倒木下土壤有机碳含量增加超过 50%的结果接近。碳主要以土壤有机质的形式储存在土壤中，倒木可通过影响土壤有机质的质量和数量来影响土壤有机碳(Zalamea et al.，2007)。随着分解过程的进行，土壤有机质输入量增加会增加土壤有机碳的浓度 (Cornwell et al.，2009)。Bońska 等 (2017)在波兰森林研究发现，倒木分解增加表层土壤有机碳含量，其含量随着与木材距离增加而逐渐降低。Stutz 等 (2017)在德国黑森林中部研究倒木分解时发现，倒木覆盖下土壤表层有机碳含量比无倒木覆盖土壤高，但不同树种间的差异不显著。

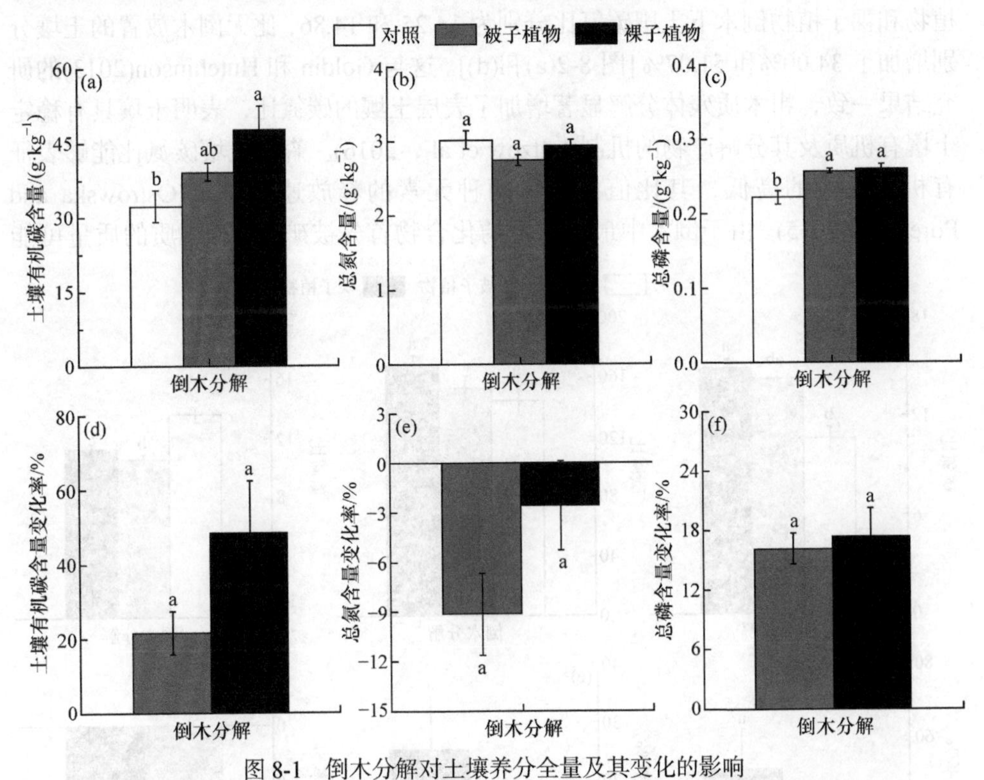

图 8-1　倒木分解对土壤养分全量及其变化的影响

(a) 土壤有机碳含量；(b)总氮含量；(c) 总磷含量；(d) 土壤有机碳含量变化率；(e) 总氮含量变化率；(f) 总磷含量变化率

此外，本节研究发现被子植物和裸子植物倒木下土壤总磷含量分别为 0.257g · kg^{-1} 和 0.259g · kg^{-1}，比无倒木放置的土壤分别增加了 16.18%和 17.39% [图 8-1(c)和(f)]。虽然倒木含有相对较少的磷，但它可能通过降雨淋溶或木材碎屑转移进入土壤(Marañón-Jiménez and Castro，2013)。有研究表明，在德国研究 13 个不同树种枯木分解发现，枯木分解增加土壤总磷含量约 5% (Minnich et al.,

2020)。游惠明等(2013)在天宝岩国家级自然保护区研究长苞铁杉林倒木分解时发现，各个不同腐烂等级倒木下土壤总磷含量略有增加或降低。倒木分解对被子植物和裸子植物倒木土壤总氮含量无显著影响[图 8-1(b)和(e)]，这与 Minnich 等(2020)研究发现倒木使土壤总氮含量增加 12%的结果有很大差异。由于本研究区位于亚热带森林地区，氮沉降量相对较高，可能掩盖了木材分解对土壤氮含量的影响，但具体原因还有待一步研究。

8.1.2 倒木分解对土壤养分特征比值的影响

倒木分解对土壤养分特征比值产生了显著的影响(图 8-2)。分解 3a 后，被子植物和裸子植物倒木下土壤碳氮比分别为 14.25 和 14.86，比无倒木放置的土壤分别增加了 34.00%和 51.07% [图 8-2(a)和(d)]。这与 Goldin 和 Hutchinson(2013)的研究结果一致，粗木质残体分解显著增加了表层土壤的碳氮比，表明土壤具有稳定土壤有机质及其分解产物的机制(Lützow et al.，2016)。森林土壤碳氮比能够表征有机质质量的高低，其比值由碳氮两种元素的释放速率决定(Ostrowska and Porebska，2015)。由于倒木中最不稳定的化合物首先被矿化，有机质的质量可能

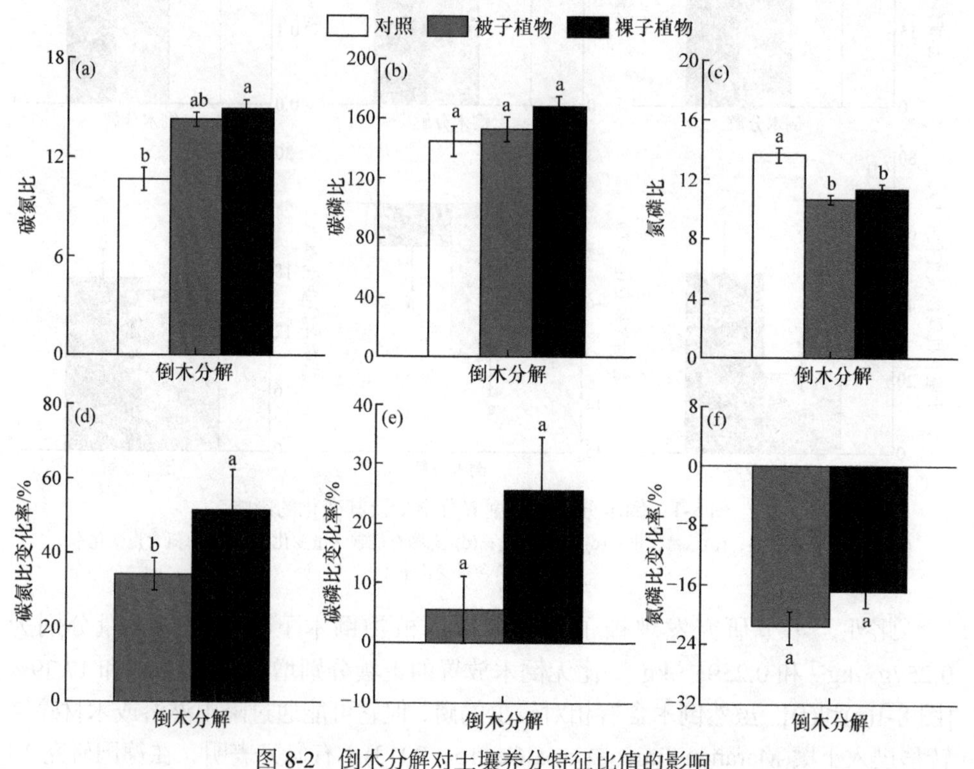

图 8-2 倒木分解对土壤养分特征比值的影响

(a) 碳氮比；(b) 碳磷比；(c) 氮磷比；(d) 碳氮比变化率；(e) 碳磷比变化率；(f) 氮磷比变化率

向更大比例的难降解化合物转变 (Mackensen and Bauhus，2003)。本小节土壤总氮含量无显著变化，有机碳含量的增加导致土壤碳氮比的增加，表明了倒木分解虽然增加土壤碳的归还，但也增加了复杂有机质的输入，导致土壤碳有效性的降低。Meyer 等(2022)在芬兰北部山地对桦树的研究发现，枯木下土壤有机质的组成受顽固性凋落物输入决定，最终导致土壤有机质的积累。此外，被子植物倒木下土壤碳氮比变化显著低于裸子植物，表明裸子植物倒木分解向土壤输入的有机碳质量低于被子植物，导致裸子植物倒木下土壤有机碳分解速率降低(李哲等，2017)。这与王翰琨等(2019)的研究结果不同，他们在江西九连山研究 5 种常见倒木野外分解实验时，发现倒木下土壤碳含量与倒木碳氮比呈显著负相关，裸子植物倒木下土壤具有更低的有机碳含量和碳氮比。

土壤碳磷比能够用来衡量土壤微生物对有机质磷元素的释放及从外界吸收转化磷素的矿化潜力，表征土壤磷元素矿化能力及其有效性(何高迅等，2020)。本小节发现被子植物和裸子植物倒木分解对土壤碳磷比无显著的影响，但其比值为 152.89 和 168.35，远高于全国平均值 61.00(许怡然等，2019)。较高的碳磷比表明土壤磷元素有效性较低，磷素矿化速率较慢，但本小节结果表明倒木分解并未改变土壤磷元素矿化能力。本小节发现被子和裸子植物倒木下土壤氮磷比分别为 10.67 和 11.34，比无倒木放置的土壤分别降低了 21.79%和 16.91%，但被子植物和裸子植物间无显著差异[图 8-2(c), (f)]。土壤氮磷比可表征土壤养分限制状况(王绍强和于贵瑞，2008)。由于亚热带地区土壤高度风化，土壤中的磷极易流失，岩石风化补充磷素所需的时间长，磷可利用性低常成为亚热带森林地区生物生长的限制因子(Vitousek et al.，2010；Cleveland and Schmidt，2002)。土壤氮磷比的降低表明倒木分解增加了土壤磷的归还量，进而缓解了森林土壤的磷限制。

8.1.3　倒木分解对土壤速效养分含量的影响

分解 3a 后，被子植物和裸子植物倒木下土壤氨态氮含量分别为 31.67mg · kg^{-1} 和 30.05mg · kg^{-1}，比无倒木放置的土壤分别降低了 22.84%和 26.79%。被子植物和裸子植物倒木下土壤氨态氮变化无显著差异[图 8-3(a)和(d)]。这与 Meyer 等(2022)研究结果相反，他们认为枯木下土壤具有较高的矿质氮含量。这可能是因为倒木在分解初始阶段是高度氮限制的基质(Bebber et al.，2011)，木腐真菌可以通过延伸菌丝进入土壤转移养分，进而积累足够的氮素克服养分限制并促进分解(Rinne et al.，2017；Frey et al.，2003)。由于亚热带森林是氮富集区，土壤微生物对氮素的需求较低，与倒木分解微生物对氮素的竞争减弱，从而限制土壤有机质分解以获取氮，因而倒木下土壤硝态氮含量增加不显著[图 8-3(b)和(e)]。有研究表明，氮矿化与激发效应是耦合的，不稳定的碳供应增加了微生物的氮需求，进而增加了分解土壤有机质以获取氮素的胞外酶活性 (Bengtson et al.，2012；Dijkstra et al., 2009)。本小节研究中土壤氮有效性的降低表明倒木分解抑制土壤激发效应，土壤有机质潜在分解性降低，周转时间增加。倒木增加土壤结构复杂难分解的有机碳也支持这一观点。此外，本小节还发现倒木下土壤速效磷含量无显著影响[图 8-3(c)和(f)]，这可能因为土壤微生物将倒木分解归还的磷素直接同化为自身生物量磷。

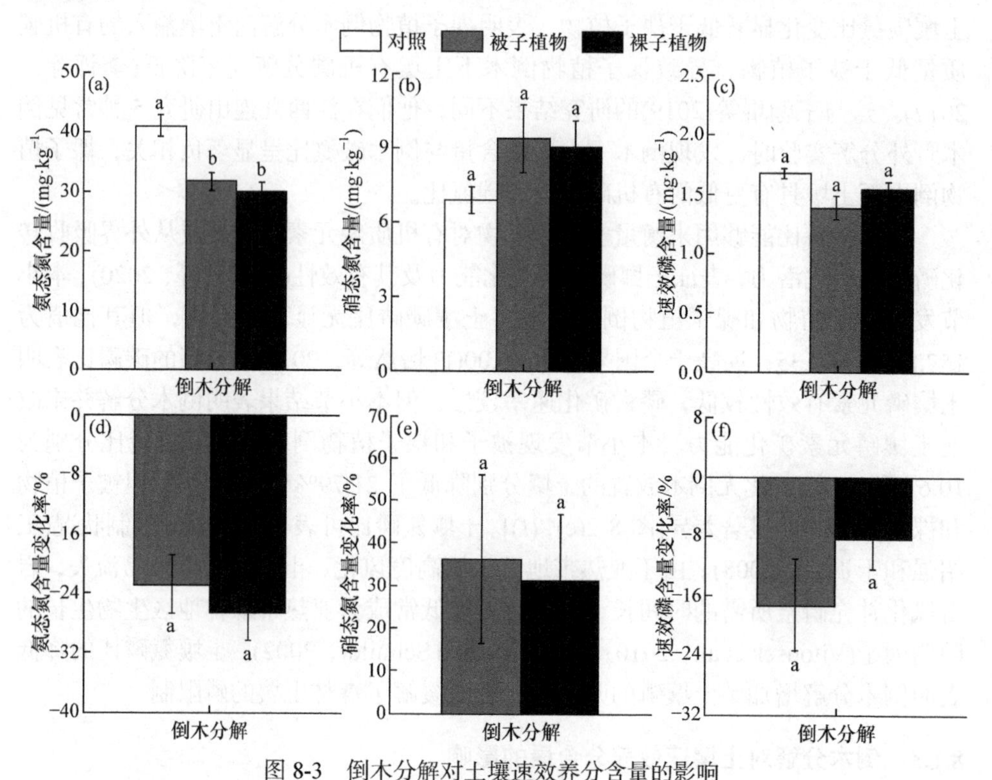

图 8-3 倒木分解对土壤速效养分含量的影响

(a) 氨态氮含量；(b)硝态氮含量；(c) 速效磷含量；(d) 氨态氮含量变化率；(e) 硝态氮含量变化率；(f) 速效磷含量变化率

8.1.4 树种属性对倒木下土壤养分的影响

由于倒木营养成分、化学性质和腐烂等级存在显著差异，不同树种倒木下土壤养分存在显著差异(Kahl et al.，2017，2015；Noll ct al.，2016)。对当前数据进行主成分分析表明，第一和第二主成分分别解释了 41.08%和 22.08%的方差，第一主成分主要与碳和氮相关养分有关，第二主成分主要与磷相关养分有关。通过进一步分析其得分发现，被子植物倒木下土壤与裸子植物没有分离，也就是说树种属性对倒木下土壤养分无显著影响(图 8-4)，这与 Minnich 等 (2020)的研究结果一致。木材分解可通过改变土壤有机质的相对数量和质量来影响土壤养分(Zalamea et al., 2007)，而土壤有机质的组成主要由顽固性腐朽有机质控制，其分解是一个漫长而困难的过程(Jacobsen et al., 2015；Tybirk et al., 2000)。因此，随着腐烂木材的持续供应，在最后阶段，大量木材养分可能会累积在下层土壤中(Minnich et al., 2020)。本小节中的枯木被放置了 3a，并且处于早期分解阶段，木材性状对土壤的影响可能还不显著。

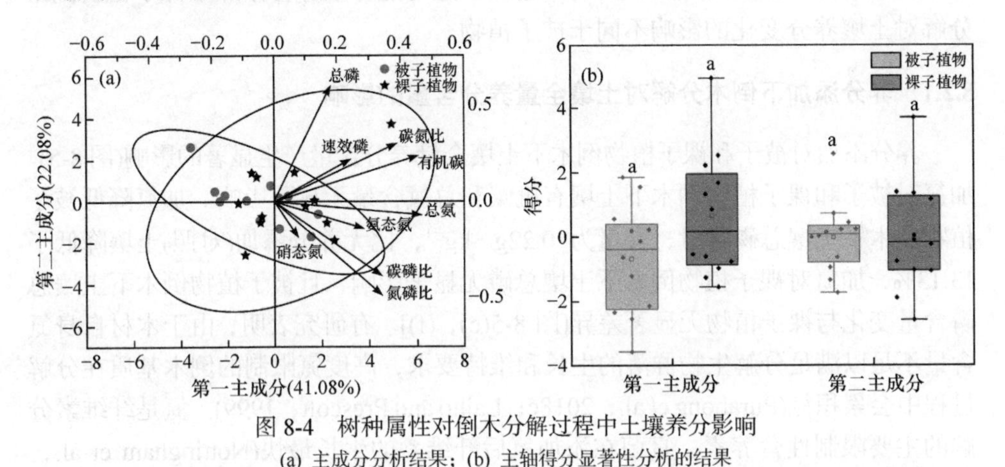

图 8-4　树种属性对倒木分解过程中土壤养分影响

(a) 主成分分析结果；(b) 主轴得分显著性分析的结果

8.2　养分添加对倒木分解下土壤养分归还的影响

氮和磷有效性在森林生态系统倒木分解中起着极其重要的作用。有研究表明，倒木分解主要受氮和磷的有效性限制，这种养分限制会进一步影响倒木分解微生物的群落和功能(Chen et al., 2016；Purahong et al., 2016b)。栖息于倒木中的木腐真菌是枯木分解的主要参与者，主要通过分泌胞外酶降解复杂的有机物。木材降解酶的生产需要富氮条件(碳氮比为 3∶1)(Sterner and Elser 2002)，而大多数枯木碳氮比为 200∶1～1200∶1(Hu et al., 2018；Hoppe et al., 2016)。木材真菌对氮的需求量很高，但微生物从木材中提取或利用氮应该非常困难，因此营养元素的限制导致倒木分解非常缓慢。目前，尚不清楚人类活动和全球变化导致的养分添加是否能够改变亚热带森林枯木分解对土壤养分的归还量。

未来我国亚热带森林地区的大气氮磷沉降量预计将进一步上升，沉积过程中氮磷元素的严重不平衡导致高氮低磷的现象出现(Du et al., 2016；Fang et al., 2011)。有研究表明，亚热带森林氮磷添加对木材分解的影响并不一致(Chen et al., 2016)。加氮对热带森林被子植物粗木残留物分解速率的促进作用不明显，而加磷和加氮磷则会使其分解速率增加(Chen et al., 2016)，这可能导致不同养分添加下倒木分解对土壤养分归还量的不同。此外，树种特性的差异也会导致倒木分解对养分添加产生不同的响应(Yan et al., 2020)。由于被子植物倒木的初始物理和化学性质优于裸子植物，其分解可能受营养限制的影响较小。有研究表明，木质素含量较高、活性炭含量较低的裸子植物倒木因养分添加分解加快(Vivanco and Austin，2011)。Knorr 等(2005)研究表明，养分添加通常会促进高质量凋落物的分解，但会降低富含木质素的低质量植物残留物的腐烂速度。这可能导致养分添加下裸子植物倒木分解对土壤养分变化的影响不同于被子植物。

8.2.1 养分添加下倒木分解对土壤全量养分含量的影响

养分添加对被子和裸子植物倒木下土壤全量养分含量产生显著的影响(图 8-5)。加氮对被子和裸子植物倒木下土壤有机碳和总氮含量无显著影响。加氮降低被子植物倒木下土壤总磷含量，含量为 $0.22g \cdot kg^{-1}$，比无养分添加(对照)土壤降低了 13.13%，加氮对裸子植物倒木下土壤总磷无显著影响，且被子植物倒木下土壤总磷含量变化与裸子植物无显著差异[图 8-5(c)，(f)]。有研究表明，由于木材自身氮含量不足以满足分解生物群落的生长和维持要求，高度氮限制的倒木基质在分解过程中会累积氮(Purahong et al.，2018c；Laiho and Prescott，1999)。氮是纤维素分解的主要限制性营养素，真菌在添加氮后纤维素的生长最快(Nottingham et al.，2018)。本小节中，加氮增加了倒木的总氮含量，氮磷比显著增加。由于资源化学计量的平衡，真菌分解者可以主动从土壤中寻求磷素，以维持其代谢和分解枯木基质(Chen et al.，2016)。因此，加氮下分解速度较快的被子植物对土壤磷浓度的影响更明显。

磷不仅是倒木分解的主要限制因素，也是热带和亚热带森林地区土壤微生物生长的主要限制因素(Cui et al.，2021；Chen et al.，2016)。本小节发现加磷、加氮磷改变了被子植物和裸子植物倒木下土壤总磷含量，含量分别为 $0.43g \cdot kg^{-1}$、$0.49g \cdot kg^{-1}$ 和 $0.34g \cdot kg^{-1}$、$0.30g \cdot kg^{-1}$，比无养分添加下土壤分别增加了 68.58%、90.62%和 32.28%、14.13%，但被子植物和裸子植物倒木下土壤总磷含量变化无显著差异[图 8-5(f)]。在分解初期阶段，倒木显著积累磷，刺激了真菌分解者的生长和活动促进分解。Nottingham 等(2018)研究发现，加磷促进分解木材细菌和真菌生长和活性的增加。因此，加磷促进倒木磷素向土壤中释放，提高了土壤磷的有效性。此外，加氮磷显著增加被子植物倒木下土壤有机碳含量，为 $51.21g \cdot kg^{-1}$，比无养分添加下土壤增加了 31.95%，加氮磷对裸子植物倒木下土壤有机碳无显著影响，但被子植物倒木下土壤有机碳变化显著大于裸子植物[图 8-5(a)，(d)]。在亚热带森林氮沉降背景下，磷有效性的提高会抑制土壤有机碳的分解(Yuan et al.，2021)。加磷和加氮磷对被子植物和裸子植物倒木下土壤总氮无显著影响[图 8-5(b)]。

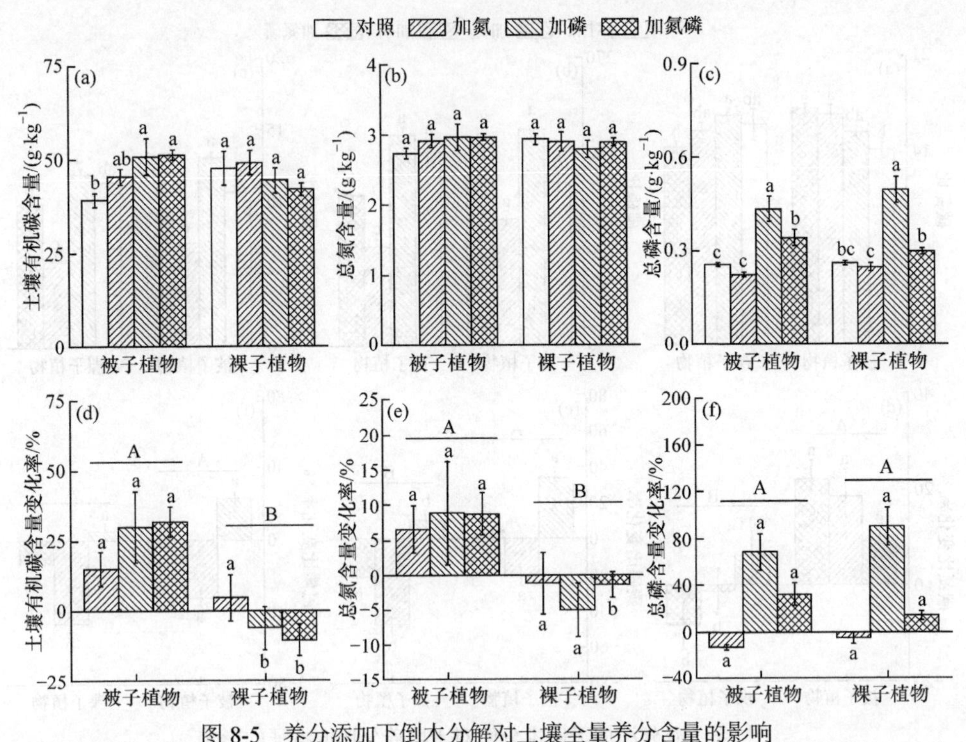

图 8-5　养分添加下倒木分解对土壤全量养分含量的影响

(a) 土壤有机碳含量；(b) 总氮含量；(c) 总磷含量；(d) 土壤有机碳含量变化率；(e) 总氮含量变化率；(f) 总磷含量变化率

8.2.2　养分添加下倒木分解对土壤养分比值特征的影响

养分添加对被子和裸子植物倒木下土壤养分比值特征产生显著的影响(图 8-6)。加氮对被子植物和裸子植物倒木下土壤碳氮比无显著影响。加氮显著增加被子植物倒木下土壤碳磷比和氮磷比，比值分别为 203.31 和 13.09，比无养分添加(对照)土壤分别增加了 33.56%和 22.79%。加氮对裸子植物倒木下土壤碳磷比和氮磷比均无显著影响[图 8-6(b)，(c)]，这表明倒木分解加剧了被子植物下土壤磷素的流失，磷素矿化速率降低。有研究表明，加氮显著增加了土壤微生物的磷限制(Moorhead et al.，2016)。

加磷和加氮磷均显著增加了被子植物倒木下土壤碳氮比，其比值分别为 16.79 和 17.27，比无养分添加下土壤分别增加了 18.39%和 22.01%。加磷和加氮磷对裸子植物倒木下土壤碳氮比无显著影响，被子植物倒木下土壤碳氮比变化显著高于裸子植物[图 8-6(a)，(d)]，这表明加磷和加氮磷能促进倒木下土壤有机碳有效性的降低，复杂难分解的有机质增加。此外，本小节发现加磷显著降低了被子植物和裸子植物倒木下土壤碳磷比和氮磷比，碳磷比分别为 119.24 和 93.04，氮磷比分别为 7.16 和 6.03，比无养分添加下土壤分别降低了 21.51%和 48.25%，32.59%和

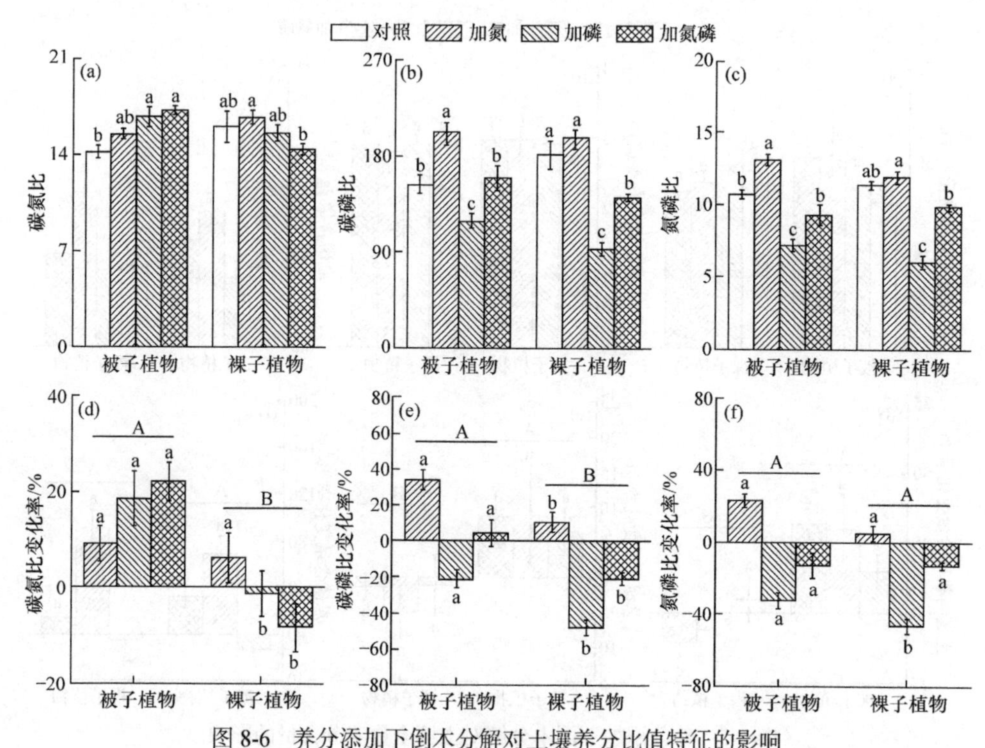

图 8-6　养分添加下倒木分解对土壤养分比值特征的影响

(a) 碳氮比；(b) 碳磷比；(c) 氮磷比；(d) 碳氮比变化率；(e) 碳磷比变化率；(f) 氮磷比变化率

46.64%，被子植物倒木下土壤碳磷比和氮磷比变化显著大于裸子植物[图 8-6(b)，(c)，(e)，(f)]，表明加磷促进倒木分解向土壤中磷归还量的增加，土壤磷有效性的增加能缓解土壤微生物受到磷限制。加氮磷对被子植物和裸子植物倒木下土壤氮磷比无显著影响[图 8-6(c)，(f)]，表明加氮磷并未改变土壤磷素限制状况。加氮磷显著降低裸子植物倒木土壤的碳磷比[图 8-6(b)，(e)]，表明土壤磷素矿化速率增加。

8.2.3　养分添加下倒木分解对土壤速效养分含量的影响

养分添加对被子和裸子植物倒木下土壤速效养分产生显著的影响(图 8-7)。加氮对被子和裸子植物倒木下土壤氨态氮和速效磷含量均无显著影响[图 8-7(a)，(c)]。加氮降低被子植物倒木下土壤硝态氮含量，含量为 5.13mg · kg^{-1}，比无养分添加(对照)土壤降低了 26.65%，加氮对裸子植物倒木下土壤硝态氮有显著影响，且被子和裸子植物倒木下土壤硝态氮含量变化无显著差异[图 8-7(b)，(e)]。

加磷对被子植物和裸子植物倒木下土壤氨态氮含量均无显著影响[图 8-7(a)，(b)]。加磷和加氮磷增加了被子植物和裸子植物倒木下土壤速效磷含量，加磷时速效磷含量分别为 21.64mg · kg^{-1} 和 17.88mg · kg^{-1}，加氮磷时速效磷含量分别为

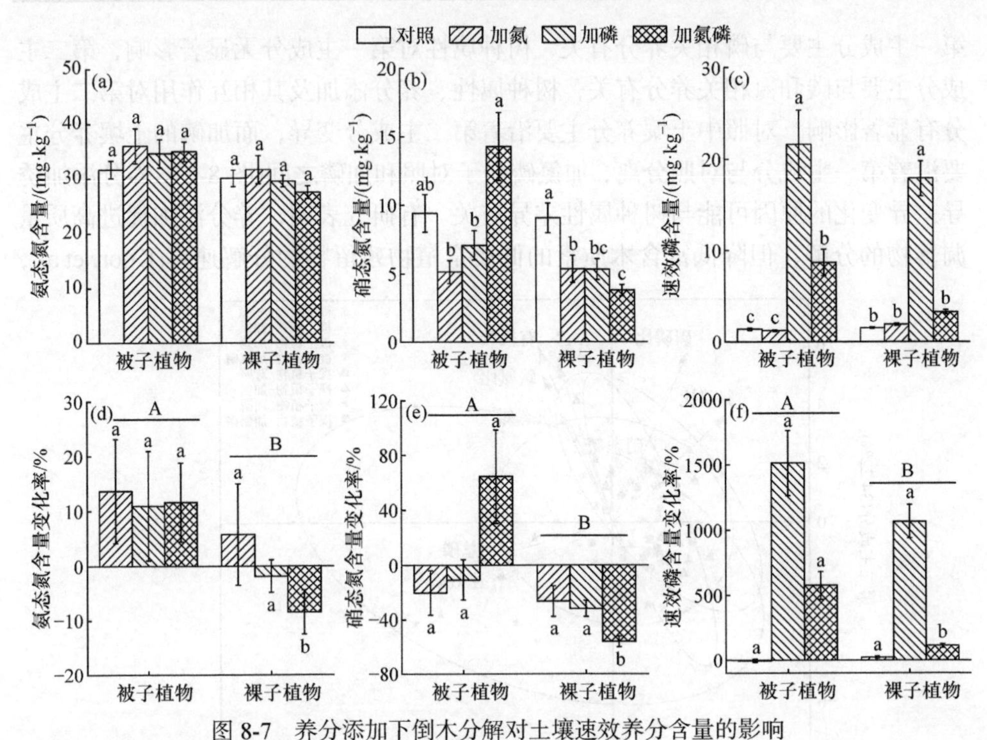

图 8-7　养分添加下倒木分解对土壤速效养分含量的影响

(a) 氨态氮含量；(b) 硝态氮含量；(c) 速效磷含量；(d) 氨态氮含量变化率；(e) 硝态氮含量变化率；(f) 速效磷含量变化率

8.71mg · kg^{-1} 和 3.26mg · kg^{-1}，加磷时速效磷比无养分添加下土壤分别增加了 1513.70%和 1066.25%，加氮磷时分别增加 575.01%和 112.58%，被子植物倒木下土壤速效磷含量变化与裸子植物有显著差异[图 8-7(c)，(f)]。木材分解主要受磷有效性的限制 (Chen et al.，2016)，加氮磷使基质分解时吸收更多的磷素并将其传递到微生物分解基质。在磷限制的森林中，高磷需求的分解者倾向于利用能量消耗较低的外源养分，而不是采伐凋落物中的磷素(Zheng et al.，2017)。因此，加磷促进倒木分解，更多有机磷归还土壤缓解微生物磷限制，土壤微生物的矿化和同化导致土壤速效磷含量增加。此外，加氮磷显著降低了裸子植物倒木下土壤硝态氮含量，含量为 3.78mg · kg^{-1}，比无养分添加下土壤降低了 58.00%，被子植物倒木下土壤碳氮比变化显著高于裸子植物[图 8-6(d)、图 8-7(b)和(e)]。

8.2.4　树种属性和养分添加对倒木下土壤养分的影响分析

由于倒木是氮和磷含量较低的养分限制基质，氮磷有效性是木材分解过程中最重要的限制因素(Hu et al.，2018；Purahong et al.，2018b；Chen et al.，2016)。数据主成分分析表明，第一和第二主成分分别解释了 38.50%和 34.22%的方差，第一主成分主要与磷相关养分有关，树种属性对第一主成分无显著影响，第二主成分主要与碳和氮相关养分有关，树种属性、养分添加及其相互作用对第二主成分有显著影响。对照中土壤养分主要沿着第二主成分变异，而加磷的土壤养分主要沿着第一主成分与对照分离，加氮磷介于对照和加磷之间(图 8-8)。养分添加诱导差异变化的原因可能与树种属性差异有关。有研究表明，养分添加促进高质量凋落物的分解，但降低富含木质素的低质量植物残留物的分解速率(Knorr et al.,

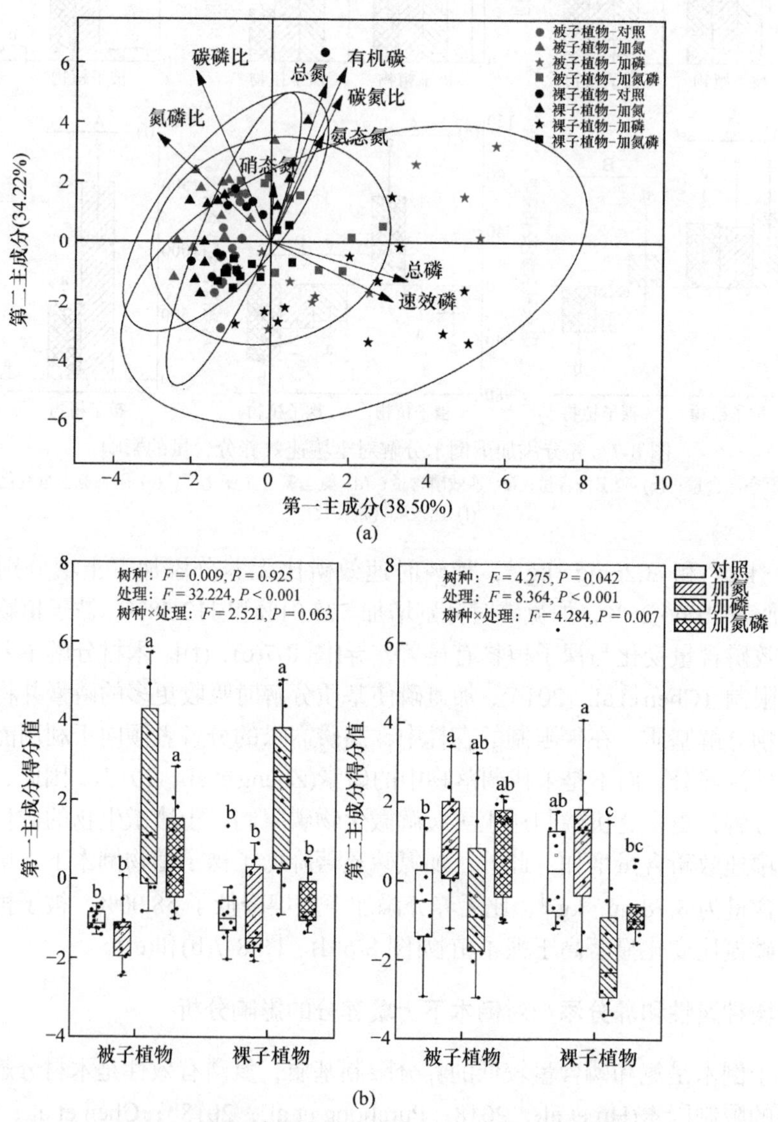

图 8-8　树种属性和养分添加对倒木土壤养分的影响

(a) 主成分分析的结果；(b) 主成分得分显著性分析

2005)。由于被子植物倒木基质质量高于裸子植物(Hu et al.，2018)，因此不同树种倒木对养分添加响应的差异使土壤养分产生差异。

8.3　本 章 小 结

(1) 倒木分解显著影响土壤养分含量，但被子和裸子植物间无显著差异。倒木分解显著增加土壤有机碳和总磷含量，显著降低氨态氮含量，但总氮、硝态氮和速效磷含量无显著变化。倒木分解过程中，土壤碳氮比显著增加，氮磷比显著降低，但碳磷比无显著变化。结果表明，倒木分解能够促进土壤有机碳积累，但土壤有机碳有效性降低，土壤磷素含量的增加缓解了亚热带森林土壤的磷限制。

(2) 养分添加显著改变了倒木分解对土壤养分的影响，被子植物倒木下土壤养分变化大于裸子植物。加氮对倒木分解下土壤养分的影响不显著，被子植物倒木下土壤总磷含量降低。加氮和加氮磷显著增加倒木分解对被子和裸子植物土壤总磷和速效磷含量的影响，加氮磷促进了被子植物倒木下土壤有机碳含量，而对裸子植物倒木无显著影响。分解过程中，加磷显著增加被子植物倒木下土壤碳氮比，但同时降低被子和裸子植物倒木下土壤碳磷比和氮磷比。结果表明，亚热带森林地区未来氮磷沉降水平的加强有利于倒木下土壤有机碳的累积，实现更多碳固存。同时，土壤磷素含量的增加提高了土壤磷有效性，能有效缓解土壤的磷限制，但氮磷沉降的不均衡可能起到抑制作用。

第 9 章　木质残体分解理论研究-生态代谢理论的应用

以往的研究表明，森林木质残体分解速率受诸多因素，如分解环境(温度、含水量和 O_2 的浓度)，树种特性(不同理化性质)，木质残体大小(直径和长度)和腐解等级等影响，这些因素直接作用于微生物群落组成和生物量，进而影响其代谢活性和分解能力(Johnston et al.，2016；Kubartová et al.，2015；Valentin et al.，2014；van der Wal et al.，2014)。在较大时空尺度上，温度变化是木质残体分解速率存在差异的主要原因，随着纬度的升高，年平均气温逐渐下降，木质残体的分解速率逐渐降低(de Bruijn et al.，2014；Fukasawa et al.，2014)。降雨对木质残体含水量有重要影响，是影响分解的又一个重要气候因素。在一定区间内，分解速率与含水量呈现正相关关系(Herrmann，2013；Olajuyigbe et al.，2012)。例如，枯立木比倒木的分解速率低，主要也是因为枯立木不直接接触土壤，其含水量比倒木低(Klutsch et al.，2009；Yoneda et al.，1990)。在全球尺度范围内，不同气候带的森林木质残体分解速率差异很大，其中温度可能是影响分解速率变化最重要的因子(Russell et al.，2015；Chambers et al.，2000)。此外，有研究表明同一气候带内不同树种木质残体分解速率差异比不同气候条件下相同树种分解速率的差异大，这说明温度对分解速率的影响并不是绝对的，树种特性的影响可能更明显(Mackensen et al.，2003；MacMillan，1988)。

半个世纪以来，虽然生态学家对森林木质残体分解陆续开展了相关研究，但对木质残体分解过程及其调控机理的认识仍然很欠缺，其中存在的问题也显而易见。以往的研究认为，在较大空间尺度范围内，气候因子是控制木质残体分解速率的主导因子，生物因子只在某一较小生物区系范围内才对分解起决定作用(Currie et al.，2010；Moore et al.，1999；Berg et al.，1993)。这些结论多基于单因素分析，并非通过多因素分析验证，这样将无法计算主要因子之间的相互效应。生态学代谢理论可以解释生态系统大部分生态过程变化，如生物学结构、化学组成、能量和物质通量及物种多样性等(Brown et al.，2004；Price and Sowers，2004)。基于所有生命(包括微生物群落)的共同特征，代谢速率可以从物理学和化学计量的基本原理中推导出来(Price and Sowers，2004)，因此代谢理论也应用于分解和碳循环研究(Allen et al.，2005)。本章通过收集全球木质残体分解的数据，分析气候因子和木质残体特性对木质残体分解速率影响的综合效应，并结合生态学代谢理论，以期综合分析气候和生物因子对木质残体分解影响的相对重要性和调控机制。

9.1　全球木质残体分解速率

本节相关实验的样点涵盖了全球大部分森林覆盖地区，同时也覆盖了有森林分布的所有气候区(图 9-1)。通过直方图分析，全球木质残体年分解速率分布范围为 0.01～1.19a^{-1}，年分解速率主要分布在 0.05～0.10a^{-1}(图 9-2)。被子植物木质残体年分解速率分布区间高于裸子植物木质残体，被子植物木质残体年分解速率分布区间为 0.15～1.19a^{-1}，而裸子植物木质残体年分解速率分布区间为 0.01～0.15a^{-1}。全球木质残体平均年分解速率为 0.125a^{-1}，其中被子植物木质残体平均年分解速率高于裸子植物；落叶树种木质残体平均年分解速率略高于常绿树种，不同气候区的分解常数表现为热带地区＞温带地区＞北部地区。总体而言，木质残体的养分条件越好，其年分解速率越高，同时所处的气候区年平均气温越高，全球木质残体的年分解速率表现为明显的养分和气候驱动。总体而言，本节数据库具备较大的气候梯度和木质残体属性梯度，这为运用代谢理论进一步分析分解机制提供了条件。

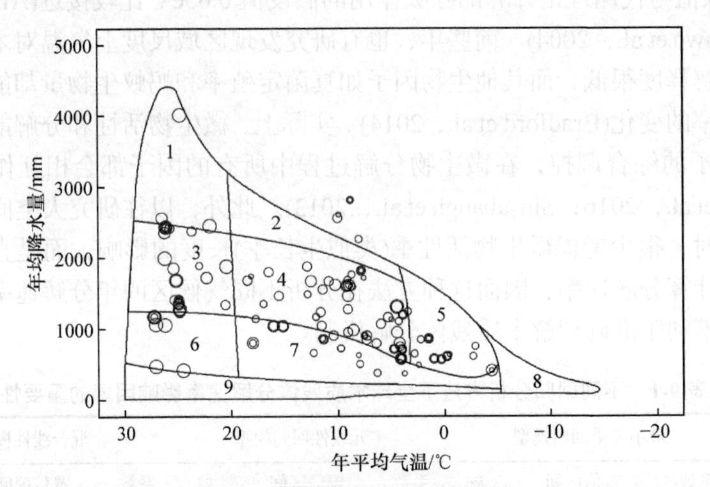

图 9-1　实验数据来源分布情况

1-热带雨林；2-温带雨林；3-热带季节性森林；4-温带森林；5-针叶林；6-草原；7-林地/灌木林地；8-冻土；9-沙漠

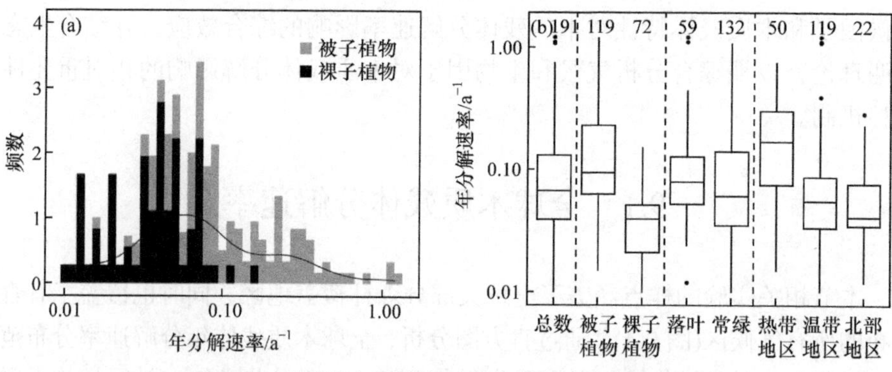

图 9-2　不同生态系统水平木质残体的年分解速率

(a) 全球木质残体年分解速率的直方图；(b) 全球木质残体年分解速率

9.2　全球木质残体分解的影响因素

9.2.1　气候对分解速率的影响

木质残体分解速率的全球变化与代谢尺度理论(metabolic scaling theory, MST)和几何尺度理论(geometric scaling theory，GST)的预测一致(图 9-3)。利用最小二乘回归模型估算的活化能 $E = 0.68\text{eV}$(表 9-1 和图 9-4，95%置信区间为−0.83～−0.54)，该值与代谢理论计算的呼吸作用的假设值 0.65eV 比较接近(Allen et al.，2005；Brown et al.，2004)。前些年，也有研究发现区域尺度上气温对木质残体分解速率的解释度很低，而其他生物因子如真菌定殖率和蚂蚁生物量却能很好地解释分解速率的变化(Bradford et al.，2014)。实际上，微生物活性和分解能力受生物和环境因子的综合调控，在微生物分解过程中所有的因子都会相互作用和影响(Bradford et al.，2016；Sinsabaugh et al.，2013)。此外，以往研究大空间尺度木质残体分解时，很少考虑微生物活性季(类似生长季)长度的影响，而是直接以年为时间单位计算分解速率，因而这种方法在分析不同气候区的年分解速率时不具备可比性，不利于准确理解木质残体分解机制。

表 9-1　不同回归分析方法下全球木质残体分解速率影响因素的重要性

变量	最小二乘回归模型			多元线性回归模型			混合线性模型		
	系数	置信区间	R^2	系数	置信区间	R^2	系数	置信区间	R^2
$(1/k_BT)_{as}$	−0.68	−0.83～−0.54	0.31	−0.30	−0.43～−0.16	0.09	−0.27	−0.34～−0.10	0.18
P_{as}	0.31	0.00～0.61	0.02	−0.10	−0.33～0.13	0.00	−0.07	−0.09～0.15	na
h_{as}	−1.72	−2.61～−0.82	0.07	−1.21	−1.87～−0.55	0.07	−1.13	−0.29～−0.05	0.11
l_{as}	1.27	0.86～1.69	0.16	—	—	—	—	—	—

续表

变量	最小二乘回归模型			多元线性回归模型			混合线性模型		
	系数	置信区间	R^2	系数	置信区间	R^2	系数	置信区间	R^2
N	0.79	0.65～0.93	0.40	0.50	0.37～0.62	0.25	0.48	0.28～0.48	0.37
d	−0.45	−0.59～−0.31	0.18	−0.35	−0.45～0.25	0.20	−0.37	−0.44～0.24	0.29
ρ	2.22	1.21～3.23	0.09	−0.27	−0.96～0.43	0.00	−0.31	−0.15～0.05	na

注：na 表示空值；$(1/k_BT)_{as}$ 表示微生物活性季平均温度；P_{as} 表示微生物活性季平均降雨量；h_{as} 表示微生物活性季相对湿度；l_{as} 表示微生物活性季长度；N 表示初始氮含量；d 表示初始直径；ρ 表示初始密度。

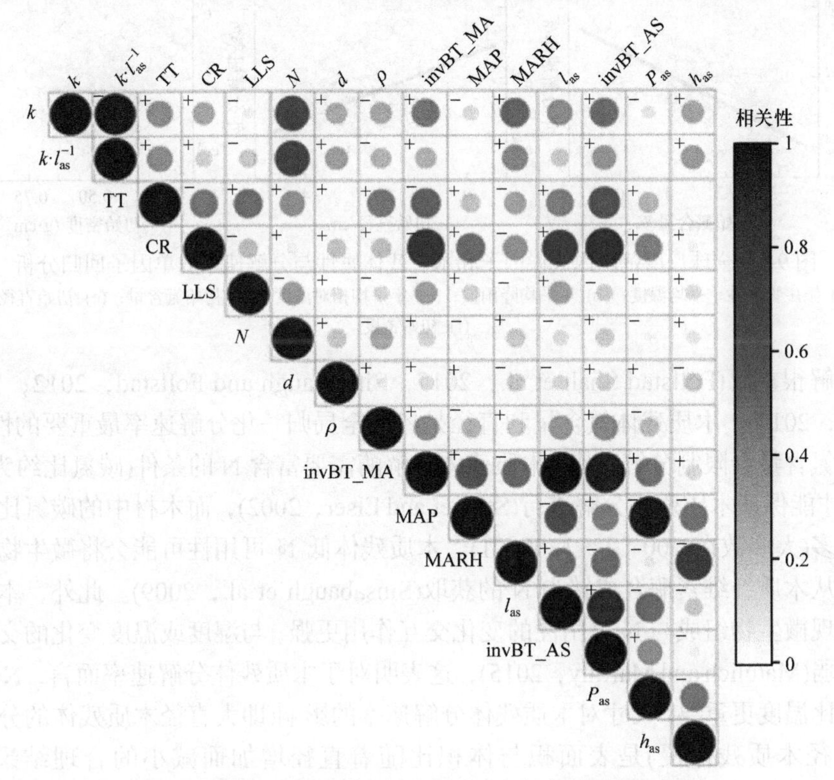

图 9-3　所有变量与分解速率之间的关系图

k-年分解速率；$k\cdot l_{as}^{-1}$ 微生物活性季分解速率；TT-树种类型；CR-气候带；LLS-叶寿命特征；N-初始氮含量；d-初始直径；ρ-初始密度；invBT_MA-年平均玻尔兹曼转换热量；MAP-年平均降雨量；MARH-年平均相对湿度；l_{as}-微生物活性季长度；invBT_AS-微生物活性季玻尔兹曼热量；P_{as}-微生物活性季平均降雨量；h_{as}-微生物活性季相对湿度

当使用多元线性回归利用方程对活性季分解速率$(k\cdot l_{as}^{-1})$和驱动变量(表 9-1)进行拟合时，估测的活化能 $E=0.30$eV(95%CI＝−0.43～−0.16，CI 为置信区间)显著低于 0.65eV(Allen et al.，2005；Brown et al.，2004)，但该活化能在很大程度上与 $E=0.31$～0.56eV 重叠，该范围假设胞外酶对于 N 和 P 的获取及纤维素和木质素

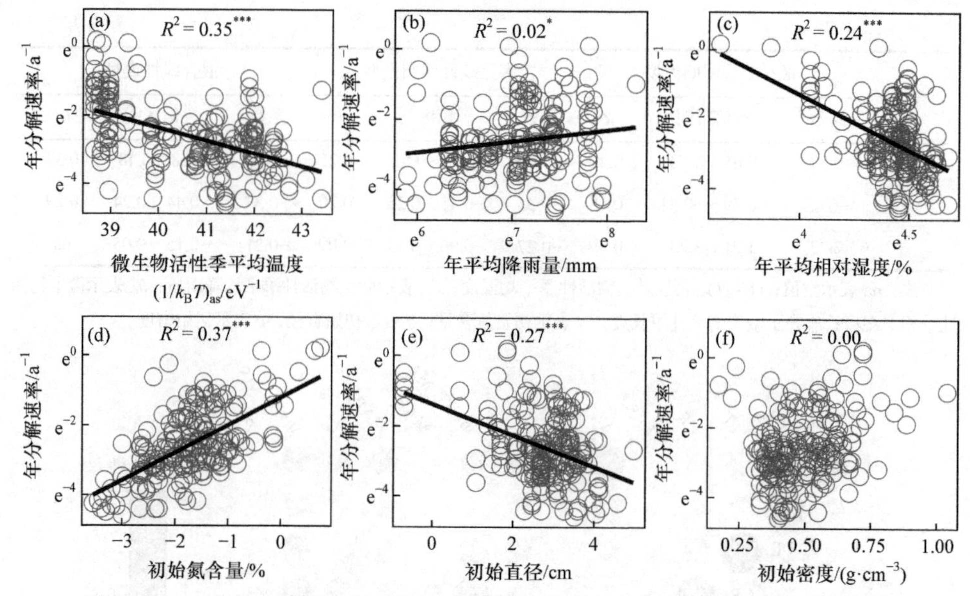

图 9-4　全球尺度范围内气候因子和木质残体属性与分解速率的单因子回归分析

(a) 微生物活性季平均温度；(b) 年平均降雨量；(c) 年平均相对湿度；(d) 初始氮含量；(e) 初始直径；(f) 初始密度

的降解很重要(Follstad Shah et al.，2017，Sinsabaugh and Follstad，2012；Wang et al.，2012)。木质残体氮含量和直径是控制全局归一化分解速率最重要的性状。预计氮含量会限制分解，因为木质残体降解酶需要富含 N 的条件(碳氮比约为 3∶1)，才能保证木质残体分解进行(Sterner and Elser，2002)，而木材中的碳氮比却要高得多(大多数在 200∶1～1200∶1)。木质残体低 N 可用性可能会将微生物能量投入从木质纤维素酶合成转为 N 的获取(Sinsabaugh et al.，2009)。此外，本章研究发现微生物组成与 N 可用性的变化交互作用更强，与湿度或温度变化的交互作用更弱(Matulich and Martiny，2015)，这表明对于木质残体分解速率而言，N 的可用性比温度更重要。尺寸对木质残体分解速率的影响(即大直径木质残体的分解比小直径木质残体慢)是表面积与体积比随着直径增加而减小的合理结果(van Geffen et al.，2010)，这会影响微生物和大型分解者对基质的可及性(Cornwell et al.，2009；van der Wal et al.，2007)。芯材通常是最难分解的成分，其比例随着木质残体直径的增加而增加(Harmon et al.，1986)，基质中的含水量和水分通量随着木质残体直径的降低而降低(Cornwell et al.，2009)，因此分解速率应整体随着木质残体尺寸而降低。在本章中，木质残体密度并不是预测分解速率变化的重要特征，这与 Weedon 等(2009)的发现一致，他们认为是木质残体化学性质导致裸子植物和被子植物之间分解速率的差异，而不是木质残体密度。

9.2.2 木质残体特性对分解速率的影响

相关性分析表明，树种类型、木质残体初始氮含量、微生物活性季平均温度和年平均相对湿度对分解速率的影响比较大(图 9-4)。偏回归分析显示微生物活性季平均温度、微生物活性季相对湿度和微生物活性季长度均能较好地预测全球木质残体日分解速率(图 9-5)，解释度分别为 26.5%、20.9%和 16.7%。同时，木质残体特性中木质残体初始氮含量和初始直径也能够解释日分解速率的变化，其解释度分别为 40.3%和 17.8%。由于偏回归分析没有考虑自变量之间的相关变异，本小节通过偏回归分析得出了关于这些关系的正确强度和假设驱动因素相对重要性的明确结论。通过偏回归分析对全球木质残体微生物活性季分解速率的影响因素进行分析发现(图 9-5、表 9-2)，气候因子的解释度下降，其中只有微生物活性季平均温度与分解速率显著相关($P < 0.01$)，但解释度下降到只有 9%，明显低于单因子回归分析的解释度。生物因子仍然能较好地解释分解速率变化，木质残体初始氮含量和初始直径仍然与分解速率之间显著相关($P< 0.01$)，解释度分别为 25%和 19%。此外，采用偏回归模型对全球木质残体年平均分解速率的影响因素进行分析(图 9-6)，规律与对微生物活性季分解速率影响因子的分析类似，气候因子中仅有微生物活性季平均温度能较好地解释分解速率变化，但解释度下降为

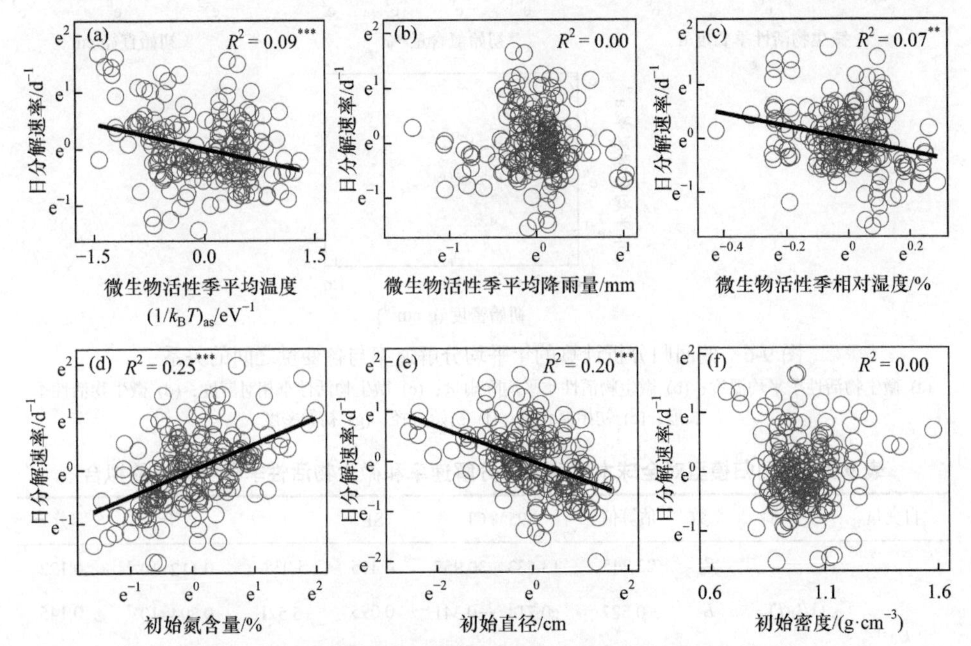

图 9-5　偏回归分析计算的微生物活性季日分解速率与各变量之间的关系

(a) 微生物活性季平均温度；(b) 微生物活性季平均降雨量；(c) 微生物活性季相对湿度；(d) 初始氮含量；(e) 初始直径；(f) 初始密度

14%，生物因子中木质残体初始氮含量和初始直径能较好地解释分解速率变化，解释度分别为23%和22%。这意味着木质残体分解中的限速反应可能受到化学计量失衡、低水分利用率和降解大分子成分(如木质素和纤维素)的关键酶活化能等限制(Hu et al.，2017；Cornwell et al.，2009)。

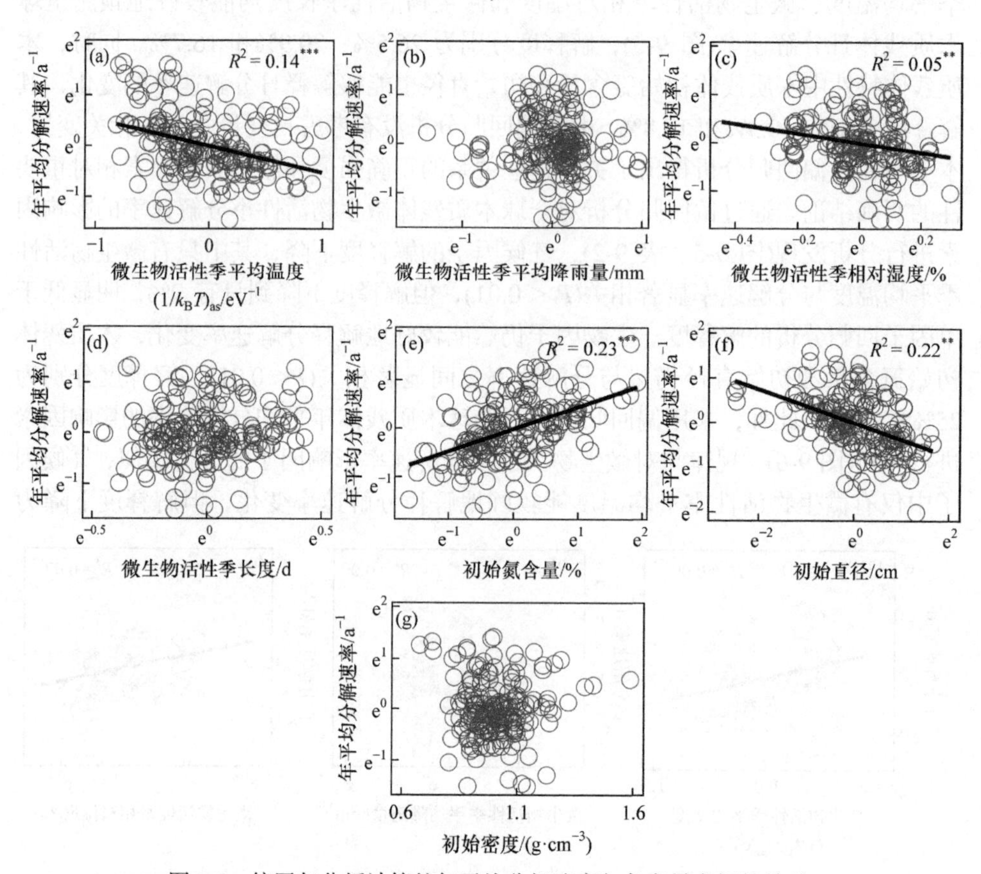

图 9-6　偏回归分析计算的年平均分解速率与各变量之间的关系

(a) 微生物活性季平均温度；(b) 微生物活性季平均降雨量；(c) 微生物活性季相对湿度；(d) 微生物活性季长度；(e) 初始氮含量；(f) 初始直径；(g) 初始密度

表 9-2　偏回归模型对全球木质残体年分解速率和微生物活性季分解速率的拟合

自变量	协变量	系数	估算值	95% CI	SE	t	P	部分 r^2
k/a^{-1}	—	β_0	22.245	13.533～30.957	4.415	5.038	0.112×10^{-5}	0.122
	$(1/k_BT)_{as}$	E	−0.527	−0.714～−0.341	0.095	−5.571	0.894×10^{-7}	0.145
	l_{as}	$\alpha_{l_{as}}$	0.253	−0.177～0.682	0.218	1.160	0.247	0.007
	P_{as}	α_P	−0.048	−0.280～0.185	0.118	−0.404	0.687	0.001

续表

自变量	协变量	系数	估算值	95% CI	SE	t	P	部分 r^2
k/a^{-1}	h_{as}	α_h	−0.731	−1.193～−0.070	0.335	−2.181	0.031	0.025
	N	α_N	0.466	0.342～0.589	0.063	7.414	0.441×10^{-11}	0.231
	d	α_d	−0.376	−0.477～−0.275	0.051	−7.310	0.803×10^{-11}	0.226
	ρ	α_ρ	−0.204	−0.892～0.484	0.349	−0.585	0.559	0.002
$k\cdot l_{as}^{-1}$ / d^{-1}	—	β_0	10.298	4.782～15.814	2.796	3.683	0.303×10^{-3}	0.068
	$(1/k_BT)_{as}$	E	−0.303	−0.442～−0.164	0.070	−4.301	0.276×10^{-4}	0.091
	P_{as}	α_P	−0.100	−0.337～0.137	0.120	−0.830	0.407	0.004
	h_{as}	α_h	−0.987	−1.652～−0.324	0.337	−2.935	0.004	0.045
	N	α_N	0.502	0.376～0.628	0.064	7.886	0.268×10^{-12}	0.253
	d	α_d	−0.351	−0.454～−0.248	0.052	−6.701	0.245×10^{-9}	0.196
	ρ	α_ρ	−0.272	−0.979～0.435	0.358	−0.759	0.449	0.003

注：β_0 表示截距；SE 表示标准误；t 表示显著性检验结果。

直径缩放指数也与基于四个缩放模型，即几何相似性理论(Niklas，1995)、弹性相似性理论(Niklas，1995；McMahon and Kronauer，1976)、应力相似性理论(Niklas，1995)和 West-Brown-Enquist(West et al.，1999)网络理论的理想化木质残体几何形状的预测一致。这些预测均源于木本植物茎和枝中长度-直径几何形状的不同优化理论。考虑这些不同的理想形态非常重要，因为个体木质残体的长度-直径几何形状在空间上(Bertram，1989)和时间上(Niklas，1995)均有所不同，这可以反映植物形态和功能缩放限制的时空变化。在本章中，直径缩放指数(α_d)估计为−0.35，明显低于几何尺度理论和代谢理论对理想情景下木质残体几何形状的预测范围，该范围为−1～−0.6。这些差异的出现是因为破碎且正在分解的小木块比预期的理想化几何形状短，意味着长度随直径的缩放偏离了理想化的最优性假设。例如，若木质残体长度以直径的 1/4 次方成比例，则 $k\cdot l_{as}^{-1}$ 与直径的−0.34 次方成比例，这相当于经验拟合值 $\alpha_d=-0.35$。

通过偏回归模型综合分析木质残体特性和气候因子对全球木质残体年分解速率和微生物活性分解速率的影响，发现气候因子并非影响分解的主导因子(图 9-5 和图 9-6)。微生物活性季平均温度对年分解速率及微生物活性季分解速率的解释度很低(对模型的解释度分别为 14.5%和 9%，表 9-2)，而降雨量和相对湿度的影响更低。生态学代谢理论认为，生物的代谢速率除温度变化的驱动外，还受机体功能性状(如个体大小、资源的可利用性等)的强烈影响(Brown et al.，2004)。同时，生态学代谢理论被广泛应用于碳循环研究，虽然温度对分解有重要影响，但温度对易分解碳和难分解碳的效应不同。在考虑碳库周转时，碳质量的差异对分解影响和温度效应需要进行综合考虑(Allen et al.，2005)。此外，气候因子对分解的影响有可能是非线性的，温度和含水量过高或者过低都会减弱真菌的代谢活性，进而导致分解速率的下降(Bradford et al.，2014；Shorohova and Kapitsa，2014a)。在热带雨林，粗木质残体含水量对分解的影响呈非线性，因为粗木质残体的分解速率受高含水量的抑制，极高和极低的含水量都会制约微生物的活性而影响分解速率。因此，这种非线性过程很难运用单因子回归分析进行简单拟合。

9.3 气候和木质残体特性对分解影响的相对重要性

9.3.1 气候因子对分解的影响被高估

在全球尺度上，通过分析所有因子对微生物活性季分解速率影响的相对重要性(图 9-7)，发现微生物活性季平均温度、木质残体初始氮含量和初始直径对微生物活性季分解速率的影响比较大，重要性依次为初始氮含量 > 初始直径 > 微生物活性季平均温度[图 9-7(a)]。通过分析所有因子对年分解速率影响的相对重要性，发现微生物活性季平均温度、木质残体初始氮含量和初始直径对年分解速率的影响较大，重要性大小依次为初始氮含量 > 初始直径 > 年季平均温度。气候因子和生物因子(本质残体特性)共同解释了微生物活性季分解速率变化的 56%，其中气候因子和生物因子分别单独解释了 21%和 49%的变化。二元和多元回归结果表明，与气候变量相比，木质残体特性是分解速率全球变化更好的预测因子。木

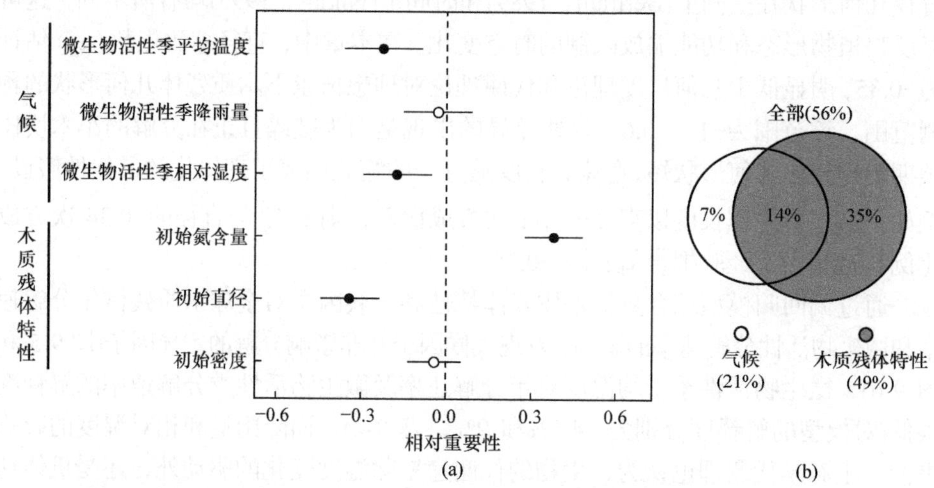

图 9-7　全球气候因子和生物因子对微生物活性季分解速率影响的相对重要性

(a) 微生物活性季分解速率的相对重要性；(b) 微生物活性季分解速率变化的解释度

(a)中实心表示显著相关，空心表示相关性不显著，下同

质残体特性对于分解速率变化的解释度是气候的两倍多。此外，木质残体初始氮含量和初始直径(而非温度或降水量)是分解速率的最重要驱动因素。这表明，传统认知中气候是大空间尺度上分解的主要驱动因素，这可能是基于相对有限的气候变量和木质残体特性的地块或区域尺度分析而得到的。Zhu 等(2017)发现，相较气候变量而言，木质残体特性是预测木质残体碳储量和碳排放通量的最佳因素。与碳质量和养分有效性相关的木质残体特性强烈影响了分解过程中的微生物群落(Manning et al.，2018；van der Wal et al.，2007)，这些特性同时还影响微生物群落组成对环境变化(如增温和干旱)的反应(Matulich and Martiny，2015；Lavorel and Garnier, 2002)，而微生物分类群决定了微生物分解能力和木材分解速率(Hu et al., 2017)。因此，木质残体特性可能在决定全球气候梯度中木质残体分解的微生物分类群中起主导作用。

一直以来，在全球和区域尺度上，气候因子被认为是控制植物残体分解速率的主导因子，而生物因子只在区域尺度上才对分解速率有重要影响。气候因子主要包括温度和水分的影响，如微生物活性季平均温度、微生物活性季降雨量和微生物活性季相对湿度；生物因子主要包括木质残体植物特性和微生物分解者。早在近百年前，Tenney 和 Waksman(1929)最先提出假设，植物残体分解速率是温度、含水量和植物残体化学组成共同作用的结果。Swift 等(1979)提出气候、植物残体质量和微生物分解者形成共同影响分解过程的三角关系(图 1-1)。在这之后，开展了很多大尺度的凋落物分解研究，探讨控制分解速率的影响因素。Pastor 和 Post(1986)认为气候和土壤水分对分解速率有重要的影响。Berg 等(1993)对北美和欧洲森林凋落物分解研究，分析年均气温和蒸散系数可以解释 70%的物质损失，其中蒸散系数可以解释变化的 65%，氮磷含量虽然可以表征凋落物质量，但对物质损失的解释度较小。Vitousek 等(1994)在夏威夷岛开展分解实验，通过设置不同海拔、不同降雨量和不同年龄树种的植物残体分解，发现温度和含水量对分解速率有重要影响，高质量的凋落物分解速率受水分限制的影响。从此，这些研究奠定了植物残体分解的理论基础，气候对分解速率的主导影响被广泛接受和认识，同时这种认识在分解模型中也有所体现(Currie et al.，2010；Zell et al.，2009)。传统的模型研究中，气候作为影响木质残体分解速率的主要因子，虽然木质残体特性(如氮含量)的可获得性也是衡量植物残体质量的重要因子，其在模型中重要性较低，明显低于气候的作用(Currie et al.，2010)。但是，以往这些研究多运用双因子回归分析研究气候和生物因子对分解速率的影响。如图 9-4 所示，温度和水分均可以很好地解释年分解速率的变化，虽然初始氮含量对分解也有重要的影响。在单因子分析中，所有气候因子的累积效应明显大于生物因子，但这种分析没有考虑各种因子之间相互作用和影响。Davidson 等(1998)在研究中发现低温会抑制可溶性物质的扩散，并降低酶活性而影响分解。温度只在较低的情况下是分解的限制因子，但温度升高后，微生物酶活性随之升高，分解速率增加；当温度上升到一定程度后可能会使其限制作用逐渐被解除，其他因子则有可能转而成为主导因子或限制性因子(Dinsmore et al.，2013；Garrett et al.，2010)。微生物对温度变化较敏感，需要作出必要的生理调整，但不同微生物群落对温度变化的敏感性有差异，因而对温度的效应产生的限制、修饰或掩盖作用也不同，研究中需要根据优势微生物群落作具体分析(A'Bear et al.，2014b；Rajala et al.，2012)。此外，森林木质残体水分状况和代谢底物特征也可能受温度变化的影响，从而间接影响木质残体分解速率和呼吸过程(Olajuyigbe et al.，2012；Mäkiranta et al.，2010)。

本小节通过混合线性模型分析不同影响因子对年分解速率和微生物活性季分解速率影响的相对重要性，证实了气候因子对分解速率影响的重要性低于木质残体特性(图 9-7)。温度是影响木质残体分解重要的气候因子，主要通过影响微生物的代谢活性进而影响木质残体的呼吸和速率(Hicks et al., 2003a; Wang et al., 2002)。当养分(如可利用氮较低)成为限制因子后，虽然温度上升或者含水量增加，但分解主要通过微生物的代谢活动才能进行，不利于微生物获得足够的氮合成酶和其他物质，则分解活动很难持续(Hazlett et al.，2007；Hicks et al.，2003b)。因此，对所有影响因子进行综合分析，在分析综合效应的基础上有利于准确地评估气候因子和生物因子对分解的影响(Bradford et al.，2016；Cornwell et al.，2008)。此外，以往的研究几乎全部在年分解速率的基础上进行分析，而年分解速率没有考虑不同地区微生物活性季长度的影响，这种计算方法不利于对不同地区的分解研究进行分析比较。例如，微生物活性季类似植物生长季，一般热带地区微生物活性季较长，而寒带地区微生物活性季较短，如果没有考虑实际分解时间而计算分解速率进行比较，不利于准确理解分解机理(Tedersoo et al.，2014)。因此，很多学者强调把生长季长度或者微生物活性季长度作为一个气候因子进行研究(Michaletz et al.，2014)。

9.3.2 木质残体初始氮含量和直径对分解的重要影响

通过区分树种类型(图 9-8)、叶寿命特征(图 9-9)和气候带(图 9-10)等进一步分析气候因子和木质残体特性对微生物活性季分解速率和年分解速率影响的相对重要性，均发现木质残体特性对分解影响的相对重要性大于气候因子，主要是木质残体初始氮含量和初始直径的相对重要性比较大。同时，所有分析结果一致表明，木质残体特性对分解变化总解释度明显大于气候因子的总解释度。

木质残体特性不同造成了分解底物的异质性、木质残体物理结构和化学特性的差异，养分资源可利用性的差异对微生物生长和代谢有重要影响，特别是氮限制的影响较明显，因此不同树种木质残体分解速率不同(Cornwell et al.，2009；Kögel-Knabner，2002)。以往的研究表明，木质残体分解速率与其初始氮含量密切

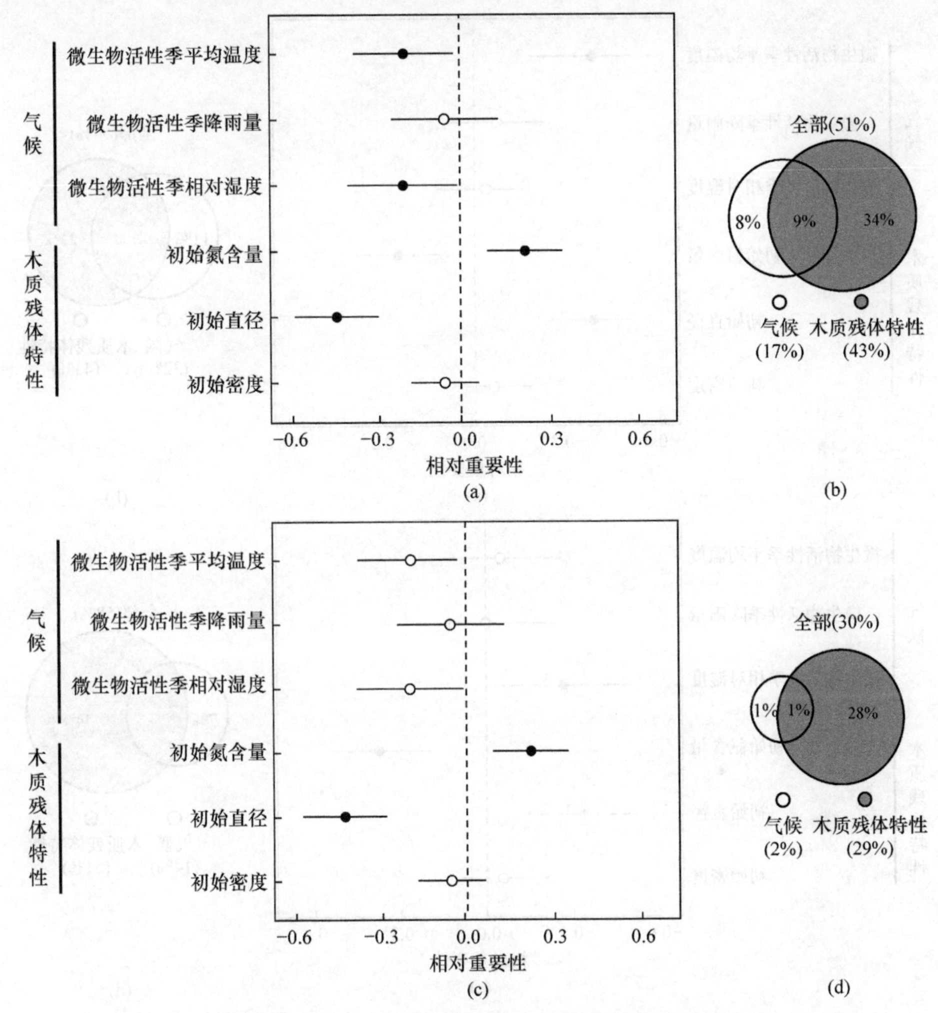

图 9-8　气候因子和生物因子对不同树种木质残体分解速率影响的相对重要性

(a)、(b)为被子植物($n = 119$)，(c)、(d)为裸子植物($n = 72$)

相关，因为氮元素是微生物蛋白合成和分解酶合成必需的养分元素，在低氮的基质中，氮资源的可获得性对微生物量和代谢能力有重要的影响(Rajala et al., 2012；Hicks et al., 2003b)。木质残体中难分解物质较多，氮含量相对较低，因此植物残体中氮含量越丰富，微生物的生物量越高，代谢活性越强，分解速率越快(Bonanomi et al., 2014；Brunner and Kimmins，2003；Finér et al., 2003)。有研究发现，木质残体初始氮含量对分解速率影响显著，呈现明显的正相关关系(Kubartová et al., 2015)。木质残体中树皮相对其他部分一般含有更丰富的氮素和糖类物质，而边材和芯材氮含量相对较低且含有大量复杂性的酚类等难分解碳组分，一般树皮分解速率快于树干，间接证明氮含量对分解的重要影响(Shorohova et al., 2012；Persson

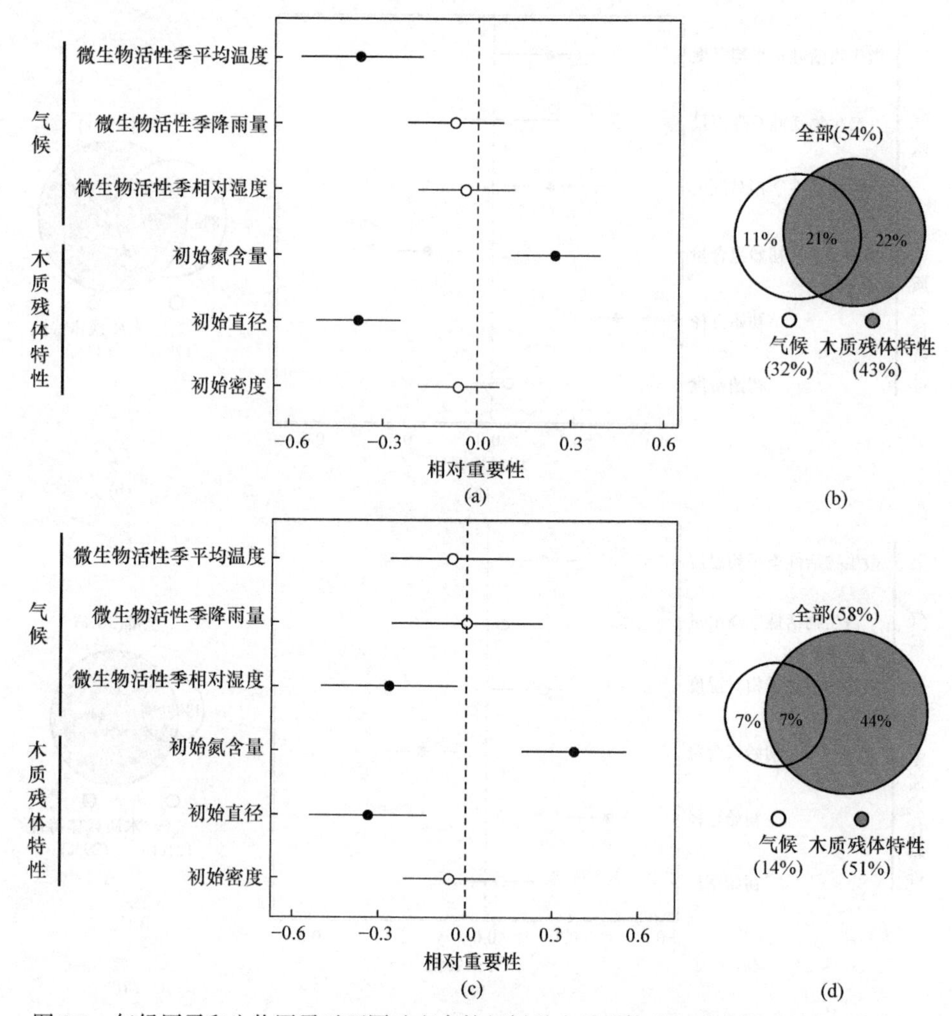

图 9-9　气候因子和生物因子对不同叶寿命特征树种木质残体分解速率影响的相对重要性

(a)、(b)为落叶树种(n = 59)，(c)、(d)为常绿树种(n = 132)

et al.，2011)。Weedon 等(2009)根据整合分析发现，全球主要森林区裸子植物木质残体的分解速率低于被子植物，其原因主要是两类树种木材化学性质差异显著，被子植物木质残体初始氮磷含量明显高于裸子植物。本章研究表明，木质残体特性对分解的影响是主导控制因子，通过对全球尺度(图 9-5 和图 9-7)、区分不同树种类型(图 9-8)、不同叶寿命特征(图 9-9)和不同气候带(图 9-10)木质残体分解速率的研究，均表明初始氮含量是分解速率最重要的影响因子。这说明，在木质残体质量较差的情况下，氮元素对分解的限制作用可能要大于温度或者含水量，所以表现为木质残体氮含量成为全球木质残体分解中最重要的影响因子。

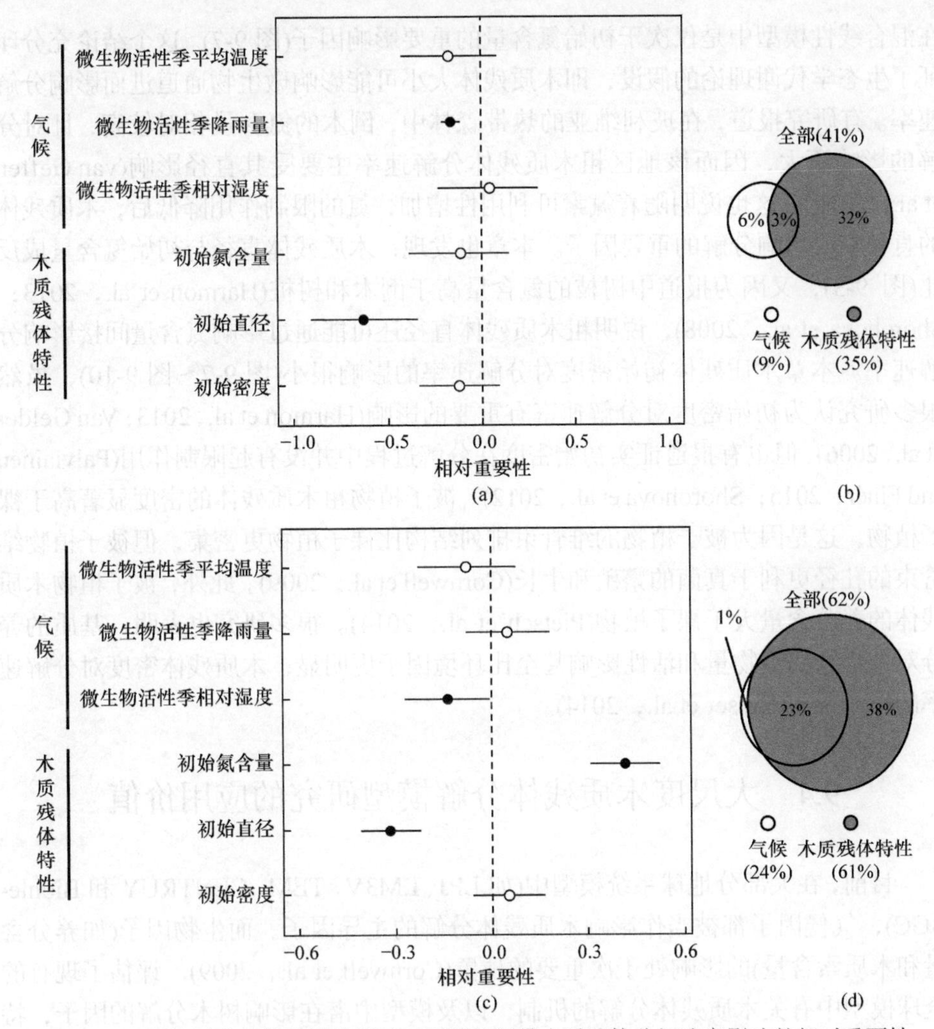

图 9-10　气候因子和植物属性因子对不同气候带木质残体分解速率影响的相对重要性

(a)、(b)为热带地区($n = 50$)，(c)、(d)为温带地区($n = 119$)

寒温带地区数据缺失

木质残体的直径是分解速率除氮含量外最重要的影响因子。以往很多研究表明，木质残体尺寸大小对分解速率有重要的影响，主要通过尺寸大小影响表面积体积比，这将影响微生物进入木质残体分解的接触面积和通道，进而影响分解速率(Yoon et al.，2014；Gillooly et al.，2001)。根据生态学代谢理论，其基本假设认为有机体的代谢速率(主要包括摄取、转化和消耗能量与物质的速率)是最基本的生物学速率(Gillooly et al.，2001)。很显然，木质残体直径是表征其尺寸大小的重要指标，直接影响单位时间内微生物代谢速率的强度，通过偏回归模型分析发现木质残体初始直径对年分解速率和微生物活性季分解速率具有第二高的解释度，在混合线性模型中是仅次于初始氮含量的重要影响因子(图 9-7)。这个结论充分印证了生态学代谢理论的假设，即木质残体大小可能影响微生物通道进而影响分解速率。有研究报道，在玻利维亚的热带森林中，倒木的氮含量相对较高，且对分解的影响不大，因而该地区粗木质残体分解速率主要受其直径影响(van Geffen et al.，2010)。这也说明随着氮素可利用性增加，氮的限制作用降低后，木质残体的直径变成影响分解的重要因子。本章也发现，木质残体直径与初始氮含量成反比(图 9-3)，又因为报道中树枝的氮含量高于倒木和树桩(Harmon et al.，2013；Shorohova et al.，2008)，说明粗木质残体直径还可能通过影响氮含量间接影响分解速率。本章木质残体初始密度对分解速率的影响很小(图 9-7～图 9-10)，虽然很多研究认为初始密度对分解速率有重要的影响(Harmon et al.，2013；Van Gelder et al.，2006)，但也有报道证实初始密度在分解过程中并没有起限制作用(Palviainen and Finér，2015；Shorohova et al.，2012)。被子植物粗木质残体的密度显著高于裸子植物，这是因为被子植物的维管束排列结构比裸子植物更密集，但被子植物维管束的孔径更利于真菌的繁殖和生长(Cornwell et al.，2009)。此外，被子植物木质残体的养分含量大于裸子植物(Pietsch et al.，2014)。很多研究也表明，基质的养分对微生物的生物量和活性影响甚至比环境因子更明显，木质残体密度对分解速率的影响很小(Kaiser et al.，2014)。

9.4　大尺度木质残体分解模型研究的应用价值

目前，在大部分地球系统模型中(如 LPJ、LM3V、TEM、CENTRUY 和 Biome-BGC)，气候因子都被当作影响木质残体分解的主导因子，而生物因子(如养分含量和木质素含量)的影响处于次重要的位置(Cornwell et al.，2009)。评估了现有的全球模型中有关木质残体分解的机制，以及模型中潜在影响树木分解的因子，特别是植物特性的影响。毫无疑问，气候因子作为重要的环境因子，不仅能影响木质残体分解速率，也能影响树种在全球不同气候带的分布及不同树种的生长和死亡(Mazziotta et al.，2014；Wang et al.，2002)。本章发现，气候因子对分解的影响并非传统观点认为的在大尺度范围起主导控制作用，相反生物因子的影响要大于气候因子。木质残体储量巨大，占森林地上生物量的 10%～20%，如果模型研究中把气候因子当成主导影响因子，这可能很难模拟木质残体分解过程，同时也不利于准确估算森林碳库动态和周转，将给生态模型碳循环研究带来更多的不确定性(Bradford et al.，2014；Cornwell et al.，2008)。研究强调木质残体的树种特性对预测分解速率的重要性，这对显性和非显性地球系统模型都非常重要，特别是那些包含木质残体分解的模型。木质残体特性是非常有用的建模参数，因为模型可以与野外研究结果，以及不同树种和树种类型分解研究的规律结合起来参数化(Pietsch et al.，2014)。此外，全球氮沉降预测到 2050 年将增加 2 倍(Galloway et al.，2008)，如果模型研究中不考虑木质残体氮素的可利用性，将大大低估碳周转时间。因此，模型研究全球碳和氮的动态应包括多个全球变化因素，如人为施氮，以及这些木质残体特性和环境因素之间相互作用的影响。

9.5 本章小结

从细胞到生物个体的生物学结构和机体的化学组成，再到群落的物种结构和物种多样性特征，以及生态系统稳定性等，均由有机体的代谢特征决定(Sibly et al.，2012)。有机体的代谢特征受它们的个体大小、温度和化学组成等影响，从而造成有机体大部分的生态过程存在差异，如它们的生活史性状和生态学角色(Brown et al.，2004；Price and Sowers，2004)。代谢速率可以基于所有生命体(包括微生物群落和病毒)具有的共同特征，从物理学的基本原理中推导出来(Price and Sowers，2004)。代谢理论可以解释个体生长和发育、种群动态及系统中能量流动和化学元素迁移(如分解和碳循环)通道等(Allen et al.，2005)。研究表明，改进后的生态代谢理论可广泛应用于森林木质残体分解，木质残体特性对全球木质残体分解的影响较气候因子的影响大，其中木质残体初始氮含量和初始直径在偏回归模型中共同解释了分解速率变化的约 50%。对影响分解的相对重要性而言，初始氮含量和初始直径分别是第一和第二重要的因子。根据代谢理论中化学计量和几何推演的解释，氮含量可能影响微生物分解的化学计量特征，而木质残体直径影响其体积与表面积比，进而影响微生物接触面积和分解通道等几何特征。

(1) 通过单因子回归模型对全球木质残体分解的分析，表明微生物活性季平均温度、微生物活性季相对湿度和微生物活性季长度等气候因子可以很好地解释分解速率的变化，解释度分别为 26.5%、20.9%和 16.7%，木质残体特性中木质残体初始氮含量和初始直径可以解释分解速率变化的 40.3%和 17.8%，总体而言气候因子的解释度优于木质残体特性。

(2) 通过综合分析所有因子对分解速率的影响，木质残体特性对分解的影响大于气候因子，可能气候的效应被高估了。偏回归模型分析表明，气候因子中只有微生物活性季温度对分解速率有显著影响，但解释度较低(仅为 9%)，明显低于双因子回归模型的解释度。同时，木质残体的初始氮含量和初始直径能较好地解释微生物活性季分解速率的变化(解释度分别为 25%和 19%)，而木质残体初始密度的影响较小。

(3) 采用混合线性模型在全球尺度上综合树种类型、叶寿命特征和气候带等信息进行系统分析，发现所有因子中只有微生物活性季平均温度、木质残体初始氮含量和初始直径对分解速率影响显著，其重要性依次为木质残体初始氮含量>木质残体初始直径>年平均温度(或微生物活性季平均温度)。木质残体特性对木质残体分解的相对贡献明显高于气候因子，木质残体特性和气候因子对全球木质残体年分解速率的解释度分别为51%和14%，对微生物活性季分解速率的解释度分别为49%和21%。

第10章 总结与展望

10.1 研究总结

木质残体是森林生态系统中重要的碳库，研究木质残体分解调控机理对预测未来气候变化背景下森林生态系统碳循环的响应十分重要。本书利用实验分析和数据分析的方法，分别从样点、区域到全球尺度层面通过单物种和多物种的木质残体分解过程和影响因素进行了系统的研究，并得出了一些有意义的结论，同时本研究领域内仍有一系列问题值得进一步深入探讨，主要包括以下几方面：

(1) 到目前为止，大多数森林木质残体分解研究主要集中于分析木质残体理化性质，以及水分和温度等环境要素的影响，而微生物作为木质残体最主要的分解者，其对木质残体分解影响的调控机制缺乏足够的研究(Lustenhouwer et al.，2020)。此外，土壤动物如白蚁和等足目甲壳昆虫通过取食木质残体或者取食真菌的方式直接或者间接影响分解(Seibold et al.，2021；Crowther et al.，2015)，在某些情景下的影响可能较大，但目前关于土壤动物的研究也十分少见。这些都限制了对木质残体分解机理的认识，同时也限制了木质残体分解模型的发展，大多数分解模型仅依靠几个简单的理化性质和环境参数预测分解速率，预测精度较低。

(2) 木质残体养分变化对微生物分解的影响机制尚不清楚。木质残体的碳含量与氮磷养分含量的比例高，因此养分可利用性在木质残体分解过程中起着非常重要的调控作用。不同树种和不同分解阶段的木质残体养分含量差异显著，这是木质残体分解速率差异较大的重要原因。氮磷沉降严重的区域，如我国亚热带地区也将增加木质残体的养分有效性，但养分变化对木质残体微生物群落组成和分解过程的影响机制还存在较多研究空白。特别是研究者逐渐认识到除了氮磷等大量养分元素对木质残体分解速率的关键影响，钾、钙、镁、铁、钠等微量元素对分解也有重要的影响(Bauters et al.，2022；Martin et al.，2018；Jones et al.，2018)，但对微量元素影响机制的研究甚少。

(3) 木质残体分解缓慢，其过程十分漫长，在不同分解阶段的分解速率和养分释放速率差异巨大，最大甚至能相差十倍以上，因此确定木质残体的分解时间对于准确预测分解速率和碳通量具有重要意义。对于人工林，通过定期的调查和砍伐记录能大致确定分解时间(Hu et al.，2017)，而天然林则缺乏这方面的记录，更多以分解阶段来估测分解速率，误差非常大(Oberle et al.，2020；Rinne et al.，2019)。

目前，研究中如何确定木质残体分解时间依然是悬而未决的技术难题，这也是木质残体分解研究很难取得突破性进展的原因之一。

(4) 在森林木质残体研究区域方面，多数研究主要由欧美生态学家在欧洲和北美洲的温带森林开展，且多集中在天然林，而热带和亚热带森林的生产力明显大于温带和寒温带森林，其木质残体的储量可能更大。此外，由于人工林长期的经营管理和采伐，产生如树桩和树枝等木质残体的生物量也比较可观，特别是我国亚热带森林人工林面积巨大，占森林总面积的40%以上，其分解速率对人工林碳平衡具有重要意义。但目前对热带亚热带地区及人工林木质残体分解的研究很少，不利于准确评估地区和全球碳循环，降低森林碳排放。

(5) 木质残体分解速率主要受生物和非生物因素影响较多，而且不同因素可能对分解产生交互影响，因此木质残体分解的影响因素比较复杂。理论对研究的促进作用巨大，而分解研究对理论的依赖作用更大。但分解理论缺乏、分解研究较慢是分解研究很难取得突破性进展的重要原因。目前，分解研究仅有 Allen 等(2005)和 Sinsabaugh 等(2009)等总结过生态代谢理论和酶化学计量理论研究有机碳分解，Hu 等(2020，2018)在生态代谢理论的基础上将养分纳入，从而分析全球和气候变化情景下的木质残体分解，总体上分解研究在实验室设计和分析的理论基础较弱。

10.2 研究展望

本书针对森林木质残体研究领域存在的一系列问题进行了分析，关于未来的研究提出了以下展望：

(1) 今后在森林木质残体分解研究中建议系统研究微生物的分解机制，特别是土壤微生物对木质残体微生物定殖、群落动态和生物量(Purahong et al.，2018a)，通过基因组学技术定量特定物种的微生物在分解过程中的主要功能，结合室内培养和野外控制实验从群落构建和稳定性方面分析微生物的分解机制。同时，要注重土壤动物的重要作用，通过食物网效应考虑土壤动物的分解作用，从而更系统地研究分解者对森林木质残体分解的调控机制。此外，在理解木质残体分解调控机理的基础上，研究区域或全球尺度的木质残体分解和碳循环时，应转变思想范式(paradigm)，着重突出生物因子的重要性(Bradford et al.，2021；Crowther et al.，2015)。将此范式应用到地球系统模型中，可能会提高预测气候变化背景下较大时间和空间尺度上木质残体分解和森林碳库动态的预测精度。

(2) 建议未来加强森林木质残体微生物分解过程养分影响机制的研究，针对热带亚热带地区植物生长可能存在磷限制，而温带和寒温带森林可能存在氮限制的情况，进一步分析不同气候区木质残体微生物分解的养分限制效应和敏感性，结合控制实验和同位素技术分析这些养分的来源(如大气、土壤或者氮沉降)情况(Philpott et al., 2014)。对于微生物生长和代谢可能受某些微量元素的重要限制，未来也应加强微量元素影响机制的研究，确定钙、铁等金属元素的调控作用。此外，有研究结果表明，对于木质残体分解，生态系统中的微生物呼吸速率将随着气候和养分驱动因素的增加而增加(Manning et al., 2018)，未来也应加强气候等其他因素与养分对分解速率影响的交互效应。

(3) 由于木质残体分解周期较长，积极开展木质残体分解定年技术研究，对于完整地分析木质残体的分解机制和元素释放特征，以及确定木质残体在森林生态系统碳循环过程中到底碳源效应更大和还是碳汇效应更大等具有重要的意义。例如，^{14}C 年代测定技术(bomb spike ^{14}C)根据 ^{14}C 在大气和样品中浓度和衰变的差异计算分解时间，在土壤有机碳分解方面已取得不错的应用效果。因此，未来在研究木质残体分解时可尝试应用该技术确定木质残体的分解时间。

(4) 未来建议重视热带和亚热带森林木质残体分解，加强对木质残体的储量及树种组成、木质残体的大量元素和微量元素的养分库动态、不同气候变化和人类活动情景下木质残体分解的碳通量特征等研究(Harmon et al., 2020)。热带亚热带是人工林和水果经济林的重要产地，在经验管理和轮伐的过程中会产生大量木质残体，建议积极探索如何处理这些木质残既减少碳排放又能提高土壤肥力，对于尽早实现“碳达峰”和“碳中和”的目标和提高生态治理效应具有积极的意义。

(5) 针对木质残体分解研究中理论匮乏的问题，建议未来研究多关注学科交叉，可考虑从相关研究较成熟的学科中借鉴和改造相关理论，如食物网理论和上行下行效应理论在微生物碳源利用方面已取得重要进展(Maynard et al., 2017)。此外，理论研究也要结合未来分解模型研究需要和发展方向，最好能将理论应用于分解模型中，既能提高模型的预测效果，又能通过模型分析不断改进分解理论，这对于完善和发展分解理论具有重要的作用。此外，目前全球分解研究已经积累了大量实验数据，可通过大数据和机器学习技术对一些假设理论进行检验和总结，使其发展成具有实际指导价值的理论。

参 考 文 献

陈华, HARMON M E, 1992. 温带森林生态系统粗死木质物动态研究[J]. 应用生态学报, 3(2): 99-104.

代力民, 徐振邦, 杨丽韫, 等, 1999. 红松阔叶林倒木贮量动态的研究[J]. 应用生态学报, 10(5): 513-517.

方精云, 黄耀, 朱江玲, 等, 2015. 森林生态系统碳收支及其影响机制[J]. 中国基础科学, 17(3): 20-25.

冯宗炜, 陈楚莹, 王开平, 等, 1985. 亚热带杉木纯林生态系统中营养元素的积累、分配和循环的研究[J]. 物生态学与地植物学丛刊, 4: 245-256.

郭剑芬, 杨玉盛, 钟羡芳, 等, 2011. 森林粗木质残体的贮量和碳库及其影响因素[J]. 林业科学, 47(2): 125-133.

国家林业和草原局, 2019. 中国森林资源报告(2014—2018)[M]. 北京: 中国林业出版社.

何高迅, 王越, 彭淑娴, 等, 2020. 滇中退化山地不同植被恢复下土壤碳氮磷储量与生态化学计量特征[J]. 生态学报, 40(13): 4425-4435.

贺旭东, 2010. 万木林常绿阔叶林粗木质残体碳库及其呼吸通量研究[D]. 福州: 福建师范大学.

侯平, 潘存德, 2001. 森林生态系统中的粗死木质残体及其功能[J]. 应用生态学报, 12(2): 309-314.

胡海清, 罗碧珍, 魏书精, 等, 2013. 森林粗木质物残体贮量及功能研究综述[J]. 世界林业研究, 26(2): 24-29.

胡海清, 罗斯生, 罗碧珍, 等, 2020. 林火干扰对广东省 2 种典型针叶林森林生物碳密度的影响[J]. 林业科学研究, 33(1): 19-27.

胡振宏, 2017. 森林木质残体分解及其调控机制研究[D]. 上海: 复旦大学.

胡振宏, 何宗明, 范少辉, 等, 2013. 采伐剩余物管理措施对二代杉木人工林土壤全碳、全氮含量的长期效应[J]. 生态学报, 33(13): 4205-4213.

黄佳鸣, 2013. 闽北地区代表性土壤的发生与系统分类研究[D]. 杭州: 浙江大学.

黄志群, 徐志红, BOYD S, 等, 2005. 连栽杉木(*Cunninghamia lancelata* (Lamb.)Hook)林中树桩分解过程中的化学组分变化趋势[J]. 科学通报, 50(21): 2365-2369.

矫海洋, 王顺忠, 王曼霖, 等, 2014. 大兴安岭北坡兴安落叶松粗木质残体呼吸动态[J]. 东北林业大学学报, 42(6): 29-33.

李凌浩, 党高弟, 汪铁军, 等, 1998. 秦岭巴山冷杉林粗死木质残体研究[J]. 植物生态学报, 22(5): 434-440.

李凌浩, 邢雪荣, 黄大明, 等, 1996. 武夷山甜槠林粗死木质残体的贮量, 动态及其功能评述[J]. 植物生态学报, 20(2): 132-143.

李哲, 董宁宁, 侯琳, 等, 2017. 秦岭山地不同龄组锐齿栎林土壤和枯落物有机碳、全氮特征[J]. 中南林业科技大学学报, 37(12): 127-132.

刘翠玲, 潘存德, 梁瀛, 2009. 鳞毛蕨天山云杉林粗死木质残体贮量及其分解动态[J]. 干旱区地理(汉文版), 32(2): 175-182.

刘强, 杨智杰, 贺旭东, 等, 2012. 中亚热带常绿阔叶林粗木质残体呼吸季节动态及影响因素[J]. 生态学报, 32(10): 3061-3068.

刘文耀, 谢寿昌, 谢克金, 等, 1995. 哀牢山中山湿性常绿阔叶林凋落物和粗死木质物的初步研究[J]. 植物学报, 37(10): 807-814.

吕世丽, 李新平, 李文斌, 等, 2013. 牛背梁自然保护区不同海拔高度森林土壤养分特征分析[J]. 西北农林科技大学学报(自然科学版), 41(4): 161-168.
马豪霞, 任毅华, 侯磊, 等, 2016. 西藏色季拉山急尖长苞冷杉林粗木质残体储量与倒木分解研究[J]. 西北林学院学报, 31(5): 68-73.
莫江明, 薛璟花, 方运霆, 2004. 鼎湖山主要森林植物凋落物分解及其对N沉降的响应[J]. 生态学报, 24(7): 1413-1420.
倪惠菁, 苏文会, 范少辉, 等, 2019. 养分输入方式对森林生态系统土壤养分循环的影响研究进展[J]. 生态学杂志, 38(3): 863-872.
朴世龙, 张新平, 陈安平, 等, 2019. 极端气候事件对陆地生态系统碳循环的影响[J]. 中国科学: 地球科学, 49: 1-14.
任正果, 张明军, 王圣杰, 等, 2014. 1961—2011年中国南方地区极端降水事件变化[J]. 地理学报, 69(5): 640-649.
唐旭利, 周国逸, 2005. 南亚热带典型森林演替类型粗死木质残体贮量及其对碳循环的潜在影响[J]. 植物生态学报, 29(4): 559-568.
唐旭利, 周国逸, 周霞, 等, 2003. 鼎湖山季风常绿阔叶林粗死木质残体的研究[J]. 植物生态学报, 27(4): 484-489.
王翰琨, 吴春生, 刘亮英, 等, 2019. 亚热带 5 种树种倒木分解对土壤碳氮的影响[J]. 中南林业科技大学学报, 39(9):68-74.
王绍强, 于贵瑞, 2008. 生态系统碳氮磷元素的生态化学计量学特征[J]. 生态学报, 28(8):3937-3947.
王顺忠, 谷会岩, 桑卫国, 2014. 粗木质残体贮量和分解进展[J]. 生态学杂志, 33(8): 2266-2273.
魏平, 温达志, 黄忠良, 等, 1997. 鼎湖山季风常绿阔叶林死木生物量及其特征[J]. 生态学报, 17(5): 505-510.
吴家兵, 关德新, 韩士杰, 等, 2008. 长白山地区红松和紫椴倒木呼吸研究[J]. 北京林业大学学报, 30(2): 14-19.
吴征镒, 1980. 中国植被[M]. 北京: 科学出版社.
谢玉彬, 马遵平, 杨庆松, 等, 2012. 基于地形因子的天童地区常绿树种和落叶树种共存机制研究[J]. 生物多样性, 2: 159-167.
许怡然, 鲁帆, 谢子波, 等, 2019. 潮白河流域气象水文干旱特征及其响应关系[J]. 干旱地区农业研究, 37(2):220-228.
闫恩荣, 王希华, 黄建军, 2005. 森林粗死木质残体的概念及其分类[J]. 生态学报, 25: 158-167.
杨礼攀, 刘文耀, 杨国平, 等, 2007. 哀牢山湿性常绿阔叶林和次生林木质物残体的组成与碳贮量[J]. 应用生态学报, 18(10): 2153-2159.
杨丽韫, 代力民, 2002. 长白山北坡苔藓红松暗针叶林倒木分解及其养分含量[J]. 生态学报, 22(2): 185-189.
杨玉盛, 谢锦升, 盛浩, 等, 2007. 中亚热带山区土地利用变化对土壤有机碳储量和质量的影响[J]. 地理学报, 62(11): 1123-1131.
游惠明, 何东进, 刘进山, 等, 2013. 倒木覆盖对天宝岩国家级自然保护区长苞铁杉林内土壤理化特性的影响[J]. 植物资源与环境学报, 22(3):18-24.
袁杰, 蔡靖, 侯琳, 等, 2012. 秦岭火地塘天然次生油松林倒木储量与分解[J]. 林业科学, 48(6): 141-146.
袁硕, 杨智杰, 元晓春, 等, 2018. 降雨隔离和温度增加对杉木幼林土壤可溶性碳氮的影响[J]. 应用生态学报, 29(7): 2217-2223.
张慧玲, 2015. 岷江上游高山森林溪流植物残体贮量特征[D]. 雅安: 四川农业大学.
张利敏, 2010. 11个温带树种粗木质残体分解过程中碳动态及影响因子[D]. 哈尔滨: 东北林业大学.
张利敏, 王传宽, 唐艳, 2011. 11 种温带树种粗木质残体分解初期结构性成分和呼吸速率的变化[J]. 生态学报, 31(17): 5017-5024.
张修玉, 管东生, 张海东, 2009. 广州三种森林粗死木质残体(CWD)的储量与分解特征[J]. 生态学报, 29(10): 5227-5236.

ABBOTT D T, CROSSLEY D A, 1982. Woody litter decomposition following clear-cutting[J]. Ecology, 63(1): 35-42.

A'BEAR A D, BODDY L, KANDELER E, et al., 2014a. Effects of isopod population density on woodland decomposer microbial community function[J]. Soil Biology and Biochemistry, 77: 112-120.

A'BEAR A D, JONES T H, KANDELER E, et al., 2014b. Interactive effects of temperature and soil moisture on fungal-mediated wood decomposition and extracellular enzyme activity[J]. Soil Biology and Biochemistry, 70: 151-158.

ABER J D, MELILLO J M, 1982. Nitrogen immobilization in decaying hardwood leaf litter as a function of initial nitrogen and lignin content[J]. Canadian Journal of Botany, 60(11): 2263-2269.

AERTS R, 1997. Climate, leaf litter chemistry and leaf litter decomposition in terrestrial ecosystems: a triangular relationship[J]. Oikos, 79(3): 439-449.

ALLEN A P, GILLOOLY J F, 2009. Towards an integration of ecological stoichiometry and the metabolic theory of ecology to better understand nutrient cycling[J]. Ecology Letters, 12(5): 369-384.

ALLEN A P, GILLOOLY J F, BROWN J H, 2005. Linking the global carbon cycle to individual metabolism[J]. Functional Ecology, 19(2): 202-213.

ALLISON S D, 2005. Cheaters, diffusion and nutrients constrain decomposition by microbial enzymes in spatially structured environments[J]. Ecology Letters, 8(6): 626-635.

ALLISON S D, LU Y, WEIHE C, et al., 2013. Microbial abundance and composition influence litter decomposition response to environmental change[J]. Ecology, 94(3): 714-725.

ALSTER C J, GERMAN D P, LU Y, et al., 2013. Microbial enzymatic responses to drought and to nitrogen addition in a southern California grassland[J]. Soil Biology and Biochemistry, 64: 68-79.

ANDERSON-TEIXEIRA K J, VITOUSEK P M, 2012. Ecosystems[M]. London: Wiley-Blackwell.

ARRHENIUS S, 1889. Über die reaktionsgeschwindigkeit bei der inversion von rohrzucker durch säuren[J]. Zeitschrift für Physikalische Chemie, 4: 226-248.

ATTIWILL P, LEEPER G, 1987. Forest Soils and Nutrient Cycles[M]. Melbourne: Melbourne University Press.

BAILEY V L, SMITH J L, BOLTON JR H, 2002. Fungal-to-bacterial ratios in soils investigated for enhanced C sequestration[J]. Soil Biology and Biochemistry, 34(7): 997-1007.

BANTLE A, BORKEN W, ELLERBROCK R H, et al., 2014a. Quantity and quality of dissolved organic carbon released from coarse woody debris of different tree species in the early phase of decomposition[J]. Forest Ecology and Management, 329: 287-294.

BANTLE A, BORKEN W, MATZNER E, 2014b. Dissolved nitrogen release from coarse woody debris of different tree species in the early phase of decomposition[J]. Forest Ecology and Management, 334: 277-283.

BARKER J S, 2008. Decomposition of *Douglas-fir* coarse woody debris in response to differing moisture content and initial heterotrophic colonization[J]. Forest Ecology and Management, 255(3-4): 598-604.

BAUTERS M, GRAU O, DOETTERL S, et al., 2022. Tropical wood stores substantial amounts of nutrients, but we have limited understanding why[J]. Biotropica, 54: 596-606.

BASTIAAN OBER P, 2011. Modern Regression Methods[M]. Paris: Taylor and Francis.

BAUER J, HERBST M, HUISMAN J A, et al., 2008. Sensitivity of simulated soil heterotrophic respiration to temperature and moisture reduction functions[J]. Geoderma, 145(1): 17-27.

BEBBER D P, WATKINSON S C, BODDY L, et al., 2011. Simulated nitrogen deposition affects wood decomposition by cord-forming fungi[J]. Oecologia, 167: 1177-1184.

BENGTSON P, BARKER J, GRAYSTON S J, 2012. Evidence of a strong coupling between root exudation, C and N availability, and stimulated SOM decomposition caused by rhizosphere priming effects[J]. Ecology and Evolution, 2(8): 1843-1852.

BERG B, 2014.Decomposition patterns for foliar litter—A theory for influencing factors[J]. Soil Biology and Biochemistry, 78: 222-232.

BERG B, BERG M P, BOTTNER P, et al., 1993. Litter mass loss rates in pine forests of Europe and Eastern United States: some relationships with climate and litter quality[J]. Biogeochemistry, 20(3): 127-159.

BERG B R, MCCLAUGHERTY C, 2014. Plant Litter: Decomposition, Humus Formation, Carbon Sequestration[M]. New York: Springer.

BERTRAM J E A, 1989. Size-dependent differential scaling in branches: the mechanical design of trees revisited[J]. Trees, 3(4): 241-253.

BOBERG J B, FINLAY R D, STENLID J, et al., 2014. Nitrogen and carbon reallocation in fungal mycelia during decomposition of boreal forest litter[J]. PLoS ONE, 9(3): e92897.

BOBERG J B, FINLAY R D, STENLID J, et al., 2010. Fungal C translocation restricts N-mineralization in heterogeneous environments[J]. Functional Ecology, 24(2): 454-459.

BODDY L, 2001. Fungal community ecology and wood decomposition processes in angiosperms: from standing tree to complete decay of coarse woody debris[J]. Ecological Bulletins, (49): 43-56.

BONANOMI G, CAPODILUPO M, INCERTI G, et al., 2014. Nitrogen transfer in litter mixture enhances decomposition rate, temperature sensitivity, and C quality changes[J]. Plant Soil, 381(1-2): 307-321.

BOND-LAMBERTY B, BAILEY V L, CHEN M, et al., 2018. Globally rising soil heterotrophic respiration over recent decades[J]. Nature, 560(7716): 80-83.

BOND - LAMBERTY B, WANG C, GOWER S T, 2002. Annual carbon flux from woody debris for a boreal black spruce fire chronosequence[J]. Journal of Geophysical Research Atmospheres, 107(D23): WFX 1-1-WFX 1-10.

BOŃSKA E, KACPRZYK M, SPÓLNIK A, 2017. Effect of deadwood of different tree species in various stages of decomposition on biochemical soil properties and carbon storage[J]. Ecological Research, 32: 1-11.

BOSATTA E, AGREN G I, 1999. Soil organic matter interpreted thermo dynamically[J]. Soil Biology and Biochemistry, 31: 1889-1891.

BRADFORD M A, BERG B, MAYNARD D S, et al., 2016. Understanding the dominant controls on litter decomposition[J]. Journal of Ecology, 104(1): 229-238.

BRADFORD M A, MAYNARD D S, CROWTHER T W, et al., 2021. Belowground community turnover accelerates the decomposition of standing dead wood[J]. Ecology, 102: e03484.

BRADFORD M A, VEEN G F, BONIS A, et al., 2017. A test of the hierarchical model of litter decomposition[J]. Nature Ecology & Evolution, 1(12): 1836-1845.

BRADFORD M A, WARREN R J, BALDRIAN P, et al., 2014. Climate fails to predict wood decomposition at regional scales[J]. Nature Climate Change, 4(7): 625-630.

BRAIS S, PARÉ D, LIERMAN C, 2006. Tree bole mineralization rates of four species of the Canadian eastern boreal forest: implications for nutrient dynamics following stand-replacing disturbances[J]. Canadian Journal of Forest Research, 36(9): 2331-2340.

BRAY S R, KITAJIMA K, MACK M C, 2012. Temporal dynamics of microbial communities on decomposing leaf litter of 10 plant species in relation to decomposition rate[J]. Soil Biology and Biochemistry, 49: 30-37.

BROWN J H, GILLOOLY J F, ALLEN A P, et al., 2004. Toward a metabolic theory of ecology[J]. Ecology, 85(7): 1771-1789.

BROWN S, 2002. Measuring carbon in forests: current status and future challenges[J]. Environmental Pollution, 116(3): 363-372.

BRUNNER A, KIMMINS J P, 2003. Nitrogen fixation in coarse woody debris of *Thuja* plicata and *Tsuga* heterophylla forests on northern Vancouver Island[J]. Canadian Journal of Forest Research, 33(9): 1670-1682.

BUSING R T, 2005. Tree mortality, canopy turnover, and woody detritus in old cove forests of the southern Appalachians[J]. Ecology, 86(1): 73-84.

CAIRNEY J W, 2005. Basidiomycete mycelia in forest soils: dimensions, dynamics and roles in nutrient distribution[J]. Mycological Research, 109(1): 7-20.

CAVALERI M A, OBERBAUER S F, RYAN M G, 2006, Wood CO_2 efflux in a primary tropical rain forest[J]. Global Change Biology, 12(12): 2442-2458.

CHAMBERS J Q, HIGUCHI N, SCHIMEL P J, et al., 2000. Decomposition and carbon cycling of dead trees in tropical forests of the central Amazon[J]. Oecologia, 122(3): 380-388.

CHAMBERS J Q, SCHIMEL J P, NOBRE A D, 2001. Respiration from coarse wood litter in central Amazon forests[J]. Biogeochemistry, 52(2): 115-131.

CHAVE J, COOMES D, JANSEN S, et al., 2009. Towards a worldwide wood economics spectrum[J]. Ecology Letters, 12(4): 351-366.

CHEN H, HARMON M E, GRIFFITHS R P, 2001. Decomposition and nitrogen release from decomposing woody roots in coniferous forests of the Pacific Northwest: a chronosequence approach[J]. Canadian Journal of Forest Research, 31(2): 246-260.

CHEN H, HARMON M E, GRIFFITHS R P, et al., 2000. Effects of temperature and moisture on carbon respired from decomposing woody roots[J]. Forest Ecology and Management, 138(1-3): 51-64.

CHEN X, WEI X, SCHERER R, 2005. Influence of wildfire and harvest on biomass, carbon pool, and decomposition of large woody debris in forested streams of southern interior British Columbia[J]. Forest Ecology and Management, 208(1-3): 101-114.

CHEN Y, SAYER E J, LI Z, et al., 2016. Nutrient limitation of woody debris decomposition in a tropical forest: contrasting effects of N and P addition[J]. Functional Ecology, 30(2): 295-304.

CHUENG N, BROWN S, 1995. Decomposition of silver maple (*Acer saccharinum* L.) woody debris in a central Illinois low-gradient bottomland forest[J]. Wetlands, 15(3): 232-241.

CLARK D B, CLARK D A, BROWN S, et al., 2002. Stocks and flows of coarse woody debris across a tropical rain forest nutrient and topography gradient[J]. Forest Ecology and Management, 164(1-3): 237-248.

CLAUSEN C A, 1996. Bacterial associations with decaying wood: a review[J]. Int Biodeter Biodegr, 37(1-2): 101-107.

CLEVELAND C C, SCHMIDT T, 2002. Phosphorus limitation of microbial processes in moist tropical forests: evidence from short-term laboratory incubations and field studies[J]. Ecosystems, 5: 680-691.

COMPO G P, WHITAKER J S, SARDESHMUKH P D, et al., 2011. The twentieth century reanalysis project[J]. Quarterly Journal of the Royal Meteorological Society, 137(654): 1-28.

CONANT R T, DRIJBER R A, HADDIX M L, et al., 2008. Sensitivity of organic matter decomposition to warming varies with its quality[J]. Global Change Biology, 14: 868-877.

CORNABY B W, WAIDE J B, 1973. Nitrogen fixation in decaying chestnut logs[J]. Plant Soil, 39(2): 445-448.

CORNWELL W K, CORNELISSEN J H, ALLISON S D, et al., 2009. Plant traits and wood fates across the globe: rotted, burned, or consumed[J]. Global Change Biology, 15: 2431-2449.

CORNWELL W K, CORNELISSEN J H, AMATANGELO K, et al., 2008. Plant species traits are the predominant control on litter decomposition rates within biomes worldwide[J]. Ecology Letters, 11(10): 1065-1071.

COUSINS S J M, BATTLES J J, SANDERS J E, et al., 2015. Decay patterns and carbon density of standing dead trees in California mixed conifer forests[J]. Forest Ecology and Management, 2015, 353: 136-147.

CRAMER W, BONDEAU A, WOODWARD F I, et al., 2001. Global response of terrestrial ecosystem structure and function to CO_2 and climate change: results from six dynamic global vegetation models[J]. Global Change Biology, 2001, 7(4): 357-373.

CREED I F, WEBSTER K L, MORRISON D L, 2004. A comparison of techniques for measuring density and concentrations of carbon and nitrogen in coarse woody debris at different stages of decay[J]. Canadian Journal of Forest Research, 34(3): 744-753.

CROCKATT M E, BEBBER D P, 2015. Edge effects on moisture reduce wood decomposition rate in a temperate forest[J]. Global Change Biology, 21(2): 698-707.

CROSS W F, HOOD J M, BENSTEAD J P, et al., 2015. Interactions between temperature and nutrients across levels of ecological organization[J]. Global Change Biology, 21(3): 1025-1040.

CROWTHER T W, THOMAS S M, MAYNARD D S, et al., 2015. Biotic interactions mediate soil microbial feedbacks to climate change[J]. Proceedings of the National Academy of Sciences, 112(22): 7033-7038.

CUI Y, MOORHEAD D, GUO X, 2021. Stoichiometric models of microbial metabolic limitation in soil systems[J]. Global Ecology and Biogeography, 30(11): 2297-2311.

CURRIE W S, HARMON M E, BURKE I C, et al., 2010. Cross-biome transplants of plant litter show decomposition models extend to a broader climatic range but lose predictability at the decadal time scale[J]. Global Change Biology, 16(6): 1744-1761.

CURRIE W S, NADELHOFFER K J, 2002. The imprint of land-use history: patterns of carbon and nitrogen in downed woody debris at the harvard forest[J]. Ecosystems, 5(5): 446-460.

DARCHAMBEAU F, FAERØVIG P J, HESSEN D O, 2003. How Daphnia copes with excess carbon in its food[J]. Oecologia, 136(3): 336-346.

DAVIDSON E A, BELK E, BOONE R D, 1998. Soil water content and temperature as independent or confounded factors controlling soil respiration in a temperate mixed hardwood forest[J]. Global Change Biology, 4(2): 217-227.

DAVIDSON E A, JANSSENS I A, 2006. Temperature sensitivity of soil carbon decomposition and feedbacks to climate change[J]. Nature, 440: 165-173.

DAVIDSON E A, JANSSENS I A, LUO Y, 2006. On the variability of respiration in terrestrial ecosystems: moving beyond Q_{10}[J]. Global Change Biology, 12(2): 154-164.

DE BRUIJN A, GUSTAFSON E J, KASHIAN D M, et al., 2014. Decomposition rates of American chestnut (Castanea dentata) wood and implications for coarse woody debris pools[J]. Canadian Journal of Forest Research, 44(12): 1575-1585.

DE VRIES F T, MANNING P, TALLOWINJ R, et al., 2012. Abiotic drivers and plant traits explain landscape-scale patterns in soil microbial communities[J]. Ecology Letters, 15: 1230-1239.

DELANEY M, BROWN S, LUGO A E, et al., 1998. The quantity and turnover of dead wood in permanent forest plots in six life zones of venezuela[J]. Biotropica, 30(1): 2-11.

DIJKSTRA F A, BADER N E, JOHNSON D W, et al., 2009. Does accelerated soil organic matter decomposition in the presence of plants increase plant N availability[J] Soil Biology and Biochemistry, 41: 1080-1087.

DINSMORE K J, BILLETT M F, DYSON K E, 2013. Temperature and precipitation drive temporal variability in aquatic carbon and GHG concentrations and fluxes in a peatland catchment[J]. Global Change Biology, 19(7): 2133-2148.

DOWSON C G, RAYNER A D M, BODDY L, 1988. Inoculation of mycelial cord-forming basidiomycetes into woodland soil and litter Ⅱ. Resource capture and persistence[J]. New Phytologist, 109(3): 343-349.

DU E, DE VRIES W, HAN W, et al., 2016. Imbalanced phosphorus and nitrogen deposition in China's forests[J]. Atmospheric Chemistry and Physics, 16: 8571-8579.

DU E, TERRER C, PELLEGRINI A F, et al., 2020. Global patterns of terrestrial nitrogen and phosphorus limitation[J]. Nature Geoscience, 13(3): 221-226.

EATON J M, LAWRENCE D, 2006. Woody debris stocks and fluxes during succession in a dry tropical forest[J]. Forest Ecology and Management, 232(1-3): 46-55.

EDMONDS R L, EGLITIS A, 1989. The role of the *Douglas-fir* beetle and wood borers in the decomposition of and nutrient release from *Douglas-fir* logs[J]. Canadian Journal of Forest Research, 19(7): 853-859.

EDMONDS R L, VOGT D J, SANDBERG D H, et al., 1986. Decomposition of *Douglas-fir* and red alder wood in clear-cuttings[J]. Canadian Journal of Forest Research, 16(4): 822-831.

EDWARDS I P, ZAK D R, KELLNER H, et al., 2011. Simulated atmospheric N deposition alters fungal community composition and suppresses ligni nolytic gene expression in a northern hardwood forest[J]. PLoS ONE, 6(6): e20421.

EDWARDS N, 1982. Use of soda-lime for measuring respiration rates in terrestrial systems[J]. Pedobiologia, 23: 321-330.

ERICKSON H E, EDMONDS R L, PETERSON C E, 1985. Decomposition of logging residues in *Douglas-fir*, western hemlock, Pacific silver fir, and ponderosa pine ecosystems[J]. Canadian Journal of Forest Research, 15(5): 914-921.

ENTWISTLE E M, ZAK D R, ARGIROFF W A, 2018. Anthropogenic N deposition increases soil C storage by reducing the relative abundance of lignolytic fungi[J]. Ecological Monographs, 88: 225-244.

FAHEY T J, 1983. Nutrient dynamics of aboveground detritus in lodgepole pine (*Pinus contorta* ssp. latifolia) ecosystems, southeastern Wyoming[J]. Ecological Monographs, 53(1): 51-72.

FANG Y, YOH M, KOBA K, et al., 2011. Nitrogen deposition and forest nitrogen cycling along an urban-rural transect in southern China[J]. Global Change Biology, 17: 872-885.

FERNANDES I, SEENA S, PASCOAL C, et al., 2014. Elevated temperature may intensify the positive effects of nutrients on microbial decomposition in streams[J]. Freshwater Biology, 59(11): 2390-2399.

FERNANDEZ-FUEYO E, RUIZ-DUENAS F J, FERREIRA P, et al., 2012. Comparative genomics of Ceriporiopsis subvermispora and Phanerochaete chrysosporium provide insight into selective ligninolysis[J]. Proceedings of the National Academy of Sciences, 109: 8352.

FERREIRA V, CHAUVET E, 2011. Synergistic effects of water temperature and dissolved nutrients on litter decomposition and associated fungi[J]. Global Change Biology, 17: 551-564.

FERREIRA V, GULIS V, GRAÇA M A, 2006. Whole-stream nitrate addition affects litter decomposition and associated fungi but not invertebrates[J]. Oecologia, 149(4): 718-729.

FERREIRA V, GULIS V, PASCOAL C, et al., 2014. Stream Pollution and Fungi. Freshwater Fungi and Fungal-like Organisms[M]. Alemanha: De Gruyter.

FIERER N, CRAINE J M, MCLAUCHLAN K, et al., 2005. Litter quality and the temperature sensitivity of decomposition[J]. Ecology, 86(2): 320-326.

FINÉR L, MANNERKOSKI H, PIIRAINEN S, et al., 2003. Carbon and nitrogen pools in an old-growth, Norway spruce mixed forest in eastern Finland and changes associated with clear-cutting[J]. Forest Ecology and Management, 174(1-3):

51-63.

FISHER R A, KOVEN C D, ANDEREGG W R L, et al., 2018. Vegetation demographics in Earth System Models: a review of progress and priorities[J]. Global Change Biology, 24(1): 35-54.

FOGEL R, CROMACK JR K, 1977. Effect of habitat and substrate quality on *Douglas-fir* litter decomposition in western Oregon[J]. Canadian Journal of Botany, 55(12): 1632-1640.

FOLLSTAD SHAH J J, KOMINOSKI J S, ARDÓN M, et al., 2017. Global synthesis of the temperature sensitivity of leaf litter breakdown in streams and rivers[J]. Global Change Biology, 23(8): 3064-3075.

FORRESTER J A, MLADENOFF D J, GOWER S T, et al., 2012. Interactions of temperature and moisture with respiration from coarse woody debris in experimental forest canopy gaps[J]. Forest Ecology and Management, 265: 124-132.

FRANGI J L, RICHTER L L, BARRERA M D, et al., 1997. Decomposition of nothofagus fallen woody debris in forests of Tierra del Fuego, Argentina[J]. Canadian Journal of Forest Research, 27(7): 1095-1102.

FRAVER S, WAGNER R G, DAY M, 2002. Dynamics of coarse woody debris following gap harvesting in the Acadian forest of central Maine, USA[J]. Canadian Journal of Forest Research, 32(32): 2094-2105.

FRAVOLINI G, EGLI M, DERUNGS C, et al., 2016. Soil attributes and microclimate are important drivers of initial deadwood decay in sub-alpine Norway spruce forests[J]. Science of the Total Environment, 569: 1064-1076.

FREY S D, SIX J, ELLIOTT E T, 2003. Reciprocal transfer of carbon and nitrogen by decomposer fungi at the soil-litter interface[J]. Soil Biology and Biochemistry, 35: 1001-1004.

FROSTEGÅRD Å, TUNLID A, BÅÅTH E, 2011. Use and misuse of PLFA measurements in soils[J]. Soil Biology and Biochemistry, 43(8): 1621-1625.

FUKAMI T, DICKIE I A, PAULA WILKIE J, et al., 2010. Assembly history dictates ecosystem functioning: evidence from wood decomposer communities[J]. Ecology Letters, 13(6): 675-684.

FUKASAWA Y, KATSUMATA S, MORI A, et al., 2014. Accumulation and decay dynamics of coarse woody debris in a Japanese old-growth subalpine coniferous forest[J]. Ecological Research, 29(2): 257-269.

GALLOWAY J N, TOWNSEND A R , ERISMAN J W, et al., 2008. Transformation of the nitrogen cycle: recent trends, questions, and potential solutions[J]. Science, 320(5878): 889-892.

GANJEGUNTE G K, CONDRON L M, CLINTON P W, et al., 2004. Decomposition and nutrient release from radiata pine (*Pinus radiata*) coarse woody debris[J]. Forest Ecology and Management, 187(2-3): 197-211.

GARRETT L G, KIMBERLEY M O, OLIVER G R, et al., 2010. Decomposition of woody debris in managed *Pinus radiata* plantations in New Zealand[J]. Forest Ecology and Management, 260(8): 1389-1398.

GHIMIRE B, WILLIAMS C A, COLLATZ G J, et al., 2015. Large carbon release legacy from bark beetle outbreaks across Western United States[J]. Global Change Biology, 21(8): 3087-3101.

GILLOOLY J F, BROWN J H, WEST G B, et al., 2001. Effects of size and temperature on metabolic rate[J]. Science, 293(5538): 2248-2251.

GOLDIN S R, HUTCHINSON M F, 2013. Coarse woody debris modifies surface soils of degraded temperate eucalypt woodlands[J]. Plant and Soil, 370(1): 461-469.

GRAHAM S A, 1925. The felled tree trunk as an ecological unit[J]. Ecology, 6(4): 397-411.

GRIER C C, 1978. A tsugaheterophylla-piceasitchensis ecosystem of coastal Oregon: decomposition and nutrient balances of fallen logs[J]. Canadian Journal of Forest Research, 8(2): 198-206.

GROVE S J, 2001. Extent and composition of dead wood in Australian lowland tropical rainforest with different management histories[J]. Forest Ecology and Management, 154(1): 35-53.

GUO J, 2011. Storage, Carbon pool of coarse woody debris in forest ecosystems and the influence factors[J]. Scientia Silvae Sinicae, 47(2): 125-133.

GUO J, CHEN G, XIE J, et al., 2014. Patterns of mass, carbon and nitrogen in coarse woody debris in five natural forests in southern China[J]. Annals of Forest Science, 71(5): 585-594.

GUO L B, BEK E, GIFFORD R M, 2006. Woody debris in a 16-year old *Pinus radiata* plantation in Australia: Mass, carbon and nitrogen stocks, and turnover[J]. Forest Ecology and Management, 228(1-3): 145-151.

HALE C M, PASTOR J, 1998. Nitrogen content, decay rates, and decompositional dynamics of hollow versus solid hardwood logs in hardwood forests of Minnesota, USA[J]. Canadian Journal of Forest Research, 28(9): 1276-1285.

HANULA J L, ULYSHEN M D, WADE D D, 2012. Impacts of prescribed fire frequency on coarse woody debris volume, decomposition and termite activity in the longleaf pine flatwoods of Florida[J]. Forests, 3(2): 317-331.

HARMON M E, FASTH B G, YATSKOV M, et al., 2020. Release of coarse woody detritus-related carbon: a synthesis across forest biomes[J]. Carbon Balance and Management, 15(1): 1-21.

HARMON M E, 1982. Decomposition of standing dead trees in the southern Appalachian Mountains[J]. Oecologia, 52(2): 214-215.

HARMON M E, CROMACK JR K, SMITH B G, 1987. Coarse woody debris in mixed-conifer forests, Sequoia National Park, California[J]. Canadian Journal of Forest Research, 17(10): 1265-1272.

HARMON M E, FASTH B, SEXTON J M, 2005. Bole Decomposition Rates of Seventeen Tree Species in Western USA[R]. Washington, D C: USDA USFS.

HARMON M E, FASTH B, WOODALL C W, et al., 2013. Carbon concentration of standing and downed woody detritus: effects of tree taxa, decay class, position, and tissue type[J]. Forest Ecology and Management, 291: 259-267.

HARMON M E, FRANKLIN J F, SWANSON F J, et al., 1986. Ecology of coarse woody debris in temperate ecosystems[J]. Advances in Ecological Research, 15: 133-302.

HAVERD V, SMITH B, RAUPACH M, et al., 2016. Coupling carbon allocation with leaf and root phenology predicts tree-grass partitioning along a savanna rainfall gradient[J]. Biogeosciences, 13(3): 761-779.

HAZLETT P W, GORDON A M, VORONEY R P, et al., 2007. Impact of harvesting and logging slash on nitrogen and carbon dynamics in soils from upland spruce forests in northeastern Ontario[J]. Soil Biology and Biochemistry, 39(1): 43-57.

HEDGES J I, COWIE G L, ERTEL J R, et al., 1985. Degradation of carbohydrates and lignins in buried woods[J]. Geochimica et Cosmochimica Acta, 49(3): 701-711.

HEILMANN-CLAUSEN J, BODDY L, 2005. Inhibition and stimulation effects in communities of wood decay fungi: exudates from colonized wood influence growth by other species[J]. Microbial Ecology, 49(3): 399-406.

HERBST M, ROBERTS J M, ROSIER P T T, et al., 2007. Edge effects and forest water use: a field study in a mixed deciduous woodland[J]. Forest Ecology and Management, 250(3): 176-186.

HERRMANN S, 2013. Effects of moisture, temperature and decomposition stage on respirational carbon loss from coarse woody debris (CWD)of important European tree species[J]. Scandinavian Journal of Forest Research, 28(4): 346-357.

HERRMANN S, BAUHUS J, 2008. Comparison of methods to quantify respirational carbon loss of coarse woody debris[J]. Canadian Journal of Forest Research, 38(38): 2738-2745.

HESSEN D O, ANDERSON T R, 2008. Excess carbon in aquatic organisms and ecosystems: physiological, ecological, and evolutionary implications[J]. Limnology and Oceanography, 53(4): 1685-1696.

HICKS W T, HARMON M E, GRIFFITHS R P, 2003a. Abiotic controls on nitrogen fixation and respiration in selected woody debris from the Pacific Northwest, USA[J]. Ecoscience, 2003, 10(1): 66-73.

HICKS W T, HARMON M E, MYROLD D D, 2003b. Substrate controls on nitrogen fixation and respiration in woody debris from the Pacific Northwest, USA[J]. Forest Ecology and Management, 176(1-3): 25-35.

HISCOX J, SAVOURY M, MULLER C T, et al., 2015. Priority effects during fungal community establishment in beech wood[J]. ISME Journal, 9(10): 2246-2260.

HOBBIE S E, VITOUSEK P M, 2000. Nutrient limitation of decomposition in Hawaiian forests[J]. Ecology, 81(7): 1867-1877.

HOLUB S M, SPEARS J D H, LAJTHA K, 2001. A reanalysis of nutrient dynamics in coniferous coarse woody debris[J]. Canadian Journal of Forest Research, 31(11): 1894-1902.

HOPPE B, PURAHONG W, WUBET T, et al., 2016. Linking molecular deadwood-inhabiting fungal diversity and community dynamics to ecosystem functions and processes in Central European forests[J]. Fungal Diversity, 77: 367-379.

HOU Y, CHEN T, 2008. The strategic benefits of developing precious commercial tree species intergrated with secondary forest management in China[J]. World Forest Research, 21(2): 49-52.

HU Z, CHEN H Y, YUE C, et al., 2020. Traits mediate drought effects on wood carbon fluxes[J]. Global Change Biology, 26(6): 3429-3442.

HU Z, HE Z, HUANG Z, et al., 2014. Effects of harvest residue management on soil carbon and nitrogen processes in a Chinese fir plantation[J]. Forest Ecology and Management, 326:163-170.

HU Z, MICHALETZ S T, JOHNSON D J, et al., 2018. Traits drive global wood decomposition rates more than climate[J]. Global Change Biology, 24(11):5259-5269.

HU Z, XU C, MCDOWELL N G, et al., 2017. Linking microbial community composition to C loss rates during wood decomposition[J]. Soil Biology and Biochemistry, 104: 108-116.

HUANG M, PIAO S, SUN Y, et al., 2015. Change in terrestrial ecosystem water-use efficiency over the last three decades[J]. Global Change Biology, 21(6): 2366-2378.

HUANG Z, CLINTON P W, DAVIS M R, 2011. Post-harvest residue management effects on recalcitrant carbon pools and plant biomarkers within the soil heavy fraction in *Pinus radiata* plantations[J]. Soil Biology and Biochemistry, 43(2): 404-412.

HUANG Z, WAN X, HE Z, et al., 2013. Soil microbial biomass, community composition and soil nitrogen cycling in relation to tree species in subtropical China[J]. Soil Biology and Biochemistry, 62: 68-75.

HUESO S, GARCÍA C, HERNÁNDEZ T, 2012. Severe drought conditions modify the microbial community structure, size and activity in amended and unamended soils[J]. Soil Biology and Biochemistry, 50: 167-173.

IDOL T W, FIGLER R A, POPE P E, et al., 2001. Characterization of coarse woody debris across a 100 year chronosequence of upland oak-hickory forests[J]. Forest Ecology and Management, 149(1-3): 153-161.

IPCC, 2014. Climate Change 2014-Impacts, Adaptation and Vulnerability: Part b: Regional Aspects: Working Group ii Contribution to the IPCC Fifth Assessment Report: Volume 2: Regional Aspects[M]. Cambridge: Cambridge University Press.

JACOBS J M, WORK T T, 2012. Linking deadwood-associated beetles and fungi with wood decomposition rates in managed black spruce forests[J]. Canadian Journal of Forest Research, 42(8): 1477-1490.

JACOBSEN R M, BIRKEMOE T, SVERDRUP-THYGESON A, 2015. Priority effects of early successional insects influence late successional fungi in dead wood[J]. Ecology and Evolution, 5: 4896-4905.

JANISCH J E, HARMON M E, CHEN H, et al., 2005. Decomposition of coarse woody debris originating by clearcutting of an old-growth conifer forest[J]. Ecoscience, 12(2): 151-160.

JANKOWSKI K, SCHINDLER D E, LISI P J, 2014. Temperature sensitivity of community respiration is associated with watershed geomorphic features[J]. Ecology, 95: 2707-2714.

JANSSENS I, DIELEMAN W, LUYSSAERT S, et al., 2010. Reduction of forest soil respiration in response to nitrogen deposition[J]. Nature Geoscience, 3(5): 315-322.

JENSEN T C, HESSEN D O, 2007. Does excess dietary carbon affect respiration of Daphnia?[J]. Oecologia, 152: 191-200.

JEPPESEN E, MOSS B, BENNION H, et al., 2010. Climate Change Impacts on Freshwater Ecosystems[M]. New Jersey: Wiley-Blackwell.

JONES J M, HEATH K D, FERRER A, et al., 2018. Wood decomposition in aquatic and terrestrial ecosystems in the tropics: contrasting biotic and abiotic processes[J]. FEMS Microbiology Ecology, 95(1): 223.

JOHNSON C E, SICCAMA T G, DENNY E G, et al., 2014. In situ decomposition of northern hardwood tree boles: decay rates and nutrient dynamics in wood and bark[J]. Canadian Journal of Forest Research, 44(12): 1515-1524.

JOHNSTON S R, BODDY L, WEIGHTMAN A J, 2016. Bacteria in decomposing wood and their interactions with wood-decay fungi[J]. FEMS Microbiology Ecology, 92(11): 1-12.

JOMURA M, KOMINAMI Y, DANNOURA M, et al., 2008. Spatial variation in respiration from coarse woody debris in a temperate secondary broad-leaved forest in Japan[J]. Forest Ecology and Management, 255(1): 149-155.

JONSSON B G, 2000. Availability of coarse woody debris in a boreal old-growth Picea abies forest[J]. Journal of Vegetation Science, 11(1): 51-56.

KAHL T, ARNSTADT T, BABER K, et al., 2017. Wood decay rates of 13 temperate tree species in relation to wood properties, enzyme activities and organismic diversities[J]. Forest Ecology & Management, 391: 86-95.

KAHL T, BABER K, OTT P, et al., 2015. Drivers of CO_2 Emission rates from dead wood logs of 13 tree species in the initial decomposition phase[J]. Forests, 6(7): 2484-2504.

KAISER C, FRANK A, WILD B, et al., 2010. Negligible contribution from roots to soil-borne phospholipid fatty acid fungal biomarkers 18: 2ω6,9 and 18: 1ω9[J]. Soil Biology and Biochemistry, 42(9): 1650-1652.

KAISER C, FRANKLIN O, DIECKMANN U, et al., 2014. Microbial community dynamics alleviate stoichiometric constraints during litter decay[J]. Ecology Letters, 17(6): 680-690.

KAPPES H, JABIN M, KULFAN J, et al., 2009. Spatial patterns of litter-dwelling taxa in relation to the amounts of coarse woody debris in European temperate deciduous forests[J]. Forest Ecology and Management, 257(4): 1255-1260.

KARJALAINEN L, KUULUVAINEN T, 2002. Amount and diversity of coarse woody debris within a boreal forest landscape dominated by *Pinus sylvestris* in Vienansalo wilderness, eastern Fennoscandia[J]. Silva Fennica, 36(1): 147-167.

KASPARI M, 2012. Stoichiometry[M]. New Jersey: Wiley-Blackwell.

KATTGE J, DIAZ S, LAVOREL S, et al., 2011. TRY-a global database of plant traits[J]. Global Change Biology, 17(9): 2905-2935.

KELLER M, PALACE M, ASNER G P, et al., 2004. Coarse woody debris in undisturbed and logged forests in the eastern Brazilian Amazon[J]. Global Change Biology, 10(5): 784-795.

KIM R, SON Y, HWANG J, 2004. Comparison of mass and nutrient dynamics of coarse woody debris between *Quercus serrata* and *Q. variabilis* stands in Yangpyeong[J]. The Korean Journal of Ecology, 27(2): 115-120.

KIM R H, SON Y, LIM J, et al., 2006. Coarse woody debris mass and nutrients in forest ecosystems of Korea[J]. Ecological

Research, 21(6): 819-827.

KLEIBER M, 1961. The Fire of Life[M]. New Jersey: John Wiley & Sons.

KLUTSCH J G, NEGRÓN J F, COSTELLO S L, et al., 2009. Stand characteristics and downed woody debris accumulations associated with a mountain pine beetle (*Dendroctonus ponderosae* Hopkins) outbreak in Colorado[J]. Forest Ecology and Management, 258(5): 641-649.

KNORR M, FREY S D, CURTIS P S, 2005. Nitrogen additions and litter decomposition: a meta-analysis[J]. Ecology, 86: 3252-3257.

KÖGEL-KNABNER I, 2002. The macromolecular organic composition of plant and microbial residues as inputs to soil organic matter[J]. Soil Biology and Biochemistry, 34(2): 139-162.

KÖHL M, NEUPANE P R, LOTFIOMRAN N, 2017. The impact of tree age on biomass growth and carbon accumulation capacity: a retrospective analysis using tree ring data of three tropical tree species grown in natural forests of Suriname[J]. PLoS ONE, 12(8): e0181187.

KONG C H, CHEN L C, XU X H, et al., 2008. Allelochemicals and activities in a replanted Chinese *Fir* (*Cunninghamia lanceolata* (Lamb.) hook) tree ecosystem[J]. Journal of Agricultural and Food Chemistry, 56(24): 11734-11739.

KÖRNER C, 2017. A matter of tree longevity[J]. Science, 355(6321): 130-131.

KRANKINA O N, HARMON M E, KUKUEV Y A, et al., 2002 Coarse woody debris in forest regions of Russia[J]. Canadian Journal of Forest Research, 32(5): 768-778.

KRINNER G, VIOVY N, DE NOBLET-DUCOUDRÉ N, et al., 2005. A dynamic global vegetation model for studies of the coupled atmosphere-biosphere system[J]. Global Biogeochemical Cycles, 19(1): GB1015.

KUBARTOVÁ A, OTTOSSON E, STENLID J, 2015. Linking fungal communities to wood density loss after 12 years of log decay[J]. FEMS Microbiology Ecology, 91(5): fiv032.

KUEPPERS L M, SOUTHON J, BAER P, et al., 2004. Dead wood biomass and turnover time, measured by radiocarbon, along a subalpine elevation gradient[J]. Oecologia, 141(4): 641-651.

LAGOMARSINO A, MEO I D, AGNELLI A E, et al., 2021. Decomposition of black pine (*Pinus nigra* J. F. Arnold) deadwood and its impact on forest soil components[J]. Science of The Total Environment, 754: 142039.

LAIHO R , PRESCOTT C E, 1999. The contribution of coarse woody debris to carbon, nitrogen, and phosphorus cycles in three Rocky Mountain coniferous forests[J]. Canadian Journal of Forest Research, 29(10): 1592-1603.

LAIHO R, PRESCOTT C E, 2004. Decay and nutrient dynamics of coarse woody debris in northern coniferous forests: a synthesis[J]. Canadian Journal of Forest Research, 34(4): 763-777.

LAL R, 2005. Forest soils and carbon sequestration[J]. Forest Ecology and Management, 220(1-3): 242-258.

LALIBERTÉ F, ZIKA J, MUDRYK L, et al., 2015. Constrained work output of the moist atmospheric heat engine in a warming climate[J]. Science, 347(6221): 540-543.

LAVOREL S, GARNIER E, 2002. Predicting changes in community composition and ecosystem functioning from plant traits: revisiting the Holy Grail[J]. Functional Ecology, 16(5): 545-556.

LI J, PEI J, PENDALL E, et al., 2020. Rising Temperature may trigger deep soil carbon loss across forest ecosystems[J]. Advanced Science, 7(19): 2001242.

LI Y, NIU S, YU G, 2016. Aggravated phosphorus limitation on biomass production under increasing nitrogen loading: a meta-analysis[J]. Global Change Biology, 22(2): 934-943.

LINDAHL B D, IHRMARK K, BOBERG J, et al., 2007. Spatial separation of litter decomposition and mycorrhizal nitrogen uptake in a boreal forest[J]. New Phytologist, 173: 611-620.

LINDER P, 1998. Structural changes in two virgin boreal forest stands in central Sweden over 72 years[J]. Scandinavian Journal of Forest Research, 13(1-4): 451-461.

LOMBARDI F, CHERUBINI P, TOGNETTI R, et al., 2013. Investigating biochemical processes to assess deadwood decay of beech and silver fir in Mediterranean mountain forests[J]. Annals of Forest Science, 70: 101-111.

LUO Y, SU B O, CURRIE W S, et al., 2004. Progressive nitrogen limitation of ecosystem responses to rising atmospheric carbon dioxide[J]. BioScience, 54(8): 731-739.

LUSTENHOUWER N, MAYNARD D S, BRADFORD M A, et al., 2020. A trait-based understanding of wood decomposition by fungi[J]. Proceedings of the National Academy of Sciences, 117(21): 11551-11558.

LÜTZOW M V, KÖGEL - KNABNER I, EKSCHMITT K, et al., 2006. Stabilization of organic matter in temperate soils: mechanisms and their relevance under different soil conditions-a review[J]. European Journal of Soil Science, 57: 426-445.

LUYSSAERT S, MARIE G, VALADE A, et al., 2018. Trade-offs in using European forests to meet climate objectives[J]. Nature, 562(7726): 259-262.

MACKENSEN J, BAUHUS J, 2003. Density loss and respiration rates in coarse woody debris of *Pinus radiata*, *Eucalyptus regnans* and Eucalyptus maculata[J]. Soil Biology and Biochemistry, 35: 177-186.

MACKENSEN J, BAUHUS J, WEBBER E, 2003. Decomposition rates of coarse woody debris-a review with particular emphasis on Australian tree species[J]. Australia Journal of Botany, 51(1): 27-37.

MACMILLAN P C, 1988. Decomposition of coarse woody debris in an old-growth Indiana forest[J]. Canadian Journal of Forest Research, 18(11): 1353-1362.

MAILLARD F, ANDREWS E, MORAN M, et al., 2021. Early chemical changes during wood decomposition are controlled by fungal communities inhabiting stems at treefall in a tropical dry forest[J]. Plant and Soil, 466: 373-389.

MAKINO W, GONG Q, URABE J, 2011. Stoichiometric effects of warming on herbivore growth: experimental test with plankters[J]. Ecosphere, 2(7): 1-11.

MAKIPAA R, RAJALA T, SCHIGEL D, et al., 2017. Interactions between soil- and deadwood-inhabiting fungal communities during the decay of Norway spruce logs[J]. Isme Journal, 11: 1964-1974.

MÄKIRANTA P, RIUTTA T, PENTTILÄ T, et al., 2010. Dynamics of net ecosystem CO_2 exchange and heterotrophic soil respiration following clearfelling in a drained peatland forest[J]. Agricultural and Forest Meteorology, 150(12): 1585-1596.

MANNING D W P, ROSEMOND A D, GULIS V, et al., 2018. Nutrients and temperature additively increase stream microbial respiration[J]. Global Change Biology, 24(1): e233-e247.

MANNING P, VAN DER PLAS F, SOLIVERES S, et al., 2018. Redefining ecosystem multifunctionality[J]. Nature Ecology & Evolution, 2(3): 427-436.

MANZONI S, SCHIMEL J P, PORPORATO A, 2012. Responses of soil microbial communities to water stress: results from a meta-analysis[J]. Ecology, 93(4): 930-938.

MARAÑÓN-JIMÉNEZ S, CASTRO J, 2013. Effect of decomposing post-fire coarse woody debris on soil fertility and nutrient availability in a Mediterranean ecosystem[J]. Biogeochemistry, 112: 519-535.

MARION P, VERONIQUE L, EDGAR T, et al., 2015. Deadwood biomass: an underestimated carbon stock in degraded tropical forests?[J]. Environmental Research Letters, 10(4): 1-12.

MARRA J L, EDMONDS R L, 1996. Coarse woody debris and soil respiration in a clearcut on the Olympic Peninsula, Washington, USA[J]. Canadian Journal of Forest Research, 26(8): 1337-1345.

MARTIUS C, 1989. Untersuchungen zur Ökologie des Holzabbaus Durch *Termiten* (Isoptera) in Zentralamazonischen Überschwemmungswäldern[M]. Várzea: Afra-Verlag Publishing.

MARX L, WALTERS M B, 2008. Survival of tree seedlings on different species of decaying wood maintains tree distribution in Michigan hemlock–hardwood forests[J]. Journal of Ecology, 96(3): 505-513.

MATTSON K G, SWANK W T, WAIDE J B, 1987. Decomposition of woody debris in a regenerating, clear-cut forest in the Southern Appalachians[J]. Canadian Journal of Forest Research, 17: 712-721.

MATULICH K L, MARTINY J B H, 2015. Microbial composition alters the response of litter decomposition to environmental change[J]. Ecology, 96(1): 154-163.

MARTIN A R, DORAISAMI M, THOMAS S C, 2018. Global patterns in wood carbon concentration across the world's trees and forests[J]. Nature Geoscience, 11: 915-920.

MAYNARD D S, CROWTHER T W, BRADFORD M A, 2017. Fungal interactions reduce carbon use efficiency[J]. Ecology Letters, 20: 1034-1042.

MAZZIOTTA A, MÖNKKÖNEN M, STRANDMAN H, et al., 2014. Modeling the effects of climate change and management on the dead wood dynamics in boreal forest plantations[J]. European Journal of Forest Research, 133(3): 405-421.

MCFEE W W, STONE E L, 1966. The persistence of decaying wood in the humus layers of northern forests[J]. Soil Science Society of America Journal, 30(4): 513-516.

MCMAHON T A, KRONAUER R E, 1976. Tree structures: deducing the principle of mechanical design[J]. Journal of Theoretical Biology, 59(2): 443-466.

MEANS J E, CROMACK JR K, MACMILLAN P C, 1985. Comparison of decomposition models using wood density of *Douglas-fir* logs[J]. Canadian Journal of Forest Research, 15(6): 1092-1098.

MEANS J E, MACMILLAN P C, CROMACK JR K, 1992. Biomass and nutrient content of *Douglas-fir* logs and other detrital pools in an old-growth forest, Oregon, USA[J]. Canadian Journal of Forest Research, 22(10): 1536-1546.

MEENTEMEYER V, 1978. Macroclimate the lignin control of litter decomposition rates[J]. Ecology, 59(3): 465-472.

METZGER K L, SMITHWICK E A H, TINKER D B, et al., 2008. Influence of coarse wood and pine saplings on nitrogen mineralization and microbial communities in young *Post-fire Pinus contorta*[J]. Forest Ecology and Management, 256(1-2): 59-67.

MEYER N, XU Y, KARJALAINEN K, et al., 2022. Living, dead, and absent trees—How do moth outbreaks shape small-scale patterns of soil organic matter stocks and dynamics at the subarctic mountain birch treeline?[J]. Global Change Biology, 28: 441-462.

MICHALETZ S T, CHENG D, KERKHOFF A J, et al., 2014. Convergence of terrestrial plant production across global climate gradients[J]. Nature, 512(7512): 39-43.

MILLER W E, 1983. Decomposition rates of aspen bole and branch litter[J]. Forest Science, 29(2): 351-356.

MINNICH C, PEROH D, POLL C, 2020. Changes in chemical and microbial soil parameters following 8 years of deadwood decay: an experiment with logs of 13 tree species in 30 forests[J]. Ecosystems, 24: 955-967.

MINNICH R A, BARBOUR M G, BURK J H, et al., 2000. Californian mixed-conifer forests under unmanaged fire regimes in the Sierra San Pedro Mártir, Baja California, Mexico[J]. Journal of Biogeography, 27(1): 105-129.

MOGHIMIAN N, JALALI S G, KOOCH Y, 2020. Downed logs improve soil properties in old-growth temperate forests of northern Iran[J]. Pedosphere, 30(3): 378-389.

MOORE T R, TROFYMOW J A, TAYLOR B, et al., 1999. Litter decomposition rates in Canadian forests[J]. Global Change

Biology, 5(1): 75-82.
MOORE, J C, BERLOW E L, COLEMAN D C, et al., 2004. Detritus, trophic dynamics and biodiversity[J]. Ecology Letters, 7(7): 584-600.
MOORHEAD D L, SINSABAUGH R L, HILL B H, et al., 2016. Vector analysis of ecoenzyme activities reveal constraints on coupled C, N and P dynamics[J]. Soil Biology and Biochemistry, 93: 1-7.
MORI S, ITOH A, NANAMI S, et al., 2014. Effect of wood density and water permeability on wood decomposition rates of 32 Bornean rainforest trees[J]. Journal of Plant Ecology, 7(4): 356-363.
MUKHIN V A, VORONIN P Y, 2007. Mycogenic decomposition of wood and carbon emission in forest ecosystems[J]. Russian Journal of Ecology, 38(1): 22-26.
NALLY R M, PARKINSON A, HORROCKS G, et al., 2001. Relationships between terrestrial vertebrate diversity, abundance and availability of coarse woody debris on south-eastern Australian floodplains[J]. Biological Conservation, 99(2): 191-205.
NAUDTS K, CHEN Y, MCGRATH M J, et al., 2016. Europe's forest management did not mitigate climate warming[J]. Science, 351(6273): 597-600.
NAVE L E, VANCE E D, SWANSTON C W, et al., 2010. Harvest impacts on soil carbon storage in temperate forests[J]. Forest Ecology and Management, 259(5): 857-866.
NIKLAS K J, 1995. Size-dependent allometry of tree height, diameter and trunk-taper[J]. Annals of Botany, 75(3): 217-227.
NOLL L, LEONHARDT S, ARNSTADT T, et al., 2016. Fungal biomass and extracellular enzyme activities in coarse woody debris of 13 tree species in the early phase of decomposition[J]. Forest Ecology and Management, 378: 181-192.
NORDÉN B, GÖTMARK F, TÖNNBERG M, et al., 2004. Dead wood in semi-natural temperate broadleaved woodland: contribution of coarse and fine dead wood, attached dead wood and stumps[J]. Forest Ecology and Management, 194(1-3): 235-248.
NOTTINGHAM A T, HICKS L C, CCAHUANA A J Q, et al., 2018. Nutrient limitations to bacterial and fungal growth during cellulose decomposition in tropical forest soils[J]. Biology and Fertility of Soils, 54(2): 219-228.
OBERLE B, LEE M R, MYERS J A, et al., 2020. Accurate forest projections require long-term wood decay experiments because plant trait effects change through time[J]. Global Change Biology, 26(2): 864-875.
ODUM H T, PIGEON R F, 1970. A Tropical Rain Forest: a Study of Irradiation and Ecology at El Verde, Puerto Rico[R]. Chapel Hill: North Carolina University, Puerto Rico Nuclear Center, Rio Piedras.
OHEIMB G V, WESTPHAL C, HÄRDTLE W, 2007. Diversity and spatio-temporal dynamics of dead wood in a temperate near-natural beech forest (Fagus sylvatica)[J]. European Journal of Forest Research, 126(3): 359-370.
OLAJUYIGBE S, TOBIN B, NIEUWENHUIS M, 2012. Temperature and moisture effects on respiration rate of decomposing logs in a Sitka spruce plantation in Ireland[J]. Forestry, 85(4): 485-496.
OLESON K W, LAWRENCE D M, GORDON B, et al., 2013. Technical description of version 4.5 of the Community Land Model (CLM)[M]. Boulder: UCAR/NCAR-Library.
OLSON J S, 1963. Energy storage and the balance of producers and decomposers in ecological systems[J]. Ecology, 44(2): 322-331.
ONEGA T L, EICKMEIER W G, 1991. Woody detritus inputs and decomposition kinetics in a southern Temperate deciduous forest[J]. Bulletin of the Torrey Botanical Club, 118(1): 52-57.
OSTROWSKA A, POREBSKA G, 2015. Assessment of the C/N ratio as an indicator of the decomposability of organic

matter in forest soils[J]. Ecological Indicators: Integrating, Monitoring, Assessment and Management, 49: 104-109.

PALVIAINEN M, FINÉR L, 2015. Decomposition and nutrient release from Norway spruce coarse roots and stumps-A 40-year chronosequence study[J]. Forest Ecology and Management, 358: 1-11.

PAN Y, BIRDSEY R A, FANG J, et al., 2011. A large and persistent carbon sink in the world's forests[J]. Science, 333(6045): 988-993.

PARISI F, PIOLI S, LOMBARDI F, et al., 2018. Linking deadwood traits with saproxylic invertebrates and fungi in European forests-a review[J]. iForest-Biogeosciences and Forestry, 11:423-436.

PARKER T J, CLANCY K M, MATHIASEN R L, 2006. Interactions among fire, insects and pathogens in coniferous forests of the interior western United States and Canada[J]. Agricultural and Forest Entomology, 8(3): 167-189.

PARTON W, SILVER W L, BURKE I C, et al., 2007. Global-scale similarities in nitrogen release patterns during long-term decomposition[J]. Science, 315(5810): 361-364.

PASTOR J, POST W M, 1986. Influence of climate, soil moisture, and succession on forest carbon and nitrogen cycles[J]. Biogeochemistry, 2: 3-27.

PEARCE R.B. 2010. Antimicrobial defences in the wood of living trees[J]. New Phytologist, 132 (2): 203-233.

PEDLAR J H, PEARCE J L, VENIER L A, et al., 2002. Coarse woody debris in relation to disturbance and forest type in boreal Canada[J]. Forest Ecology and Management, 158(1-3): 189-194.

PERKINS D M, YVON-DUROCHER G, DEMARS B O L, et al., 2012. Consistent temperature dependence of respiration across ecosystems contrasting in thermal history[J]. Global Change Biology, 18: 1300-1311.

PERSSON T, 2013. Environmental consequences of tree-stump harvesting[J]. Forest Ecology and Management, 290: 1-4.

PERSSON Y, IHRMARK K, STENLID J, 2011. Do bark beetles facilitate the establishment of rot fungi in Norway spruce?[J]. Fungal Ecology, 4(4): 262-269.

PETERSSON H, MELIN Y, 2010. Estimating the biomass and carbon pool of stump systems at a national scale[J]. Forest Ecology and Management, 260(4): 466-471.

PHILPOTT T J, PRESCOTT C E, CHAPMAN W K, et al., 2014. Nitrogen translocation and accumulation by a cord-forming fungus (Hypholoma fasciculare) into simulated woody debris[J]. Forest Ecology & Management, 315: 121-128.

PIASZCZYK W, BOŃSKA E, LASOTA J, 2019. Soil biochemical properties and stabilisation of soil organic matter in relation to deadwood of different species[J]. FEMS Microbiology Ecology, 95(3):fiz011.

PIETIKÄINEN J, PETTERSSON M, BÅÅTH E, 2005. Comparison of temperature effects on soil respiration and bacterial and fungal growth rates[J]. FEMS Microbiology Ecology, 52(1): 49-58.

PIETSCH K A, OGLE K, CORNELISSEN J H C, et al. 2014. Global relationship of wood and leaf litter decomposability: the role of functional traits within and across plant organs[J]. Global Ecology and Biogeography, 23(9): 1046-1057.

PIIRAINEN S, FINER L, MANNERKOSKI H, et al., 2007. Carbon, nitrogen and phosphorus leaching after site preparation at a boreal forest clear-cut area[J]. Forest Ecology and Management, 243(1): 10-18.

PRESTON C M, BHATTI J S, FLANAGAN L B, et al., 2006. Stocks, chemistry, and sensitivity to climate change of dead organic matter along the Canadian boreal forest transect case study[J]. Climatic Change, 74(1): 223-251.

PRESTON C M, TROFYMOW J A, NAULT J R, 2012. Decomposition and change in N and organic composition of small-diameter *Douglas-fir* woody debris over 23 years[J]. Canadian Journal of Forest Research, 42(6): 1153-1167.

PRESTON C M, TROFYMOW J A, NIU J, et al., 1998. ^{13}C PMAS-NMR spectroscopy and chemical analysis of coarse woody debris in coastal forests of Vancouver Island[J]. Forest Ecology and Management, 111(1): 51-68.

PRESTON K A, CORNWELL W K, DENOYER J L, 2006. Wood density and vessel traits as distinct correlates of ecological

strategy in 51 California coast range angiosperms[J]. New Phytologist, 170(4): 807-818.
PREWITT L, KANG Y, KAKUMANU M, et al., 2014. Fungal and bacterial community succession differs for three wood types during decay in a forest soil[J]. Microbial Ecology, 68(2): 212-221.
PRICE P B, SOWERS T, 2004. Temperature dependence of metabolic rates for microbial growth, maintenance, and survival[J]. Proceedings of the National Academy of Sciences of the United States of America, 101(13): 4631-4636.
PROGAR A R, SCHOWALTER D T, FREITAG M C, et al., 2000. Respiration from coarse woody debris as affected by moisture and saprotroph functional diversity in Western Oregon[J]. Oecologia, 124(3): 426-431.
PURAHONG W, WUBET T, KRÜGER D, et al., 2018a. Molecular evidence strongly supports deadwood-inhabiting fungi exhibiting unexpected tree species preferences in temperate forests[J]. ISME Journal, 12: 289-295.
PURAHONG W, ARNSTADT T, KAHL T, et al., 2016a. Are correlations between deadwood fungal community structure, wood physico-chemical properties and lignin-modifying enzymes stable across different geographical regions?[J]. Fungal Ecology, 22: 98-105.
PURAHONG W, SCHLOTER M, PECYNA M J, et al., 2014. Uncoupling of microbial community structure and function in decomposing litter across beech forest ecosystems in Central Europe[J]. Scientific Reports, 4(1): 1-7.
PURAHONG W, WUBET T, KAHL T, et al., 2018b. Increasing N deposition impacts neither diversity nor functions of deadwood-inhabiting fungal communities, but adaptation and functional redundancy warrants ecosystem function[J]. Environmental Microbiology, 20(5): 1693-1710.
PURAHONG W, WUBET T, LENTENDU G, et al., 2018c. Determinants of deadwood-inhabiting fungal communities in temperate forests: molecular evidence from a large scale deadwood decomposition experiment[J]. Frontiers in Microbiology, 9: 2120.
PURAHONG W, KRÜGER D, BUSCOT F, et al., 2016b. Correlations between the composition of modular fungal communities and litter decomposition-associated ecosystem functions[J]. Fungal Ecology, 22: 106-114.
PURAHONG W, KAHL T, KRUGER D, et al., 2019a. Home-field advantage in wood decomposition is mainly mediated by fungal community shifts at "home" versus "away"[J]. Microbial Ecology, 78: 725-736.
PURAHONG W, PIETSCH K A, BRUELHEIDE H, et al., 2019b. Potential links between wood-inhabiting and soil fungal communities: evidence from high-throughput sequencing[J]. Microbiologyopen, 8(9): e00856.
PURHONEN J, OVASKAINEN O, HALME P, et al., 2020. Morphological traits predict host-tree specialization in wood-inhabiting fungal communities[J]. Fungal Ecology, 46: 100863.
RAJALA T, PELTONIEMI M, PENNANEN T, MÄKIPÄÄ R, 2012. Fungal community dynamics in relation to substrate quality of decaying Norway spruce (*Picea abies*[L.] Karst.) logs in boreal forests[J]. FEMS Microbiology Ecology, 81(2): 494-505.
RANIUS T, JONSSON B G, KRUYS N, 2004. Modeling dead wood in Fennoscandian old-growth forests dominated by Norway spruce[J]. Canadian Journal of Forest Research, 34(5): 1025-1034.
REICHSTEIN M, BAHN M, CIAIS P, et al., 2013. Climate extremes and the carbon cycle[J]. Nature, 500(7462): 287-295.
REINERS W A, 1986. Complementary models for ecosystems[J]. The American Naturalist, 127: 59-73.
RICHARDS E H, NORMAN A G, 1931. The biological decomposition of plant materials: Some factors determining the quantity of nitrogen immobilised during decomposition[J]. Biochemical Journal, 25(5): 1769.
RICKER M C, BLOSSER G D, CONNER W H, et al., 2019. Wood biomass and carbon pools within a floodplain forest of the Congaree River, South Carolina, USA[J]. Wetlands, 39(5): 1003-1013.
RINNE K T, RAJALA T, PELTONIEMI K, et al., 2017. Accumulation rates and sources of external nitrogen in decaying

wood in a Norway spruce dominated forest[J]. Functional Ecology, 31(2): 530-541.

RINNE K T, PELTONIEMI K, CHEN J, et al., 2019. Carbon flux from decomposing wood and its dependency on temperature, wood N_2 fixation rate, moisture and fungal composition in a Norway spruce forest[J]. Global Change Biology, 25(5): 1852-1867.

ROMERO L M, SMITH T J, FOURQUREAN J W, 2005. Changes in mass and nutrient content of wood during decomposition in a south Florida mangrove forest[J]. Journal of Ecology, 93(3): 618-631.

ROSSWALL T, VEUM A K, KÄRENLAMPI L, 1975. Plant Litter Decomposition at Fennoscandian Tundra Sites[M] // Fennoscandian Tundra Ecosystem, Part 1: Plants and Microorganisms. Berlin: Springer-Verlag.

ROUSK J, BÅÅTH E, 2007. Fungal and bacterial growth in soil with plant materials of different C/N ratios[J]. FEMS Microbiology Ecology, 62: 258-267.

ROUSK J, FREY S D, 2015. Revisiting the hypothesis that fungal-to-bacterial dominance characterizes turnover of soil organic matter and nutrients[J]. Ecological Monographs, 85(3): 457-472.

RUSSELL J B, COOK G M, 1995. Energetics of bacterial growth: balance of anabolic and catabolic reactions[J]. Microbiology and Molecular Biology Reviews, 59: 48-62.

RUSSELL M, WOODALL C, FRAVER S, et al., 2014. Residence times and decay rates of downed woody debris biomass/carbon in eastern US forests[J]. Ecosystems, 17(5): 765-777.

RUSSELL M B, FRAVER S, AAKALA T, et al., 2015. Quantifying carbon stores and decomposition in dead wood: a review[J]. Forest Ecology and Management, 350: 107-128.

SANTIAGO L S, 2000. Use of coarse woody debris by the plant community of a Hawaiian montane cloud forest[J]. Biotropica, 32(4a): 633-641.

SAVELY H E, 1939. Ecological relations of certain animals in dead pine and oak logs[J]. Ecological Monographs, 9(3): 321-385.

SCHENKER N, TAYLOR J M G, 1996. Partially parametric techniques for multiple imputation[J]. Computational Statistics & Data Analysis, 22(4): 425-446.

SCHILLING J S, AYRES A, KAFFENBERGER J T, et al., 2015. Initial white rot type dominance of wood decomposition and its functional consequences in a regenerating tropical dry forest[J]. Soil Biology and Biochemistry, 88: 58-68.

SCHOWALTER T D, ZHANG Y L, SABIN T E, 1998. Decomposition and nutrient dynamics of oak *Quercus* spp. logs after five years of decomposition[J]. Ecography, 21(1): 3-10.

SEIBOLD S, RAMMER W, HOTHORN T, et al., 2021. The contribution of insects to global forest deadwood decomposition[J]. Nature, 597(7874): 77-81.

SEIDL R, THOM D, KAUTZ M, et al., 2017. Forest disturbances under climate change[J]. Nature Climate Change, 7(6): 395-402.

SELMANTS P C, LITTON C M, GIARDINA C P, et al., 2014. Ecosystem carbon storage does not vary with mean annual temperature in Hawaiian tropical montane wet forests[J]. Global Change Biol, 20(9): 2927-2937.

SHENG H, YANG Y, YANG Z, et al., 2010. The dynamic response of soil respiration to land-use changes in subtropical China[J]. Global Change Biology, 16(3): 1107-1121.

SHIROUZU T, OSONO T, HIROSE D, 2014. Resource utilization of wood decomposers: mycelium nuclear phases and host tree species affect wood decomposition by *Dacrymycetes*[J]. Fungal Ecology, 9: 11-16.

SHOROHOVA E, IGNATYEVA O, KAPITSA E, et al., 2012. Stump decomposition rates after clear-felling with and without prescribed burning in southern and northern boreal forests in Finland[J]. Forest Ecology and Management, 263: 74-84.

SHOROHOVA E, KAPITSA E, 2014a. Influence of the substrate and ecosystem attributes on the decomposition rates of coarse woody debris in European boreal forests[J]. Forest Ecology and Management, 315: 173-184.

SHOROHOVA E, KAPITSA E, 2014b. Mineralization and fragmentation rates of bark attached to logs in a northern boreal forest[J]. Forest Ecology and Management, 315: 185-190.

SHOROHOVA E, KAPITSA E, VANHA-MAJAMAA I, 2008. Decomposition of stumps 10 years after partial and complete harvesting in a southern boreal forest in Finland[J]. Canadian Journal of Forest Research, 38(9): 2414-2421.

SIBLY R M, BROWN J H, KODRICBROWN A, 2012. Metabolic ecology: a scaling approach[J]. Wiley-Blackwell, 2(2): 112-119.

SIITONEN J, MARTIKAINEN P, PUNTTILA P, et al., 2000. Coarse woody debris and stand characteristics in mature managed and old-growth boreal mesic forests in southern Finland[J]. Forest Ecology and Management, 128(3): 211-225.

SINSABAUGH R L, ANTIBUS R K, LINKINS A E, et al., 1993. Wood decomposition: nitrogen and phosphorus dynamics in relation to extracellular enzyme activity[J]. Ecology, 74(5): 1586-1593.

SINSABAUGH R L, FOLLSTAD S J J, 2010. Integrating resource utilization and temperature in metabolic scaling of riverine bacterial production[J]. Ecology, 91: 1455-1465.

SINSABAUGH R L, FOLLSTAD S J J, 2012. Ecoenzymatic stoichiometry and ecological theory[J]. Annual Review of Ecology, Evolution, and Systematics, 43: 313-343.

SINSABAUGH R L, HILL B H, FOLLSTAD S J J, 2009. Ecoenzymatic stoichiometry of microbial organic nutrient acquisition in soil and sediment[J]. Nature, 462(7274): 795-798.

SINSABAUGH R L, LAUBER C L, WEINTRAUB M N, et al., 2008. Stoichiometry of soil enzyme activity at global scale[J]. Ecology Letters, 11(11): 1252-1264.

SINSABAUGH R L, MANZONI S, MOORHEAD D L, et al., 2013. Carbon use efficiency of microbial communities: stoichiometry, methodology and modelling[J]. Ecol Lett, 16(7): 930-939.

SITCH S, SMITH B, PRENTICE I C, et al., 2003. Evaluation of ecosystem dynamics, plant geography and terrestrial carbon cycling in the LPJ dynamic global vegetation model[J]. Global Change Biology, 9(2): 161-185.

SIX J, FREY S D, THIET R K, et al., 2006. Bacterial and fungal contributions to carbon sequestration in agroecosystems[J]. Soil Science Society of America Journal, 70(2): 555-569.

SOLLINS P, 1982. Input and decay of coarse woody debris in coniferous stands in western Oregon and Washington[J]. Canadian Journal of Forest Research, 12(1): 18-28.

SOLLINS P, CLINE S P, VERHOEVEN T, et al., 1987. Patterns of log decay in old-growth *Douglas-fir* forests[J]. Canadian Journal of Forest Research, 17(12): 1585-1595.

SOUTHWOOD T R E, HENDERSON P A, 2000. Ecological Methods[M]. Oxford: Blackwell Publishing.

SPIES T A, FRANKLIN J F, THOMAS T B, 1988. Coarse woody debris in *Douglas-fir* forests of western oregon and washington[J]. Ecology, 69(6): 1689-1702.

STELZER R S, HEFFERNAN J, LIKENS G E, 2003. The influence of dissolved nutrients and particulate organic matter quality on microbial respiration and biomass in a forest stream[J]. Freshwater Biology, 48(11): 1925-1937.

STERNER R W, ELSER J J, 2002. Ecological Stoichiometry: the Biology of Elements from Molecules to the Biosphere[M]. Princeton: Princeton University.

STOKLAND J N, SIITONEN J, JONSSON B G, 2012. Biodiversity in Dead Wood[M]. New York: Cambridge University Publishing.

STONE J N, MACKINNON A, PARMINTER J V, et al., 1998. Coarse woody debris decomposition documented over 65 years on southern Vancouver Island[J]. Canadian Journal of Forest Research, 28(5): 788-793.

STURTEVANT B R, BISSONETTE J A, LONG J N, et al., 1997. Coarse woody debris as a function of age, stand structure, and disturbance in boreal newfoundland[J]. Ecological Applications, 7(2): 702-712.

STUTZ K P, DANN D, WAMBSGANSS J, et al., 2017. Phenolic matter from deadwood can impact forest soil properties[J]. Geoderma, 288: 204-212.

SWIFT M J, HEAL O W, ANDERSON J M, 1979. Decomposition in Terrestrial Ecosystems[M]. Los Angeles: University of California Publishing.

TAKAMURA K, 2001. Effects of termite exclusion on decay of heavy and light hardwood in a tropical rain forest of peninsular malaysia[J]. Journal of Tropical Ecology, 17(4): 541-548.

TAYLOR B R, PRESCOTT C E, PARSONS W J F, et al., 1991. Substrate control of litter decomposition in four Rocky Mountain coniferous forests[J]. Canadian Journal of Botany, 69(10): 2242-2250.

TEAM R C, TEAM R, 2014. A language and environment for statistical computing. R foundation for statistical computing[J]. Computing, 1: 12-21.

TEDERSOO L, BAHRAM M, PÕLME S, et al., 2014. Global diversity and geography of soil fungi[J]. Science, 346(6213): 1256688.

TENNEY F G, WAKSMAN S A, 1929. Composition of natural organic materials and their decomposition in the soil: Ⅳ. The nature and rapidity of decomposition of the various organic complexes in different plant materials, under aerobic conditions[J]. Soil Science, 28(1): 55.

THEANDER O, AMAN P, WESTERLUND E, et al., 1995. Total dietary fiber determined as neutral sugar residues, uronic acid residues, and Klason lignin (the Uppsala method): collaborative study[J]. Journal of AOAC International, 78(4): 1030-1044.

THEODOROU M E, ELRIFI I R, TURPIN D H, et al., 1991. Effects of phosphorus limitation on respiratory metabolism in the green alga Selenastrum minutum[J]. Plant Physiology, 95(4): 1089-1095.

TIAN H Q, CHEN G S, ZHANG C, et al., 2010. Pattern and variation of C：N：P ratios in China's soils: a synthesis of observational data[J]. Biogeochemistry, 98: 139-151.

TINKER B D, KNIGHT H D, 2000. Coarse woody debris following fire and logging in wyoming lodgepole pine forests[J]. Ecosystems, 3(5): 472-483.

TLÁSKAL V, BRABCOVÁ V, VĚTROVSKÝ T, et al., 2021. Complementary roles of wood-inhabiting fungi and bacteria facilitate deadwood decomposition[J]. mSystems, 6: e01078-20.

TORRES J A, GONZÁLEZ G, 2005. Wood decomposition of *Cyrilla racemiflora* (Cyrillaceae)in puerto rican dry and wet forests: a 13-year case study[J]. Biotropica, 37(3): 452-456.

TRESEDER K K, 2008. Nitrogen additions and microbial biomass: A meta-analysis of ecosystem studies[J]. Ecology letters, 11(10): 1111-1120.

TYBIRK K, NILSSON M C, MICHELSON A, et al., 2000. Nordic *Empetrum* dominated ecosystems: function and susceptibility to environmental changes[J]. Ambio, 29(2): 90-97.

ULYSHEN M D, 2015. Insect-mediated nitrogen dynamics in decomposing wood[J]. Ecological Entomology, 40:97-112.

ULYSHEN M D, WAGNER T L, MULROONEY J E, 2014. Contrasting effects of insect exclusion on wood loss in a temperate forest[J]. Ecosphere, 5(4): art47.

VALENTIN L, RAJALA T, PELTONIEMI M, et al., 2014. Loss of diversity in wood-inhabiting fungal communities affects decomposition activity in Norway spruce wood[J]. Frontiers in Microbiology, 5:1-11.

VAN BUUREN S, GROOTHUIS-OUDSHOORN K, 2011. Mice: multivariate imputation by chained equations in R[J]. Journal of Statistical Software, 45(3): 1-67.

VAN DER WAL A, DE BOER W, SMANT W, et al., 2007. Initial decay of woody fragments in soil is influenced by size, vertical position, nitrogen availability and soil origin[J]. Plant Soil, 301(1-2): 189-201.

VAN DER WAL A, OTTOSSON E, DE BOER W, 2014. Neglected role of fungal community composition in explaining variation in wood decay rates[J]. Ecology, 96(1): 124-133.

VAN GEFFEN K G, POORTER L, SASS-KLAASSEN U, et al., 2010. The trait contribution to wood decomposition rates of 15 neotropical tree species[J]. Ecology, 91(12): 3686-3697.

VAN GELDER H A, POORTER L, STERCK F J, 2006. Wood mechanics, allometry, and life-history variation in a tropical rain forest tree community[J]. New Phytologist, 171(2): 367-378.

VASCONCELLOS A, DA SILVA MOURA F M, 2010. Wood litter consumption by three species of Nasutitermes termites in an area of the Atlantic Coastal Forest in northeastern Brazil[J]. Journal of Insect Science, 10(1): 72-80.

VERBRUGGEN E, JANSA J, HAMMER E C, et al., 2016. Do arbuscular mycorrhizal fungi stabilize litter-derived carbon in soil?[J]. Journal of Ecology, 104(1): 261-269.

VITOUSEK P M, PORDER S, HOULTON B Z, et al., 2010. Terrestrial phosphorus limitation: mechanisms, implications, and nitrogen-phosphorus interactions[J]. Ecological Applications, 20: 5-15.

VITOUSEK P M, TURNER D R, PARTON W J, et al., 1994. Litter decomposition on the mauna loa environmental matrix, Hawaii: patterns, mechanisms, and models[J]. Ecology, 75(2): 418-429.

VIVANCO L, AUSTIN A T, 2011. Nitrogen addition stimulates forest litter decomposition and disrupts species interactions in Patagonia, Argentina[J]. Global Change Biology, 17(5): 1963-1974.

VOŘÍŠKOVÁ J, BALDRIAN P, 2013. Fungal community on decomposing leaf litter undergoes rapid successional changes[J]. The ISME Journal, 7(3): 477-486.

WAKSMAN S A, TENNEY F G, 1927. The composition of natural organic materials and their decomposition in the soil: Ⅱ. Influence of age of plant upon the rapidity and nature of its decomposition—rye plants[J]. Soil Science, 24(5): 317-334.

WALDROP M P, FIRESTONE M K, 2004. Microbial community utilization of recalcitrant and simple carbon compounds: impact of oak-woodland plant communities[J]. Oecologia, 138(2): 275-284.

WALKER J K M, WARD V, PATERSON C, et al., 2012. Coarse woody debris retention in subalpine clearcuts affects ectomycorrhizal root tip community structure within fifteen years of harvest[J]. Applied Soil Ecology, 60: 5-15.

WALKER T W, SYERS J K, 1976. The fate of phosphorus during pedogenesis[J]. Geoderma, 15(1): 1-19.

WALL A, 2008. Effect of removal of logging residue on nutrient leaching and nutrient pools in the soil after clearcutting in a Norway spruce stand[J]. Forest Ecology and Management, 256(6): 1372-1383.

WANG C, BOND-LAMBERTY B, GOWER S, 2002. Environmental controls on carbon dioxide flux from black spruce coarse woody debris[J]. Oecologia, 132(3): 374-381.

WANG G, POST W M, MAYES M A, et al., 2012. Parameter estimation for models of ligninolytic and cellulolytic enzyme kinetics[J]. Soil Biology and Biochemistry, 48: 28-38.

WEATHERALL A, PROE M F, CRAIG J, et al., 2006. Tracing N, K, Mg and Ca released from decomposing biomass to new tree growth. Part Ⅱ: A model system simulating root decomposition on clearfell sites[J]. Biomass and Bioenergy, 30(12): 1060-1066.

WEEDON J T, CORNWELL W K, CORNELISSEN J, et al., 2009. Global meta-analysis of wood decomposition rates: a role for trait variation among tree species?[J]. Ecology Letters, 12: 45-56.

WEST G B, BROWN J H, ENQUIST B J, 1999. A general model for the structure and allometry of plant vascular systems[J]. Nature, 400(6745): 664-667.

WETTERSTEDT J A M, PERSSON T, AGREN G I, 2010. Temperature sensitivity and substrate quality in soil organic matter decomposition: results of an incubation study with three substrates[J]. Global Change Biology, 16: 1806-1819.

WIDER R K, LANG G E, 1982. A critique of the analytical methods used in examining decomposition data obtained from litter bags[J]. Ecology, 63(6): 1636-1642.

WOODALL C W, RUSSELL M B, WALTERS B F, et al., 2015. Net carbon flux of dead wood in forests of the Eastern US[J]. Oecologia, 177(3): 861-874.

WOODS H A, MAKINO M, COTNER J B, et al., 2003. Temperature and the chemical composition of poikilothermic organisms[J]. Functional Ecology, 17: 237-245.

WU C S, ZHANG Z J, SHU C J, et al., 2020. The response of coarse woody debris decomposition and microbial community to nutrient additions in a subtropical forest[J]. Forest Ecology and Management, 460: 117799.

YAN G, DONG X, HUANG B, et al., 2020. Effects of N deposition on litter decomposition and nutrient release mediated by litter types and seasonal change in a temperate forest[J]. Canadian Journal of Soil Science, 100(1): 11-25.

YANG F F, LI Y L, ZHOU G Y, et al., 2010. Dynamics of coarse woody debris and decomposition rates in an old-growth forest in lower tropical China[J]. Forest Ecology and Management, 259(8): 1666-1672.

YANG S, LIMPENS J, STERCKF J, et al., 2021. Dead wood diversity promotes fungal diversity[J]. Oikos, 130: 2202-2216.

YATSKOV M, HARMON M E, KRANKINA O N, 2003. A chronosequence of wood decomposition in the boreal forests of Russia[J]. Canadian Journal of Forest Research, 33(7): 1211-1226.

YIN X, 1999. The decay of forest woody debris: numerical modeling and implications based on some 300 data cases from North America[J]. Oecologia, 121(1): 81-98.

YONEDA T, TAMIN R, OGINO K, 1990. Dynamics of aboveground big woody organs in a foothill dipterocarp forest, West Sumatra, Indonesia[J]. Ecological Research, 5(1): 111-130.

YOON T K, HAN S, LEE D, et al., 2014. Effects of sample size and temperature on coarse woody debris respiration from *Quercus* variabilis logs[J]. Journal of Forest Research, 19(2): 249-259.

YOU Y H, KIM J H, 2002. Production of mass and nutrient content of decaying boles in mature deciduous forest in Kwangnung Experimental Forest Station, Korea[J]. The Korean Journal of Ecology, 25(4): 261-265.

YU Z, ZHAO H, LIU S, et al., 2020. Mapping forest type and age in China's plantations[J]. Science of The Total Environment, 744: 140790.

YUAN Y, LI Y, MOU Z, et al., 2021. Phosphorus addition decreases microbial residual contribution to soil organic carbon pool in a tropical coastal forest[J]. Global Change Biology, 27: 454-466.

YUAN Z, CHEN H Y, 2009. Global trends in senesced-leaf nitrogen and phosphorus[J]. Global Ecology and Biogeography, 18(5): 532-542.

YVON-DUROCHER G, CAFFREY J M, CESCATTI A, et al., 2012. Reconciling the temperature dependence of respiration across timescales and ecosystem types[J]. Nature, 487: 472-476.

YVON-DUROCHER G, JONES J I, TRIMMER M, et al., 2010. Warming alters the metabolic balance of ecosystems[J]. Philosophical Transactions of the Royal Society B: Biological Sciences, 365(1549): 2117-2126.

ZAEHLE S, FRIEND A D, 2010. Carbon and nitrogen cycle dynamics in the O-CN land surface model: 1. Model description, site-scale evaluation, and sensitivity to parameter estimates[J]. Global Biogeochemical Cycles, 24(1):

GB1005.

ZALAMEA M, GONZÁLEZ G, PING C L, et al.,2007. Soil organic matter dynamics under decaying wood in a subtropical wet forest: effect of tree species and decay stage[J]. Plant and Soil, 296: 173-185.

ZANNE A E, FLORES-MORENO H, POWELL J R, et al., 2022. Termite sensitivity to temperature affects global wood decay rates[J]. Science, 377(6613): 1440-1444.

ZELL J, KÄNDLER G, HANEWINKEL M, 2009. Predicting constant decay rates of coarse woody debris—a meta-analysis approach with a mixed model[J]. Ecological Modelling, 220(7): 904-912.

ZENG H, CHAMBERS J Q, NEGRÓN-JUÁREZ R I, et al., 2009. Impacts of tropical cyclones on US forest tree mortality and carbon flux from 1851 to 2000[J]. Proceedings of the National Academy of Sciences, 106(19): 7888-7892.

ZHANG J W, PRESLEY G N, HAMMEL K E, et al., 2016. Localizing gene regulation reveals a staggered wood decay mechanism for the brown rot fungus postia placenta[J]. Proceedings of the National Academy of Sciences, 113(39): 10968-10973.

ZHAO M, YANG J, ZHAO N, et al., 2019. Estimation of China's forest stand biomass carbon sequestration based on the continuous biomass expansion factor model and seven forest inventories from 1977 to 2013[J]. Forest Ecology and Management, 448: 528-534.

ZHENG Z, MAMUTI M, LIU H, et al., 2017. Effects of nutrient additions on litter decomposition regulated by phosphorus-induced changes in litter chemistry in a subtropical forest, China[J]. Forest Ecology and Management, 400: 123-128.

ZHOU J, DENG Y, SHEN L, et al., 2017. Correspondence: reply to 'Analytical flaws in a continental-scale forest soil microbial diversity study'[J]. Nature Communications, 8: 15583.

ZHOU L W, HAO Z Q, WANG Z, et al., 2011. Comparison of ecological patterns of polypores in three forest zones in China[J]. Mycology, 2: 260-275.

ZHU J, HU H, TAO S, et al., 2017. Carbon stocks and changes of dead organic matter in China's forests[J]. Nature Communications, 8(1): 1-10.

ZHU J, WANG Q, HE N, et al., 2016. Imbalanced atmospheric nitrogen and phosphorus depositions in China: implications for nutrient limitation[J]. Journal of Geophysical Research: Biogeosciences, 121(6): 1605-1616.

ZUO J, FONCK M, VAN HAL J, et al., 2014. Diversity of macro-detritivores in dead wood is influenced by tree species, decay stage and environment[J]. Soil Biology and Biochemistry, 78: 288-297.

附录A　木质残体分解数据来源

代力民, 徐振邦, 杨丽韫, 等. 1999. 红松阔叶林倒木贮量动态的研究[J]. 应用生态学报, 10(5): 513-517.

康玲, 2012. 内蒙古大兴安岭兴安落叶松与白桦倒木分解研究[D]. 呼和浩特: 内蒙古农业大学.

李凌浩, 党高弟, 汪铁军, 等, 1998. 秦岭巴山冷杉林粗死木质残体研究[J]. 植物生态学报, 22(5): 434-440.

李凌浩, 邢雪荣, 黄大明, 等, 1996. 武夷山甜槠林粗死木质残体的贮量、动态及其功能评述[J]. 植物生态学报, 20(2): 132-143.

杨礼攀, 2007. 哀牢山山地湿性常绿阔叶林木质物残体的贮量、组成和生态学功能研究[D]. 北京: 中国科学院研究生院.

杨丽韫, 代力民, 2002. 长白山北坡苔藓红松暗针叶林倒木分解及其养分含量[J]. 生态学报, 22(2): 185-189.

袁杰, 蔡靖, 侯琳, 等, 2012. 秦岭火地塘天然次生油松林倒木储量与分解[J]. 林业科学, 48(6): 141-146.

曾掌权, 汪思龙, 张灿明, 等, 2014. 中亚热带常绿阔叶林不同演替阶段木质残体碳密度特征[J]. 林业资源管理, (2): 66-72.

张利敏, 2010. 11 个温带树种粗木质残体分解过程中碳动态及影响因子[D]. 哈尔滨: 东北林业大学.

张修玉, 2009. 广州三种主要森林生物量与碳储量分配特征[D]. 广州: 中山大学.

ALBAN D H , PASTOR J, 1993. Decomposition of aspen, spruce, and pine boles on two sites in Minnesota[J]. Canadian Journal of Forest Research, 23(9): 1744-1749.

ARTHUR M A, TRITTON L M, FAHEY T J, 1993. Dead bole mass and nutrients remaining 23 years after clear-felling of a northern hardwood forest[J]. Canadian Journal of Forest Research, 1993, 23(7): 1298-1305.

BARBER B L, VAN LEAR D H, 1984. Weight loss and nutrient dynamics in decomposing woody loblolly pine logging slash1[J]. Soil Science Society of America Journal, 48(4): 906-910.

BOULANGER Y, SIROIS L, 2006.Postfire dynamics of black spruce coarse woody debris in northern boreal forest of Quebec[J]. Canadian Journal of Forest Research, 36(7): 1770-1780.

BRAIS S, PARÉ D, LIERMAN C, 2006. Tree bole mineralization rates of four species of the Canadian eastern boreal forest: implications for nutrient dynamics following stand-replacing disturbances[J]. Canadian Journal of Forest Research, 36(9): 2331-2340.

BROWN S, MO J, MCPHERSON J K, et al., 1996. Decomposition of woody debris in Western Australian forests[J]. Canadian Journal of Forest Research, 26(6): 954-966.

BUSSE M D, 1994. Downed bole-wood decomposition in lodgepole pine forests of central oregon[J]. Soil Science Society of America Journal, 58(1): 221-227.

CHEN H, HARMON M E, GRIFFITHS R P, 2001. Decomposition and nitrogen release from decomposing woody roots in coniferous forests of the Pacific Northwest: a chronosequence approach[J]. Canadian Journal of Forest Research, 31(2): 246-260.

CLARK D B, CLARK D A, BROWN S, et al., 2002. Stocks and flows of coarse woody debris across a tropical rain forest nutrient and topography gradient[J]. Forest Ecology and Management, 164(1-3): 237-248.

COTRUFO M F, INESON P, 2000. Does elevated atmospheric CO_2 concentrations affect wood decomposition?[J]. Plant

Soil, 224(1): 51-57.

CREED I F, WEBSTER K L, MORRISON D L, 2004. A comparison of techniques for measuring density and concentrations of carbon and nitrogen in coarse woody debris at different stages of decay[J]. Canadian Journal of Forest Research, 34(3): 744-753.

CURRIE W S, NADELHOFFER K J, 2002. The imprint of land-use history: patterns of carbon and nitrogen in downed woody debris at the harvard forest[J]. Ecosystems, 5(5): 446-460.

DE VRIES B W L, KUYPER T W, 1988. Effect of vegetation type on decomposition rates of wood in Drenthe, The Netherlands[J]. Acta Botanica Neerlandica, 37(2): 307-312.

EDMONDS R L, 1987. Decomposition rates and nutrient dynamics in small-diameter woody litter in four forest ecosystems in Washington, USA[J]. Canadian Journal of Forest Research, 17(6): 499-509.

EDMONDS R L, VOGT D J, SANDBERG D H, et al., 1986. Decomposition of *Douglas-fir* and red alder wood in clear-cuttings[J]. Canadian Journal of Forest Research, 16(4): 822-831.

ERICKSON H E, EDMONDS R L, PETERSON C E, 1985. Decomposition of logging residues in *Douglas-fir*, western hemlock, Pacific silver fir, and ponderosa pine ecosystems[J]. Canadian Journal of Forest Research, 15(5): 914-921.

FAHEY T J, STEVENS P A, HORNUNG M, et al., 1991. Decomposition and nutrient release from logging residue following conventional harvest of sitka spruce in north wales[J]. Forestry, 64(3): 289-301.

FOSTER J R, LANG G E, 1982. Decomposition of red spruce and balsam fir boles in the White Mountains of New Hampshire[J]. Canadian Journal of Forest Research, 12(3): 617-626.

FRANGI J L, RICHTER L L, BARRERA M D, et al., 1997. Decomposition of Nothofagus fallen woody debris in forests of Tierra del Fuego, Argentina[J]. Canadian Journal of Forest Research, 27(7): 1095-1102.

FUKASAWA Y, KATSUMATA S, MORI A, et al., 2014. Accumulation and decay dynamics of coarse woody debris in a Japanese old-growth subalpine coniferous forest[J]. Ecological Research, 29(2): 257-269.

GANJEGUNTE G K, CONDRON L M, CLINTON P W , et al., 2004. Decomposition and nutrient release from radiata pine (*Pinus radiata*)coarse woody debris[J]. Forest Ecology and Management, 187(2-3): 197-211.

GARRETT L G, OLIVER G R, PEARCE S H, et al., 2008. Decomposition of Pinus radiata coarse woody debris in New Zealand[J]. Forest Ecology and Management, 255(11): 3839-3845.

GOSZ J R, LIKENS G E, BORMANN F H, et al., 1973. Nutrient release from decomposing leaf and branch litter in the hubbard brook forest, New Hampshire[J]. Ecological Monographs, 43(2): 173-191.

GRAHAM R L, CROMACK JR K, 1982. Mass, nutrient content, and decay rate of dead boles in rain forests of Olympic National Park[J]. Canadian Journal of Forest Research, 12(3): 511-521.

GRIER C C, 1978. A Tsugaheterophylla-Piceasitchensis ecosystem of coastal Oregon: decomposition and nutrient balances of fallen logs[J]. Canadian Journal of Forest Research, 8(2): 198-206.

GUO J, CHEN G, XIE J, et al., 2014. Patterns of mass, carbon and nitrogen in coarse woody debris in five natural forests in southern China[J]. Annals of Forest Science, 71(5): 585-594.

GUO L B, BEK E, GIFFORD R M, 2006. Woody debris in a 16-year old *Pinus radiata* plantation in Australia: Mass, carbon and nitrogen stocks, and turnover[J]. Forest Ecology and Management, 228(1-3): 145-151.

HALE C M, PASTOR J, 1998. Nitrogen content, decay rates, and decompositional dynamics of hollow versus solid hardwood logs in hardwood forests of Minnesota, USA[J]. Canadian Journal of Forest Research, 28(9): 1276-1285.

HANULA J L, ULYSHEN M D, WADE D D, 2012. Impacts of prescribed fire frequency on coarse woody debris volume, decomposition and termite activity in the longleaf pine flatwoods of Florida[J]. Forests, 3(2): 317-331.

HARMON M E, CROMACK JR K, SMITH B G, 1987. Coarse woody debris in mixed-conifer forests, Sequoia National Park, California[J]. Canadian Journal of Forest Research, 17(10): 1265-1272.

HARMON M E, FASTH B, SEXTON J, 2005. Bole Decomposition Rates of Seventeen Tree Species in Western USA[R]. Washington, D C: USDA USFS.

HERRMANN S, PRESCOTT C E, 2008. Mass loss and nutrient dynamics of coarse woody debris in three Rocky Mountain coniferous forests: 21 year results[J]. Canadian Journal of Forest Research, 38(1): 125-132.

HOPPE B, PURAHONG W, WUBET T, et al., 2016. Linking molecular deadwood-inhabiting fungal diversity and community dynamics to ecosystem functions and processes in Central European forests[J]. Fungal Diversity, 77: 367-379.

HÖVEMEYER K, SCHAUERMANN J, 2003. Succession of Diptera on dead beech wood: a 10-year study[J]. Pedobiologia, 47(1): 61-75.

HU Z, XU C, MCDOWELL N G, et al., 2017. Linking microbial community composition to C loss rates during wood decomposition[J]. Soil Biology and Biochemistry, 104:108-116.

JOHNSON C E, SICCAMA T G, DENNY E G, et al., 2014.In situ decomposition of northern hardwood tree boles: decay rates and nutrient dynamics in wood and bark[J]. Canadian Journal of Forest Research, 44(12): 1515-1524.

KIM R, SON Y, HWANG J, 2004. Comparison of mass and nutrient dynamics of coarse woody debris between *Quercus serrata* and *Q. Variabilis* stands in Yangpyeong[J]. The Korean Journal of Ecology, 27(2): 115-120.

KUEPPERS L M, SOUTHON J, BAER P, et al., 2004. Dead wood biomass and turnover time, measured by radiocarbon, along a subalpine elevation gradient[J]. Oecologia, 141(4): 641-651.

KUMAR J I N, SAJISH P R, KUMAR R N, et al., 2010. Wood and leaf litter decomposition and nutrient release from tectona grandis linn. f. in a tropical dry deciduous forest of Rajasthan, Western India[J]. Journal of Forest and Environmental Science, 26(1): 17-23.

LAIHO R, PRESCOTT C E, 1999. The contribution of coarse woody debris to carbon, nitrogen, and phosphorus cycles in three Rocky Mountain coniferous forests[J]. Canadian Journal of Forest Research, 29(10): 1592-1603.

LAMBERT R L, LANG G E, REINERS W A, 1980. Loss of mass and chemical change in decaying boles of a subalpine balsam fir forest[J]. Ecology, 61(6): 1460-1473.

MACMILLAN P C, 1981. Log decomposition in donaldson's woods, spring mill state park, Indiana[J]. The American Midland Naturalist, 106(2): 335-344.

MARTIUS C, 1989. Untersuchungen zur Ökologie des Holzabbaus Durch *Termiten* (Isoptera) in Zentralamazonischen Überschwemmungswäldern[M]. Várzea: Afra-Verlag Publishing.

MATTSON K G, SWANK W T, WAIDE J B, 1987. Decomposition of woody debris in a regenerating, clear-cut forest in the Southern Appalachians[J]. Canadian Journal of Forest Research, 17(7): 712-721.

MCFEE W W, STONE E L, 1966. The persistence of decaying wood in the humus layers of northern forests[J]. Soil Science Society of America Journal, 30(4): 513-516.

PALVIAINEN M, FINÉR L, 2015. Decomposition and nutrient release from Norway spruce coarse roots and stumps-A 40-year chronosequence study[J]. Forest Ecology and Management, 358:1-11.

POLIT J I, BROWN S, 1996. Mass and nutrient content of dead wood in a central Illinois floodplain forest[J]. Wetlands, 16(4): 488-494.

PRESTON C M, TROFYMOW J A, NIU J, et al., 1998. ^{13}C PMAS-NMR spectroscopy and chemical analysis of coarse woody debris in coastal forests of Vancouver Island[J]. Forest Ecology and Management, 111(1): 51-68.

ROBERTSON A I, DANIEL P A, 1989. Decomposition and the annual flux of detritus from fallen timber in tropical mangrove forests[J]. Limnology and Oceanography, 34(3): 640-646.

ROMERO L M, SMITH T J, FOURQUREAN J W, 2005. Changes in mass and nutrient content of wood during decomposition in a south Florida mangrove forest[J]. Journal of Ecology, 93(3): 618-631.

ROSSWALL T, VEUM A K, KÄRENLAMPI L, 1975. Plant Litter Decomposition at Fennoscandian Tundra sites[M]// Fennoscandian Tundra Ecosystem, Part 1: Plants and Microorganisms. Berlin: Springer-Verlag.

SCHILLING J S, AYRES A, KAFFENBERGER J T, et al., 2015. Initial white rot type dominance of wood decomposition and its functional consequences in a regenerating tropical dry forest[J]. Soil Biology and Biochemistry, 88: 58-68.

SCHOWALTER T D, ZHANG Y L, SABIN T E, 1998. Decomposition and nutrient dynamics of oak *Quercus* spp. logs after five years of decomposition[J]. Ecography, 21(1): 3-10.

SCHUURMAN G, 2005. Decomposition rates and termite assemblage composition in semiarid Africa[J]. Ecology, 86(5): 1236-1249.

SCOWCROFT P G, 1997. Mass and nutrient dynamics of decaying litter from passiflora mollissima and selected native species in a Hawaiian montane rain forest[J]. Journal of Tropical Ecology, 13(3): 407-426.

SHOROHOVA E, KAPITSA E, VANHA-MAJAMAA I, 2008. Decomposition of stumps 10 years after partial and complete harvesting in a southern boreal forest in Finland[J]. Canadian Journal of Forest Research, 38(9): 2414-2421.

SHOROHOVA E, KAPITSA E, VANHA-MAJAMAA I, 2008. Decomposition of stumps in a chronosequence after clear-felling vs. clear-felling with prescribed burning in a southern boreal forest in Finland[J]. Forest Ecology and Management, 255(10): 3606-3612.

SOLLINS P, CLINE S P, VERHOEVEN T, et al., 1987. Patterns of log decay in old-growth *Douglas-fir* forests[J]. Canadian Journal of Forest Research, 17(12): 1585-1595.

TAKAMURA K, 2001. Effects of termite exclusion on decay of heavy and light hardwood in a tropical rain forest of peninsular malaysia[J]. Journal of Tropical Ecology, 17(4): 541-548.

TAKAMURA K, KIRTON L, 1999. Effects of termite exclusion on decay of a high-density wood in tropical rain forests of Peninsular Malaysia[J]. Periodico 43(4): 289-296.

TAYLOR B R, PRESCOTT C E, PARSONS W J F, et al., 1991. Substrate control of litter decomposition in four Rocky Mountain coniferous forests[J]. Canadian Journal of Botany, 69(10): 2242-2250.

TORRES J A, GONZÁLEZ G, 2005. Wood decomposition of *Cyrilla racemiflora* (Cyrillaceae)in puerto rican dry and wet forests: a 13-year case study[J]. Biotropica, 37(3): 452-456.

VAN GEFFEN K G, POORTER L, SASS-KLAASSEN U, et al., 2010. The trait contribution to wood decomposition rates of 15 neotropical tree species[J]. Ecology, 91(12): 3686-3697.

WANG C, BOND-LAMBERTY B , GOWER S, 2002. Environmental controls on carbon dioxide flux from black spruce coarse woody debris[J]. Oecologia, 132(3): 374-381.

WEI X, KIMMINS J P, PEEL K, 1997. Mass and nutrients in woody debris in harvested and wildfire-killed lodgepole pine forests in the central interior of British Columbia[J]. Canadian Journal of Forest Research, 27(2): 148-155.

WIRTH C, CZIMCZIK C I, SCHULZE E D, 2002. Beyond annual budgets: carbon flux at different temporal scales in fire-prone Siberian Scots pine forests[J]. Tellus B, 54(5): 611-630.

YANG F F, LI Y L, ZHOU G Y, et al., 2010. Dynamics of coarse woody debris and decomposition rates in an old-growth forest in lower tropical China[J]. Forest Ecology and Management, 259(8): 1666-1672.

YONEDA T, TAMIN R, OGINO K, 1990. Dynamics of aboveground big woody organs in a foothill dipterocarp forest, West Sumatra, Indonesia[J]. Ecological Research, 5(1): 111-130.

YONEDA T, YODA K , KIRA T, 1977. Accumulation and decomposition of big wood litter in Pasoh forest, West Malaysia[J]. Japanese Journal of Ecology, 27(1): 53-60.

YOON T K, CHUNG H, KIM R H, et al., 2011. Coarse woody debris mass dynamics in temperate natural forests of Mt. Jumbong, Korea[J]. Journal of Ecology and Field Biology, 34(1): 115-125.

YOU Y H, KIM J H, 2002. Production of mass and nutrient content of decaying boles in mature deciduous forest in Kwangnung Experimental Forest Station, Korea[J]. The Korean Journal of Ecology, 25(4): 261-265.

编 后 记

“博士后文库”是汇集自然科学领域博士后研究人员优秀学术成果的系列丛书。“博士后文库”致力于打造专属于博士后学术创新的旗舰品牌，营造博士后百花齐放的学术氛围，提升博士后优秀成果的学术影响力和社会影响力。

“博士后文库”出版资助工作开展以来，得到了全国博士后管委会办公室、中国博士后科学基金会、中国科学院、科学出版社等有关单位领导的大力支持，众多热心博士后事业的专家学者给予积极的建议，工作人员做了大量艰苦细致的工作。在此，我们一并表示感谢！

“博士后文库”编委会